- “十五”国家重点图书
- 国家自然科学基金资助项目(59878611)
- 齐　康主编 《城市建筑》 系列

Research on the Urban Residential Land Location

城市居住用地区位研究

范 炜 著

东南大学出版社
Southeast University Press

内 容 提 要

城市建筑学是研究城市的建筑设计与建筑群的规划设计及其环境的科学。城市居住用地区位研究是城市建筑学理论的重要组成部分。

本书从理论、方法与实证等方面对城市居住用地区位进行了多视角、多方位的研究。理论方面：首先简要回顾和总结了区位论的形成与发展，并解释了本书研究中涉及的一些基本概念，提出了整合各相关学科进行研究的文脉；然后考察了随着社会经济发展，西方与中国城市居住用地区位的演变历程；再从市场中各行为主体的角度，分析了当前我国城市居住用地区位生成的互动机制。方法方面：本书在吸收了几种有效的科学研究方法的基础上，提出了可加以综合运用的“价值信息模型方法”。实证方面：本书以南京为例，对书中所提出的理论与方法都作了相对应的应用性研究。

本书适于城市设计、城市规划、建筑设计及相关领域的专业人员、行政管理人员和房地产开发商阅读，同时可作为高等院校相关专业高年级学生和研究生的参考书。

图书在版编目(CIP)数据

城市居住用地区位研究/范炜著.—南京:东南大学出版社,2004.3
(城市建筑/齐康主编)
ISBN 7-81089-353-X

Ⅰ.城… Ⅱ.范… Ⅲ.城市-居住区-区位理论-研究 Ⅳ.TU948.12

中国版本图书馆 CIP 数据核字(2003)第 049354 号

东南大学出版社出版发行
(南京四牌楼 2 号 邮编 210096)
出版人：宋增民
江苏省新华书店经销 兴化市印刷厂印刷
开本：787 mm×1092 mm 1/12 印张:18 字数:430 千字
2004 年 3 月第 1 版 2004 年 3 月第 1 次印刷
印数： 1~3000 定价:55.00 元
(凡因印装质量问题,可直接向我社发行科调换。电话:025-83795801)

总　序

人类最早的聚居形态是“住所”加“通径”。

当聚居发展形成城市时，仍然是以建筑、建筑群、道路交通及基础设施来组织城市。城市建筑学是研究城市的建筑设计、建筑群的规划设计及其环境的科学。

当今，建筑和建筑群向高一级的层次发展，道路交通向综合整体的基础设施组合行进。作为城市建筑只是强调从城市的视野来研究建筑与建筑群的设计。人类在设计城市的过程中经历了由它组到自组、它律到自律、无序到有序的思想和行为动作过程。从某种意义上讲，在注重建筑内部空间的同时，更要重视城市的外部空间。

组织城市设计可从以下 4 个相关问题来研究，即：

结构关系　即城市道路与建筑的关系，建筑与建筑的空间关系，建筑与建筑的界面关系，建筑与基底面的关系，群体与自然、群体与绿色的关系。

线性活动　即城市交通活动引起的交通网络、停车、车行、人行、快速和慢速等分等级的线性活动以组织人居环境。线性活动是一种城市行为与建筑、建筑群的互动及其设施的组织。

形象特征　城市这个客体始终以其形象、风格来表述。城市设计离不开形象的设计，这一特征是人类的情感和智慧的体现，它是通过物质、功能、空间技术、艺术来表述的。

层次空间　地区是个大的空间，城市是地区城市体系中的一个组成部分，也是个空间体，群组、街道、广场、2 m 视野下的铺面、小品都需要分层次地进行设计。

随着社会经济的发展，城市这一集聚体由单一体系发展成复杂的体系，城市形态和地区的体系形态的变化都因社会生产发展所致。可以认为：

城市化—城市体系。

城市化指的是建设的城市化，既指按发展规模做出的建筑规划设计和建设，又指社会发展的城市化，即人口集聚的程度和水平，二者互动，是“壳”与“肉”的关系。体系的城市化是经济发展在地区城市体系形态中的变化。

城市体系形态—城市形态。

城市形态—城市规划与城市设计。

城市设计—建筑设计。

在研究方法上运用科学的方法，即：

进程 城市发展的进程，发展的过程，是一种时间与形态的演变过程，寻求其规律性、性质和特点。

整体 从多学科方面研究城市，如从社会学、地理学、经济学、历史学、美学、工程技术等多方位进行整体研究，综合地上升，这是一种系统、发展与保护、控制的研究。

地区 从地区的自然、生态、人文、政治经济的发展，从地区的社会、历史、科技等方面做出研究，研究地区与建筑相关的特征。同时还要从该城市所处的区位、层次来思索。

活动 研究地区的经济、社会、政治、建设、文化等相关活动及其作用于城市形态的特征，一种互动的关系特征。

对位 从地区社会、经济、文化、建设的时间差及机遇来做出判断。

超前 从城市的发展及其对城市形态的影响，一种超前和可持续发展的理论和实践策划性的探索。

于是，我们在理论上试图从进程、整体、地区、活动、超越、回归、整合上做出探讨，建立一种整体的规划设计观。

在具体城市建筑的研究中，我们将从“轴”、“核”、“群”、“架”、“皮”5个方面对城市建筑做出分析，这是一种方法的探索，反映了一定历史时期的城市社会行为及其共同凝聚一种历史文化的“魂”，即精神。

本系列丛书包括《城市建筑》、《走向新社区》、《理想景观》、《城市居住用地区位研究》、《空间公共性研究》等专著。

这一套系列丛书是由我和郑炘教授指导的博士生、硕士生写作完成的。感谢所有指导过他们的老师们、同行们和同学们，感谢建筑研究所高晶、校出版社戴丽等同志。

齐　康

2002年10月

Preface

The earliest living pattern of a community was only a dwelling place plus a passage way.

When the community developed into a city, people chiefly had all the buildings, building complexes, communication and infrastructure property organized. Urban architecture is a subject aiming to study the architectural designing of a city and its environment.

However, buildings and building complexes are developing themselves at a higher level, while traffic lines and basic facilities are developed into an integrated entity. Of course, emphasis is put on the study of how to design buildings and building complexes from the city's field of vision. The designing of a city has undergone a series of changes in ideas and actions, such as a course from being organized passively to self-organize, from being controlled to self-control and from orderless to orderliness. To some extent this means more attention should be paid to the space outside those buildings but still within a city than to the space inside a building.

The study of urban design involves the following four relations:

Relationships in Structure These refer to the relationships between buildings and traffic lines, between the buildings and building space, between the buildings and their interfaces, between the buildings and their sites, between the complexes and nature, and the green project.

Linear Action Linear action is sort of interaction between individual, social behaviour and buildings, building complexes in a city. For instance, people's living environment is organized on linear actions such as communication, which results in the arrangement of transport net, of parking lots, of roads for cars and pedestrian walkways, and grades of roads for different speeds.

Pattern Features A city, or an object, can only be represented through its form and style. Therefore, the designing of a city is closely connected with the designing of patterns. The features serve to bring out human feelings and wisdom through the use of building materials, techniques and arts.

Space at Different Levels A region is a big space and a city, a three-dimensional body, is only a constitutional part of the regional system. Hence, blocks, roads, squares, shops and those rather small buildings for relaxation within 2-meter field of vision should all be well designed at different levels.

Social economy and the various urban communities all have developed from separate ones into a whole system. The form of a city and the systematic form of an area all are resulted from the development of social production, which can also be regarded as urbanization, i.e., the formation of a city system.

By urbanization is first meant the making of a city system, i.e., to have all the buildings urbanized. In other words, the city planning and its construction should be made in terms of the scope of the development. Again by urbanization is meant the urbanization of social development which basically refers to the number of people living in the city and its population density. Of course, these two interact with each other, somewhat in a flesh-and-skin relationship.

The pattern of a city system refers to the form of a city.

The form of a city basically refers to the city planning and the designing of a city.

The designing of a city chiefly refers to its architectural design.

Of course, scientific methods are to be adopted in the research.

Process Our aim is to find out those related laws and characters by studying the development and changes of a city underwent in time and form.

Holistic Design This calls for an integrative research on a city on the basis of multibranches of science, such as sociology, geography, economy, history, as well as fine arts, engineering and technology. This is really a systematic research under control but at a higher level.

Region First research should be made on the regional development of nature, ecological environment, culture, politics and economy as well as the society, history, science and technology of the region so as to make a study of the features related to the region and its architecture.

Activities Make a study of those economic, political, social and construction activities and the respective actions on the features of a city form. Of course, these two interact with each other.

Contraposition Make a judgment from the time and opportunities between society, economy, politics and construction and culture.

Advance Exploration Make an advance and continuous exploration of the development of the city and its effect on the city form in theory and practice.

Thus we have studied in theory the construction of a city from its process, entity, region, activities, advance exploration, returning and integration, which is an idea of holistic design.

In the concrete research on the construction of a city, we have also made an analysis of another five aspects, such as its cores, axes, colonies, frameworks and "skins", sort of an exploration of methods, which reflects the city social behavior and the spirit of historical cultures of a society.

This series includes the book *Urban Architecture*, and the followings: *Towards the New Community, Ideal Landscape, Research on the Urban Residential Land Location, Research on the Publicity of Space*, etc, which will be published one by one.

All books of this series are written by doctoral students or master students guided by Zheng Xin and me. Thanks all the professors and scholars who have given them helps. Thanks Ms Gao Jing, the office director of the Research Institute of Architecture, and Ms Dai Li, the senior editor of Southeast University Press.

Qi Kang
Oct. 2002

序

我的学生出书总希望我能为之写序。范炜博士的书序，我拖了一点时间，直到临近出版前才下笔。

居住区与住宅的研究涉及大量的工作，在建设中，特别是在城市建筑中具有非常重要而突出的地位。作者在研究中着重于社会经济发展及国内外城市居住用地区位的演变，当前我国城市居住用地区位生成的互动机制，城市居住用地区位的科学规划，南京城市居住用地区位研究等几方面，取得了一些很有意义的成果。本书从调查收集资料入手，不仅从理论上做出了比较深入的分析，而且对实践中的种种矛盾和问题也做了较为客观的探讨。

范炜博士学习认真，作风踏实，能团结合作者并孜孜以求，相信他飘落在祖国的大地上将为人民做出无私的贡献并取得丰硕的成果。

齐　康

2004 年 2 月

目　录

0　绪论 ………………………………………… (1)

0.1　研究意义 ………………………………………… (1)

0.2　研究目标 ………………………………………… (2)

0.3　研究方法 ………………………………………… (3)

0.4　研究思路 ………………………………………… (3)

1　区位理论与城市居住用地区位研究 ………………………………………… (5)

1.1　区位理论的形成与发展 ………………………………………… (5)

1.1.1　早期的区位论 ………………………………………… (6)

1.1.2　空间结构理论 ………………………………………… (11)

1.2　城市居住用地区位基本概念 ………………………………………… (14)

1.2.1　基本术语 ………………………………………… (14)

1.2.2　与相关学科的关系 ………………………………………… (23)

1.2.3　整合研究的文脉 ………………………………………… (29)

1.3　小结 ………………………………………… (32)

2　社会经济发展与国内外城市居住用地区位的演变 ………………………………………… (35)

2.1　西方城市居住用地区位的演变 ………………………………………… (35)

2.1.1　工业社会早期及以前 ………………………………………… (35)

2.1.2　现代工业社会 ………………………………………… (39)

2.1.3　后工业社会 ………………………………………… (47)

2.2 中国城市居住用地区位的演变 …………………………………… (52)
2.2.1 新中国成立之前 …………………………………… (52)
2.2.2 计划经济与“单位社会”时期 …………………………………… (56)
2.2.3 改革开放以后 …………………………………… (62)
2.3 小结 …………………………………… (68)

3 当前我国城市居住用地区位生成的互动机制 …………………………………… (71)
3.1 着眼消费者——居民 …………………………………… (71)
3.1.1 理性人的居住需求 …………………………………… (71)
3.1.2 家庭的择居与迁居 …………………………………… (73)
3.1.3 市场调查与分析 …………………………………… (79)
3.2 着眼生产者——开发商 …………………………………… (83)
3.2.1 “地利”的经济分析 …………………………………… (84)
3.2.2 “天时”的经济分析 …………………………………… (86)
3.2.3 开发商的思考与实践 …………………………………… (88)
3.3 着眼管理者——政府 …………………………………… (91)
3.3.1 政府干预市场的一般理论 …………………………………… (91)
3.3.2 间接的制度建设 …………………………………… (93)
3.3.3 直接的公共物品建设 …………………………………… (104)
3.4 小结 …………………………………… (110)

4 城市居住用地区位的科学规划 …………………………………… (113)
4.1 区位研究的科学手段 …………………………………… (113)
4.1.1 规划设计方法的科学化 …………………………………… (113)
4.1.2 数学模型方法 …………………………………… (114)
4.1.3 地理信息系统方法 …………………………………… (118)
4.1.4 价值分析方法 …………………………………… (121)
4.2 城市居住用地区位的科学分析与规划 …………………………………… (125)
4.2.1 确定影响因素 …………………………………… (125)
4.2.2 评价的中间过程 …………………………………… (135)
4.2.3 方案决策 …………………………………… (140)
4.3 小结 …………………………………… (147)

5 南京市居住用地区位研究 …………………………………… (149)
5.1 居住用地区位分布的发展历程 …………………………………… (149)
5.1.1 古代时期 …………………………………… (149)

5.1.2 近代时期 …………………………………………………………………………… (151)
5.1.3 现代时期 …………………………………………………………………………… (155)
5.1.4 现状概况 …………………………………………………………………………… (156)
5.2 居住用地区位选择意愿的比较分析 ……………………………………………… (162)
5.2.1 市民意向 …………………………………………………………………………… (163)
5.2.2 开发商意向 ………………………………………………………………………… (166)
5.2.3 政府意向 …………………………………………………………………………… (168)
5.2.4 市场发展情况 ……………………………………………………………………… (173)
5.3 各居住用地区位板块的优势度分析 ……………………………………………… (176)
5.3.1 定性分析 …………………………………………………………………………… (176)
5.3.2 定量比较 …………………………………………………………………………… (181)
5.4 小结 ………………………………………………………………………………… (188)

参考文献 …………………………………………………………………………… (191)

后记 ………………………………………………………………………………… (198)

0 绪　论

0.1 研究意义

改革开放以来，我国的经济保持着前所未有的高增长态势，城市建设也进入了快速发展的新时期，其间取得的成就有目共睹，但暴露出来的问题也是相当严重的。突出的表现就是自1992年以来涌现的房地产泡沫，给城市留下的伤痕至今仍未完全抹去：矗立在市区的“半拉子”写字楼，郊外开而不发的开发区，一幕幕荒楼荒地的景象令人痛心。而今天，随着房地产业开发周期性导致的又一次升温，人们似乎已淡忘了当年头脑发热、盲目开发带来的教训，又在犯着同样的错误，只是这一次将重心转移到了住宅小区上来，近年房屋空置量持续上升、居高不下的情况就是证明，而同时城市中仍有大量居民正忍受着住房面积短缺、环境恶化之苦。这种令人尴尬的局面值得我们密切关注。

对于上述城市开发的失误，虽然有开发单位自身的原因，但政府在规划引导上也有很大责任，而建筑师作为参与规划的专业人士对此也难脱干系。当前的城市规划方案究竟有多少是确实符合实际情况、解决实际问题的？我们建立在工程技术设计上的规划究竟有多少是合乎城市社会经济发展规律的？恐怕没有谁能理直气壮地予以回答，因为其中的主观随意性仍占有相当大的部分，这对规划而言是一个致命的缺陷。随着我国市场经济体制的逐步建立，原先作为国民经济计划具体化的城市规划必须做出相应的调整，不能再按照上级领导“指哪儿打哪儿”般的模式来确定，而是要把原先向上看的目光转为向下看，切实研究构成城市发展原动力的居民与厂商的利益和意愿，从市场中找出规划的科学性来。只有这样，规划才能真正发挥作用，否则规划就永远逃脱不了“墙上挂挂”的命运。

另外，建立在市场基础上的城市规划虽说是一种空间规划，但究其本质则可以说土地利用才是核心。因为城市的空间无不是因土地而产出，城市空间的许多问题也都是因土地而起。因此，从研究的角度来看，着眼于土地比着眼于空间对象更明确、更有针对性、更切中问题的要害。进一步来说，就城市土地而言，地块区位的差异是其最突出的特点，也是与城市规划关系极为密切的方面。对空间发展方向的规划，落实在土地上就是用地区位的选择，而发展方向的决策失误也就意味着区位选择的不当，后者实际上是前者问题的具体化。可以说针对城市土地的区位进行研究就是抓住了城市土地研究的重心。

在各类城市用地中，居住用地占最大比例，与人们生活关系最密切，也是未来我国城市开发的重点，但对其区位选择与布局的研究却并不多见。西方国家早期对城市内选址研究的理论多集中在工业和零售业上，因为当时居住区位并不需要独立选择，只是随着企业的建立与之依附而已，直到现代交通与通讯技术的发展打破了这种居住地紧随就业地的模式，才成为切实需要加以探讨的问题，所以到现在对其研究的时间也不长且仍在继续研究中。我国在此方面的研究就更少，业内学者对居住用地的考察多集中在指标、数量需求和配套设施建设方面，虽然为规划的制定提供了坚实有力的基础，但如何加以空间落实仍有待进一步探讨。为此，笔者针对这一薄弱环节尝试做出有益的补充。

0.2 研究目标

根据以上对当前城市居住用地开发与规划现状的初步认识，本书的研究目标拟定为：整合现有的相关理论成果，提出理性选择城市居住用地区位的系统方法，并结合南京市的实际情况加以分析，将结论提供给政府部门规划决策时参考。下面分开来略加解释。

首先，区位问题不是一个简单的划定标的的问题，而是需要我们从多方面加以考虑的综合问题，因此自有成形的区位理论以来，就有多个学科的诸多学者对此加以研究。目前比较突出的有地理学中的经济地理、城市地理理论，经济学中的城市经济学、土地经济学理论，社会学中的城市社会学、人文生态理论以及属于心理学范畴的行为研究理论，而数学及日益发展的信息科学则是研究中普遍采用的基础方法与手段。对此，如何将这些相关的理论加以梳理并整合吸收到属于广义建筑学的城市规划研究中去，需要我们认真总结和思考。

其次，我们还需要在此理论基础上提出可行的操作方法。目前在规划决策中采用的多为定性的方法，规划人员多从“反思”、“我见”等主观感受出发就开始工作，而真正科学的方法应该有定量分析研究作为基础。20 世纪 60 年代西方计算机技术引出的计量革命，使得地理学、经济学乃至社会学等传统描述性学科走向科学分析的正轨，从简单罗列现象与数据发展到推导洞察对象的内在规律，而各国的城市规划领域也开始有所触动，积极采用以社会调查、数学模型等方法来检验假设。但由于我国长期的闭关自守，这些方面与发达国家相比差距还比较大。为此，本书尝试提出一些较为科学的选择城市居住用地的方法，使规划决策中的长期薄弱之处能有所改观。

再次，为使得理论与方法能切实应用于实践，还需放在具体的城市条件下加以检验。笔者长期以来关注身边的生活环境，对南京市的建设与发展情况较其他城市略微熟悉一些，加上有机会得到南京市规划局提供的相关资料，确定以南京市的实际情况作为研究对象，对居住用地的现状与未来发展做出评价与预测，得出有一定实际意义的结论，提交给相关部门规划决策时参考。

0.3 研究方法

为达到以上确定的研究目标，笔者本着严谨求实的治学态度，采用实地勘察调研、比较分析推导和系统研究等多种科学研究方法。

(1) 实地勘察调研。目前，我国互联网远未达到普及应用的程度，从网上仅能获取少量有价值的信息。为此要得到与本课题相关的资料还必须通过其他渠道，其中实地勘察调研是必不可少的，但这并非仅指到具体地点亲身感受，也包括了到相关部门走访查询，大量收集与实际居住用地区位相关的数据，从而开展实证研究。

(2) 比较分析推导。比较包括纵向与横向两方面，对居住用地区位而言就是要比较其理论与实践随时间发展的演变及国内外的异同，两者实际上是互相穿插、紧密结合的。分析包括定性与定量两个方面，前文谈到目前定量分析仍是薄弱环节，因而本书将时刻注意在定性的背后有定量的支持，避免空洞地“讲道理”，尽量多用“摆事实”的办法，对居住用地整体布局与单个区位选择做出深入细致的分析。推导则包括演绎和归纳两方面，无论是从理论模型着眼进行逻辑分析，还是根据事实归纳成规律要点，都只求在现有成果的基础上能有少许的深入发展，因为凭笔者一己之力是有限的。

(3) 系统研究方法。把研究对象视为由一定要素，按一定结构组成，具有一定功能，处在不同层次的系统，是当前科学研究普遍采用的方法。之所以要将研究对象视为系统，是因为问题的复杂性，为此需要舍弃具体事物(现实中的系统)中的细枝末节，集中考察它们之中所存在的运动形式，其中结构分析属于系统的“解剖研究”，目的是搞清楚组成有机体的组成部分及其所占地位，关联分析是阐明各部分之间的有机联系、相互作用的机制，可称之为“生理研究”。对城市居住用地区位组成的系统，也需按这些方法加以研究，从整体与部分、静态与动态、宏观与微观等方面解剖其结构，分析其机制。

0.4 研究思路

本书大体采用先理论后实践的研究思路，也就是将城市居住用地区位的相关理论和方法最终应用到南京市的实例分析中，具体来讲就是先解释区位理论与城市居住用地区位研究的相关概念，从社会经济环境考察中外城市居住用地区位的演变历程，再从居民、开发商、政府三方面分析区位形成的内在机制，然后从操作层次上运用较为科学的评价方法，研究如何优化配置城市居住用地的区位结构，最后综合以上研究，针对南京的居住用地发展进行考察落实。下面分章加以简述。

第 1 章“区位理论与城市居住用地区位研究”分两部分：首先简要梳理区位理论的形成与发展，按照从早期单一区位论到后期整体的空间结构理论这一发展脉络进行阐述；然后对城市居住用地区位研究进行综述，揭示其中的基本概念、与相关学科的关系以及进行系统整合研究的文脉，为下文展开研究做出理论铺垫。

第 2 章“社会经济发展与国内外城市居住用地区位的演变”对西方与中国的不同情况进行考察回顾：首先考察西方主要国家在不同社会形态下伴随着逐渐发展成熟的市场经济条件而形成的城市居住用地区位的演变过程，尤其是对即将到来的信息社会引起的生活方式的变革做出深刻的分析，并探讨这种变革对城市居住用地区位的影响。本章随后按同样思路对中国的情况进行回顾，揭示中国这方面特有的发展历程，特别是新中国成立后从计划经济与“单位社会”的模式向市场经济与开放社会的模式转变，使城市内部的用地结构发生巨大变化。

第 3 章“当前我国城市居住用地区位生成的互动机制”是着眼在新的市场经济条件下居民、开发商与政府三方力量如何相互作用：首先考察作为消费者的居民，分析经济学中理性人的消费意愿、家庭的择居过程，并对实际的调查数据进行统计分析；然后考察作为生产者的开发商，分析投资决策前必须考察的城市土地的时空经济特征，并对有代表性的开发商的理念进行具体分析；接着考察作为管理者的政府，分析在市场经济条件下其管理职能和调控手段与过去计划经济时代的不同之处，指出控制城市中公共物品的建设是引导市民与开发商行动的关键。

第 4 章“城市居住用地区位的科学规划”是从操作方法的层面上加以研究：首先对区位研究的科学手段进行知识铺垫，对常用的数学模型方法、地理信息系统方法以及不太常用的价值分析方法做了简要介绍，并阐明这些科学方法在城市居住用地研究中的应用前景；然后综合运用这些方法，对城市居住用地区位规划前期的价值分析全过程进行剖析，即选择评价对象，建立并执行评价模型，分析所得结果进行规划，并对其后的方案决策方法也给予适当探讨。

第 5 章“南京市居住用地区位研究”是将前文的研究放在南京市的实际情况中加以考察：首先回顾南京市居住用地区位分布的发展历程，然后对南京市居民、开发商与政府的区位选择意愿进行比较分析，再逐片分析各居住用地区位板块的居住优势，为今后南京市居住用地区位的规划配置提供比较详实的数据资料。

1 区位理论与城市居住用地区位研究

本章是在研究正式展开之前，对本书书名做出的详细的名词解释。应该说本书的构成关系和所指代的研究对象都还是比较明确的，如果从修辞的角度来看，“城市居住用地区位”是一个复合名词，其中“城市、居住、用地”都是起限定研究范围作用的名词，而研究的核心则是“区位”。因此，本章先对构成所有区位研究理论基础的一般性区位论进行回顾整理，然后再对本书准备研究的城市居住用地区位的概念进行解剖性分析与明确，为全书交待清楚必要的知识背景。本章可以说是笔者对城市居住用地区位问题经过学习后形成的初步认识，尚算不上是比较深入的“研究”。

1.1 区位理论的形成与发展

区位论(location theory)是研究人类选择空间活动区位的理论，它研究人类各种空间活动最佳、效果最大或者说最满意的地点的选择。从人类空间经济活动来看，就是要选择“投资最小”而“获利最大”的地点。区位论的研究不仅要在地图上描绘各种经济活动体与其他客体(如工厂、农场、电站、旅游点等)的位置，而且必须进行充分解释与说明，探讨它们的形成条件与技术合理性，即一定的经济设施(活动)为什么会建(进行)在一定的地域范围之内，包含微观和宏观两个层次的内容，前者是关于个体选址的理论，后者是关于整体布局的理论。

区位论主要是解决什么样的人类活动应集中于什么场所的问题，而广义的人类空间场所的选择，除了经济方面外，亦包括政治行为与文化行为，例如对市政厅、学校、寺庙等活动场所的选择。但人类活动场所的选择无不以经济活动为基础，它直接关系到企业的成败与居民的福祉，所以长期以来区位论主要是研究经济活动场所选择的规律性问题，是经济学、地理学研究的重要核心课题。当然，人类的任何经济行为也都是社会行为，因而区位论也属于社会学的范畴，它的发展变化是受社会规律支配的，事实上区位论的研究需要多个学科的参与和协作。

1.1.1 早期的区位论

区位论产生之前已有古典经济学家对地域分工理论进行了探讨，即斯密的绝对利益说和李嘉图的比较成本说。1776年，亚当·斯密(A. Smith)在《国富论》中提出了自由主义经济发展论和国际分工论。他认为，每个国家都有其绝对有利的、适于某些特定产品的生产条件，导致生产成本绝对低，这叫做绝对利益。如果每个国家均按照绝对利益进行专业化生产，通过贸易进行交换，会使各国的资源、劳动力和资本得到最有效的利用。大卫·李嘉图(D. Ricardo)在1817年出版的《政治经济学及赋税原理》一书中，系统阐明了他的比较成本学说。比较成本学说是正统国际贸易和地域分工理论的基础。李嘉图认为，如果在进行两国优势比较时，一个国家各个产业的产品成本都劣于另一个国家，此时若两国都生产自己相对成本较低的产品并进行贸易，也会使双方都得到好处。

一般认为区位论正式产生的标志是1826年德国农业经济地理学家图能(J. H. V. Thünen)发表的著作《孤立国同农业和国民经济的关系》(通常简称《孤立国》)。图能在这部著作里提出了农业区位理论。继图能之后，1909年韦伯(A. Weber)《论工业的区位》的发表标志着工业区位论的问世。20世纪30年代，德国地理学家克里斯塔勒(W. Christaller)提出了中心地理论，即城市区位论。几年后，德国经济学家廖什(A. Lösch)从市场区的角度分析研究城市问题，提出了与克里斯塔勒的城市区位论相似的理论，为与前者相区别，后人将其概括为市场区位论。在此期间还有其他一些学者对不同行业的区位发表过自己的见解，这些理论一般被称作早期的区位论或古典区位论，下面对此分别加以简述。

1）图能的农业区位论

图能在《孤立国》中从农业土地利用角度阐述了对农业生产的区位选择进行经济分析的方法，为此图能首先假设：① 在一个大面积的区域内有一个圆形范围的“国家”，其中有人居住和耕种，而在这个“国家”的外围是大片荒凉不能耕种的土地。这个“国家”的土地面积是不变的，且完全被投入使用，并要获得尽可能高的纯收益。② 在“孤立国”中只有一个城市，且位于其中心，其他都是农业用地，城市是农产品的消费中心。③ 在城市和其郊区之间只有陆上大道联系。④ 在这个“国家”中，各地的土壤质量和气候特点是相同的。⑤ 运输费用与农产品的重量和生产地到消费市场的距离成正比例。

从这些假设条件出发，图能推导出下述关于土地利用类型的结论：在离城市最近的郊区可以生产易腐烂的、不适于长途运输或者是重量大、单位重量价值低的农产品。如果这些产品在距城市较远的地方生产，其成本(生产成本加运费)就会超过在城市的销售价格，因此在经济上不合算。由于城市中每种农产品的销售价格是一定的，生产这种农产品的企业愈靠近城市，纯收益就愈大。但当靠近消费中心的农业企业的产品不能全部满足市场需求时，市场价格就会提高，结果会扩展农产品的生产范围。相反，如果市场上某种农产品的消费需求可以从城市近郊得到满足，那么距市场远一些的企业就应种植单位重量价值较大的产品，这样就会使生产资料和劳动费用相对下降，其结果是：随着到消费地距离的增加，土地经营愈益粗放；距城市最近的郊区，经营最集约。

由以上分析得出：城市周围土地的利用类型以及农业集约化程度都是呈圈层变化的，围绕城市消费中心形成一系列的同心圆，称为“图能圈”，其相应的土地利用类型如下：① 第一圈距市场最近，可种植园艺作物、饲养奶牛以及种植饲料、土豆、甜菜等。② 第二圈发展林业，因为它的产品量大、运费高。③ 第三圈以非常集约的方式种植农作物，并实行二年轮作。④ 第四圈种植粮食、牧草及放牧，不实行集约生产。⑤ 第五圈实行粗放的三年轮作制。⑥ 第六圈放牧，也可实行粗放的种植业。在以上六圈之外，由于距消费地太远，只能供作狩猎（图 1–1）。

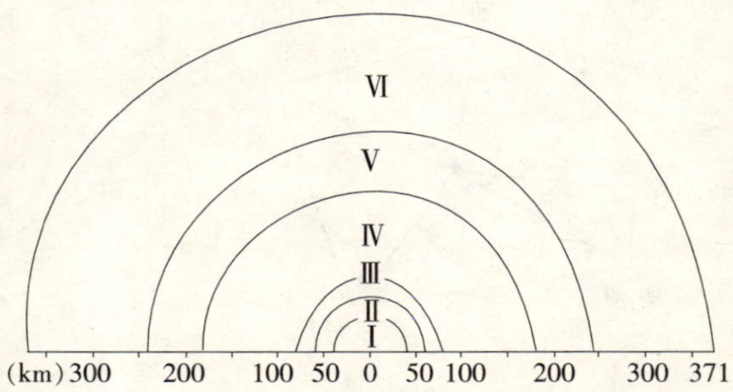

图 1–1　图能的农业圈

Ⅰ-精细城郊农业　Ⅳ-栅栏农业
Ⅱ-林业　Ⅴ-粗放的三年轮作
Ⅲ-集约的种植业　Ⅵ-牧业与粗放种植业

（图片来源：彭震伟主编. 区域研究与区域规划. 上海：同济大学出版社，1998）

2）韦伯的工业区位论

在韦伯1909年发表《论工业的区位》之前，曾有不少学者探讨了工业分布的理论问题，其中最著名的当属龙哈德（W. Launhard）提出的“重量三角形”和“价格漏斗”模型（图 1–2）。在他的“重量三角形”中，两个点代表原材料的来源地，第三个点代表产品出售的市场。在三角形中找到距 3 个顶点的直线交点而吨公里数之和又是最小的位置就是最佳区位。价格漏斗中的点 M 代表企业的位置，其产品的售价 q 等于该产品的生产成本加上销售过程中的运费，这个运费显然又是销售点到生产点 M 之间距离的函数，将可能的最远销售点连成圆线，与运费随距离增长的趋势线之间则形成一个漏斗形。此图说明：生产者要得到较好的利益，就要使生产成本 K 尽可能降低，也就是要选择运费最低的点为厂址。韦伯的理论实际上是在龙哈德的基础上将工业区位论进一步系统化。

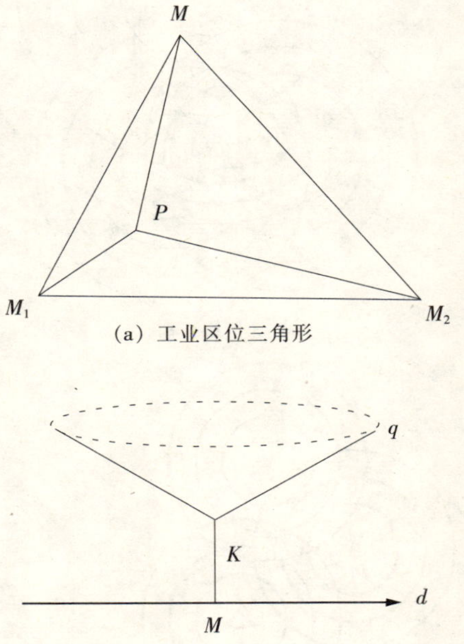

（a）工业区位三角形

（b）“价格漏斗”

图 1–2　龙哈德的区位三角形和价格漏斗组图

（图片来源：彭震伟主编. 区域研究与区域规划. 上海：同济大学出版社，1998）

韦伯在分析工业区位的形成时，首创了“区位因素”这个概念，他将其解释为一个地理点上能对工业生产起积极作用和吸引作用的那样一些因素，而不包括那些对企业定点起不利影响的因素。为此，韦伯对区位因素按其作用的范围、空间作用的性质和自身的特性等做出了多种分类，并从中选取了运费、劳动力和集聚作用 3 个因素进行分析。其中运费的因素实际上还包括了原材料因素，因为贵一些的原材料可以解释为距离远一些，韦伯正是从运费（原材料）这一基本因素出发，推导出工业区位选择的基本点，然后将劳动力因素和集聚因素考虑进去，对基本点做进一步的位置变化。

运输费用是与吨公里总和成正比的，后者包含了运输距离和原材料特点两方面内容。韦伯将原材料按其采集的地域性分为局部性原材料（在一定地点上储存和开采

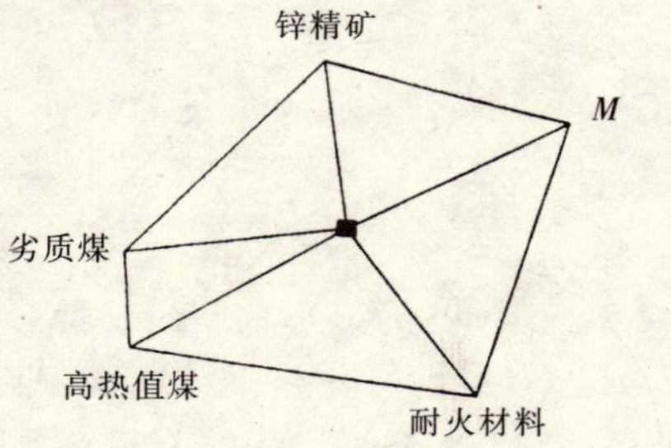

(a) 工业区位多边图形

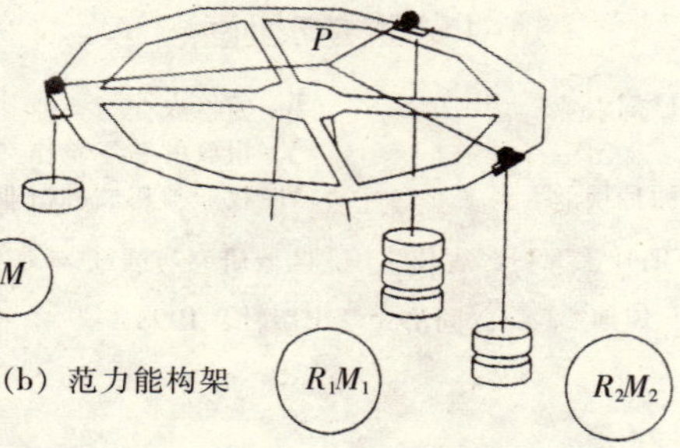

(b) 范力能构架

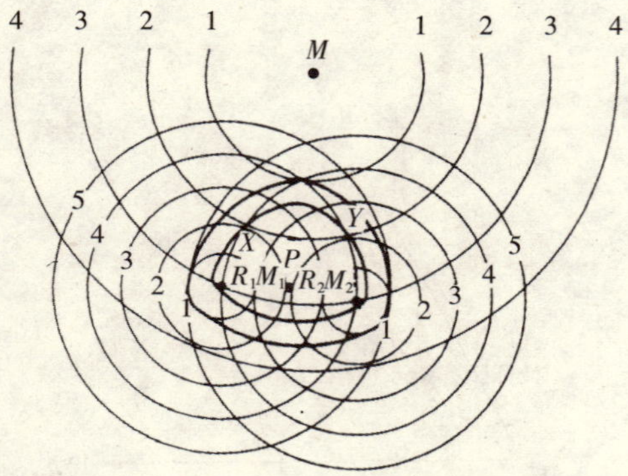

(c) 等费线结构

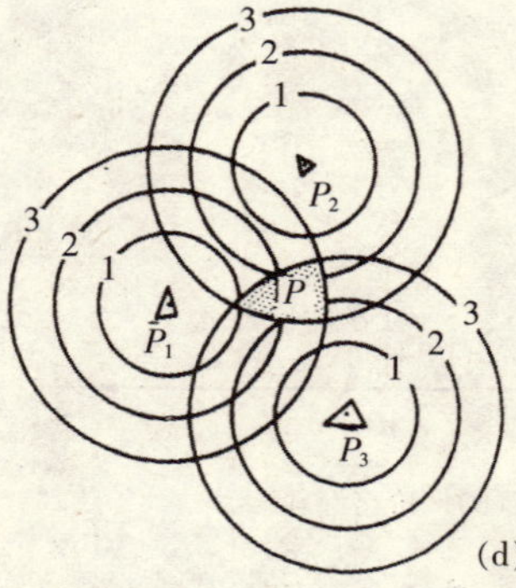

(d) 集聚区的发展

图 1–3　韦伯的工业区位模型组图

(图片来源：彭震伟主编. 区域研究与区域规划. 上海：同济大学出版社，1998)

的）和遍在性原材料(到处都有的)两种,而局部性原材料按其在生产过程中的损失程度又可分为纯重性原材料(毫不损失,全部进入制成品)和失重性原材料(部分损失,部分进入或全部损失)。此外,韦伯还提出了原材料系数的概念,即局部性原材料总重量与制成品总重量的比值。为了推导最佳运费的区位,韦伯将龙哈德的三角形拓展成多边形(图1–3(a)),将生产过程中采用的原材料种类和原材料系数是否大于 1 组合成10 种可能的情形进行分析,最终得出结论:原材料系数大的企业以原料为定向,原材料系数小的企业以消费为定向。

韦伯的分析中特别值得一提的是采用多种纯重性原材料且原材料系数小于 1 的情况，韦伯认为此时企业的最佳区位可以用一种称为范力能构架的机械模型来确定(图 1–3(b))。将范力能构架仪的各个滑轮装置在对准区位图形各个顶点的位置,这时悬挂在滑轮上的重量砝码代表各个顶点把生产区位拉向自己的力量,然后把吊挂各重量砝码的细线连接在一起,其结点 P 停留的地方就代表力的平衡点,也就是生产成本最低点,这个点的位置取决于各个重量砝码相互间的重量比。对此也可用数学方程式来表达:设 $M_1, M_2, \cdots, M_n$ 分别代表各原料地的原料供应；M 为市场所在地的成品供应；P 点为企业所在地；R_1, $R_2, \cdots, R_n$ 和 R_m 分别表示从 P 点到 M_1, $M_2, \cdots, M_n$ 和 M_m 的距离。令 f 为单位产品的运输费用,那么每吨成品的总运费包括了把原料运到P点,再把成品运到 M 点的过程,即:$F=f(R_1M_1+R_2M_2+\cdots+R_nM_n+R_mM_m)$,使 F 数值为最小的点就是企业的最佳区位。

随后,韦伯在此基础上考虑了劳动力因素,对区位图形进行了“第一次变形”。他认为,劳动力费用(表现为工资)的影响也可能使一个工厂放弃运费最小的区位,而移向有廉价劳动力的地区，条件是原材料和成品的追加运费小于节省下来的劳动力费用。为此,韦伯提出了劳动系数的概念,即劳动成本指数(制造单位产品所需支付的平均工资)与地域重量(生产单位成品所需运输的重量)的比值,劳动系数大则表明企业选址应离开运输成本最低点而偏向于劳动成本最低点。

韦伯在结合考虑运费与劳动力费用过程中引进了等费线的方法,即将围绕原料点与市场点运费相等的点连成线,形成等值圈,将这些等值圈相交的点再连起来形成粗的等费线,该线上任一点的值都等于其相应各等值圈费用之和。在分析企业是否应从运费最小的 P 点迁到劳动力费用较少的 Y 点时，可以看 Y 点是否在比较合算的临界等值线内(图 1–3(c))。

韦伯随后用同样的等值线方法增加考虑了集聚因素,对区位图形进行了“第二次变形”。此时的临界等费线则是由集聚所节省的费用相等于离开运输与劳动力费用最小点需追加的运输与劳动力费用的等值线(图 1–3(d))。

3）克里斯塔勒的城市区位论

对城市区位及其体系的研究多采用归纳法和演绎法。前者在地理学界较为常用。1913年奥尔巴赫(F. Auerbach)在对欧美城市的研究中发现，其人口规模分布呈下列关系：$P_i R_i = K$，其中 P_i 为序列为 i 的城市人口，R_i 为城市等级序列(1,2,3,…，n)，K 是最大城市的人口，被称作城市的序列分布规律(rank-size rule)。此外，1939年马克·杰弗逊(M. Jefferson)同样以此方法提出了城市的首位分布率(law of primate city)，他将一个国家或区域的最大城市称为首位城市，用首位度(即第一大城市和第二大城市的比值)来衡量首位城市的地位，发现多数国家的城市首位度在3以上。主要采用演绎法取得重大成果的当属克里斯塔勒和他的"中心地理论"。

20世纪30年代，德国地理学家克里斯塔勒在对德国南部进行了三年多的调查研究的基础上，写成了《德国南部的中心地》一书，对当时城镇体系的地域分布进行了论述。克氏认为城市的基本功能是作为其腹地的服务中心，由于中心性商品及其服务可以分为若干档次，因而城市也可以按其提供的商品和服务档次划分为若干个等级，各个城市之间构成有规律的层次关系。

为揭示这种关系，克氏首先作了类似图能"孤立国"般的假定，即研究的区域或国家是平原，人口均匀分布，对外不发生联系，把空间看成是同一密度、均质的，利润原则在其中起完全支配的作用。其次他还提出了中心地的一系列概念，特别值得一提的是需求门槛和销售范围。前者是指某个中心地要维持供应某种商品和服务所需的最低需求水平，或者说保证供应此种商品和服务的厂商能赚取正常利润所需要的最低销售额或者服务量；后者是指中心地提供商品和服务的最大销售距离，超过此距离，人们就会觉得路程太远而不愿意前往购买。

克氏为度量中心地的中心性，即该点发挥中心职能的大小，用当时的电话数量作为量化的指标，将中心地分成不同级别加以分析，从几何上推导出这些地点在正常情况下应组成六边形的结构(图1－4)。

此外，克氏还进一步从他认为的城市等级形成的三原则，即从市场供应、行政管理和交通方面分别进行分析，总结出在上述3个原则下中心地的不同区域排列及数量关系，并以K值来表示。在市场供应原则下，$K=3$，意味着每一个高级中心地及其腹地范围是其次一级腹地面积的3倍，任何一级中心地之间的距离是下一级中心地之间距离的$\sqrt{3}$倍，在交通和行政管理原则下K值分别为4和7(图1-5)。克氏认为以上三原则虽共同对城市等级体系起着作用，但应根据具体情况有所侧重。

4）其他区位论

(1) 廖什的市场区位论

1940年，德国经济学家廖什出版了《经济的空间分布》一书。他认为利润在工业区

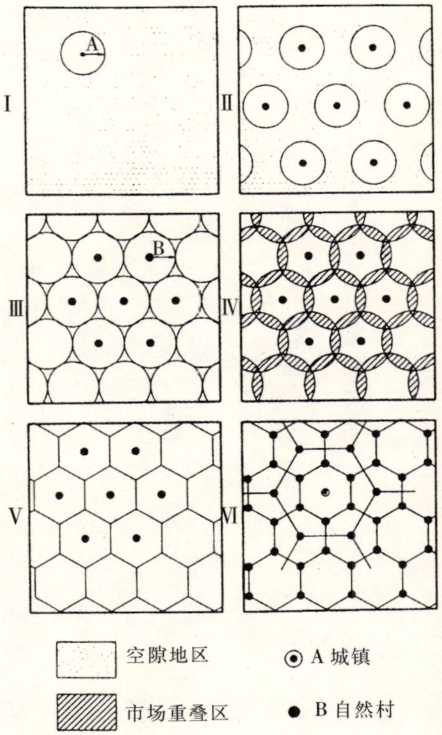

图1-4 克里斯塔勒对中心地六边形消费区的推导组图

(图片来源：彭震伟主编，区域研究与区域规划. 上海：同济大学出版社，1998)

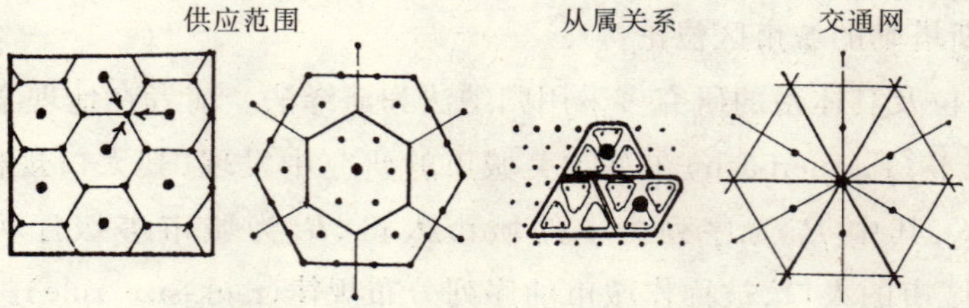

(a) 根据市场原则形成的中心地体系（$K=3$ 系统）

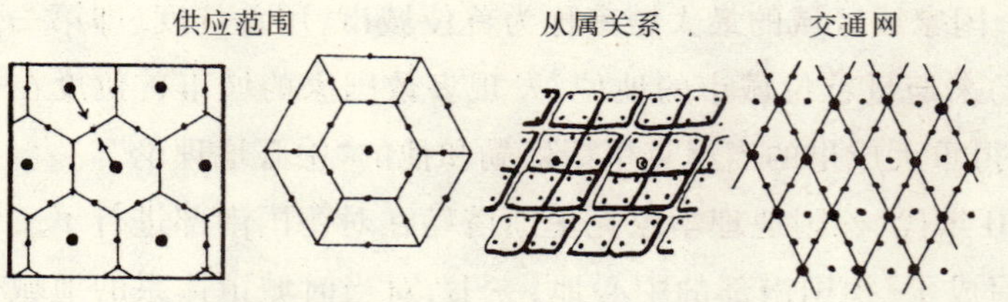

(b) 根据交通原则形成的中心地体系（$K=4$ 系统）

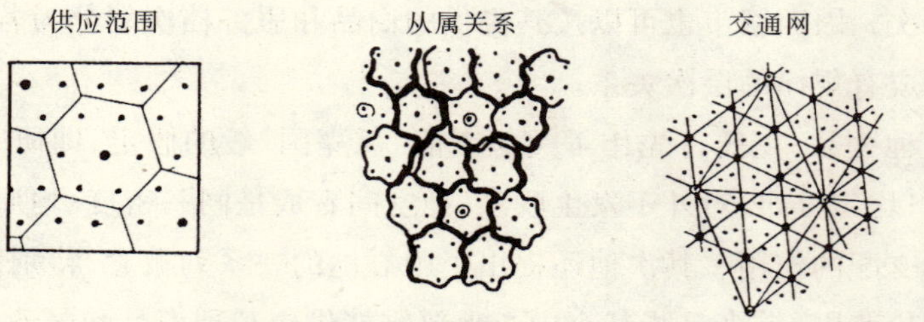

(c) 根据行政原则形成的中心地体系（$K=7$ 系统）

图 1–5　克里斯塔勒得出的几种中心地体系组图

（图片来源：彭震伟主编. 区域研究与区域规划. 上海：同济大学出版社，1998）

位中起决定性作用，而利润与产品的销售状况密切相关。针对市场需求与产品的销售，廖什对产品价格的大小、需求的强度、市场的半径以及单位产品的运输成本等进行了较前人更为细微的分析和研究。另外，从单个企业的市场区，到各市场区组成的市场网，再到各种市场网组成的市场体系，廖什用一系列几何图形与数学方程式作了更详尽的推导，提出了与克里斯塔勒相类似的六边形模型。

（2）胡佛的运输区位论

美国区位理论学者埃德加·胡佛(E. Hoover)在他的著作《区位理论与制鞋和皮革工业》(1937年)和《经济活动区位》(1948年)等著作中讨论了工业布局的许多理论问题。在他的著作中特别重视运输因素对工业区位的影响。他认为在由运行费和终点费组成的运费结构中，运行费与运距成正比，终点费与运距无关，与运输次数有关，即当距离一定时，费用的高低取决于运次(装卸、转运次数)的多少。运距越长，分摊终点费越少；运距越短或中转装卸次数越多，分摊终点费越多。由此可见，其终点费在运输费用中的重要作用，对于生产厂家来说，避免或减少中转装卸次数十分重要。另外，在各类运输形式中，由于各种运输形式的运费结构不同，所以对运输区位或工业区位的意义就不相同。如汽车运输具有运行费高、终点费低的运费结构特征，所以适合于短途货物运输；水运具有运行费低廉、终点费较高的运费结构特征，所以适宜于大宗低值的货物运输等。

（3）高兹的海港区位论

1934年，德国地理学家高兹发表了《海港区位论》一书。全书以海港与腹地关系为研究重点，从总体费用分析入手，创立了选取海港最优位置的理论。这对于工业布局也有很大影响，因为腹地实质上是指生产输出产品的工业地区。工业地区的兴衰，直接影响海港的兴衰。另外，海港的建设，会增加海港辐射所及区域对有关产业的吸引，影响工业区位价值，尤其对于外向型企业意义特别重大。

1.1.2 空间结构理论

图能、韦伯、克里斯塔勒、廖什等人的区位论，仅仅着眼于单个社会经济客体的最佳区位选择，且不涉及动态变化，而空间结构理论则是把处于一定范围内的各有关客体看成是具有一定功能的有机体，考虑各种客体在空间中的相互作用及联系，并加上时间的因素，因此空间结构理论也可称为动态的总体的区位论，这当中包含了农业用地及农村居民点规模结构、城镇用地及居民点规模结构、工业企业规模结构、第三产业规模结构等多方面内容，而其中对城市空间结构（内部地域以及城市与城市之间，即区域内的城市体系）的研究更为突出。由于本书篇幅有限，在此讨论的空间结构理论仅限于城市空间，且仅限于城市内部空间（区域研究与本书关系并不十分密切）。

与区位论首先诞生在德国不同的是，空间结构理论的研究起源于美国。20世纪二三十年代，以美国芝加哥大学社会学系为代表的几代学者最先关注于城市空间结构的研究，从人文生态学的角度提出了城市地域划分的多种模式，其中最为著名的是伯吉斯（E. W. Burgess）于1923年提出的同心圆学说（concentric zone theory），霍伊特（H. Hoyt）于1934年在此基础上提出的扇形学说（sector theory），哈里斯（C. D. Harris）和乌尔曼（E. L. Ullman）于1945年提出的多核心学说（multi-nuclei theory），组成了经典的城市空间结构三模式（图 1-6），此后还有众多学者提出过不同的见解，下面分别加以简要回顾。

1）伯吉斯的同心圆模式

社会生态学家认为城市地域分化过程包含吸收（absorption）、合并（annexation）、向心（centralization）、集聚（concentration）、离心（decentralization）、分散（dispersion）、侵入（invasion）、分离（segregation）、专门化（specialization）和再生（succession）10种运动类

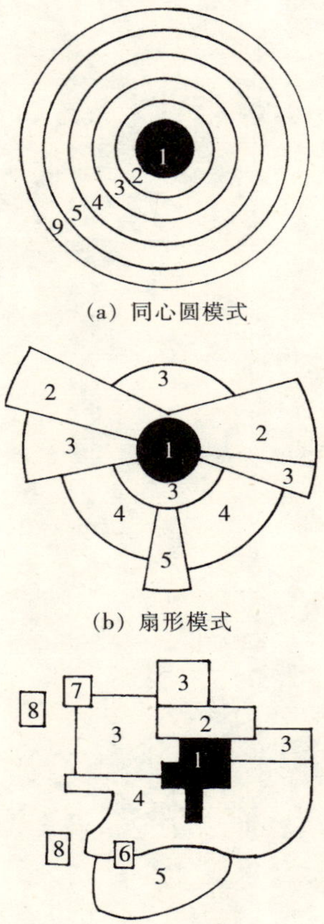

（a）同心圆模式

（b）扇形模式

（c）多核心模式

1. 中心商务区
2. 轻工业区
3. 低级住宅区
4. 中级住宅区
5. 高级住宅区
6. 次要中心
7. 次要中心
8. 次要中心
9. 通勤带

图 1-6 城市的内部结构模式组图

型。在城市内部,一方面,因为职业、地位、收入、生活方式的不同而出现不同的居住区;另一方面,因为民族、宗教的不同也会出现不同的城市文化景观。此外,随着城市的发展,工作场所和居住场所的分离也变得日益明显了。美国社会学家伯吉斯通过对芝加哥社会集团与地域分布的研究,提出了5个同心圆带的结构模式。

(1) 中心商业事务区。这里相当于芝加哥市的中心市区Loop,是城市商业、社会活动、市民生活和公共交通的集中点,是城市的中枢部分。这里有中心商业街、办事处、银行、俱乐部、时装公司、剧场、批发店等。

(2) 过渡带。这里初期是作为住宅区的,后由于商业和轻工业单位不断侵入,环境日渐退化。有色人、犹太人的迁入,又使这个地带成了贫民窟集中和犯罪率高的地区,所以也被人称为退化带。

(3) 工人住宅带。这个地带主要是产业工人集中的两层建筑住宅区。居民多数从过渡带中迁来,因为不希望离工作地点太远而集居于此。这里也住着许多侨民的后代。

(4) 良好住宅带。这里主要是美国出生的中产阶级、从事机关工作的人们的住宅区。独户建筑较多,具有一流的旅馆和高级公寓。

(5) 通勤带。这里是沿高速交通线路发展起来的、在城市中心工作的人们的住宅区,所以也称使用月票者居住区。

2) 霍伊特的扇形模式

美国经济学家霍伊特通过对北美城市142户的房租研究,认为城市的发展总是从市中心向外沿主要交通干线或沿着阻碍最小的路线向外延伸,城市地域的这种扩展,与其说是同心圆形,还不如说是扇形。他把市中心的易达性称为基本的易达性,把沿着辐射状运输路线所增加的易达性称为附加的易达性,包括线性易达性(linear accessibility)和定向惯性(directional inertia)两方面,于是经济地租机制导致的同心圆加上放射状运输线路导致的指状蔓延共同构成了扇形模式。

在此模式中:中央商务区位居中心区;批发和轻工业区沿交通线从市中心向外呈楔状延伸;由于中心区、批发和轻工业区对居住环境的影响,居住区呈现为由低租金向中租金区的过渡,而中产阶级和富人区则沿着城市交通干道或河道、湖滨、高地等从低房租区开始向郊外延伸,自成一体而不与贫民区相混杂。当人口增多,贫民区不能朝中产阶级和高级住宅区发展时,也会沿不会受阻的方向作放射式发展,因而城市的土地分区都呈现扇形模式。

3) 哈里斯和乌尔曼的多核心模式

C. D. 哈里斯(Harris)和E. L. 乌尔曼(Ullman)在研究不同类型的城市的地域结构时发现,行业区位、地价房租、集聚利益和扩散效益是导致城市地域结构分异的主要因素。现代城市,正是由于这4种因素的相互作用以及历史遗留问题和局部地区的特殊性，导致城市地域多极核心的产生，于是他们于1945年提出了城市地域结构的多核心理论。这一理论认为：城市由若干不连续的地域组成，这些地域分别围绕不同的核心而形成和发展。中央商务区不一定居城市几何中心，但却是市区交通的焦点。批发和轻工业区虽靠近市中心，但又位于对外交通联系方便的地方。居住区仍分为三类：低级住宅区靠近中央商务区和批发、轻工业区；为了寻求好的居住环境，中级住宅区和高级住宅区常常偏向城市一侧发展，而且它们形成了相应的城市次中心。重工业区和卫星城镇则布置在城市的郊区。

4）其他空间结构理论

（1）综合传统的三模式理论

埃里克森（E. G. Ericksen）对同心圆理论、扇形理论和多核心理论进行综合研究，于1954年提出了城市地域结构从市中心的中央商务区呈放射状伸展，居住区充填在放射线之间，市区外缘由工业区包围的折中理论。该模式与西方工业化国家城市地域结构的演变情况大体相符，但因为该理论是择各家之说且缺乏推理过程，因而不太引人注意。

（2）考察美国以外的城市结构

传统的三模式都是针对美国的城市特点提出来的，对于其他国家则不一定适用，为此麦吉（T. G. McGee）着力考察了大量殖民地城市，发现这些城市是由前工业社会和工业社会两种文明相互作用而发展起来的。从他1967年提出的东南亚港口城市空间结构模式可以看出，东南亚的城市在已西方化了的中央商务区和外围商业区之间存在明显的差异，边缘地带的工业区和内城的家庭手工业之间也存在着明显的差异，即使在高密度拥挤的商店、街道和舒适的中产阶级居住区之间也仍保留着乡村特点。

（3）关注城郊地区的研究

最早用三分法划分城市地域结构、研究城市边缘区的是迪肯森（R. E. Dikinson），他研读了许多研究城市的论著并考察了大量欧洲城市后于1947年提出了城市地域的三地带理论（three zone theory），认为随着城市经济的飞速发展，城区与周围地区的关系亦不限于城郊的依附关系，而是构成一个统一的地域，即从市中心向外发展按照中央地带、中间地带和外缘地带（郊区地带）的顺序排列。迪肯森的学说虽然由伯吉斯的同心圆学说发展而来，但由于其更关注城市外围的整体结构，因而理论意义更强。其后，日本学者木内信藏在对日本城市研究后提出的结论与此十分类似。

1.2 城市居住用地区位基本概念

1.2.1 基本术语

1) 区位、区位因素、区位优势

(1) 区位

“区位”一词来源于德语的 standort,这是一个复合词,stand 为站立场所、立脚地、站立之意,ort 为位置、点、场所。英文翻译成 location,即位置、场所之意,我国译成“区位”,日本翻译为“立地”,有些译为“配置”或“布局”。廖什在《经济的空间分布》一书的序言中是这样叙述区位的:“对我们来说,事物存在的时间是一定的,但我们却可能动地选择它所在的地点,……凡是有生命的事物都需要选择正确的区位;当然,一个经营得好的企业,建设一座城市以及能够得到发展的集聚区,也都需要选择正确的区位。”① 瑞士地理学家什米特(P. H. Schmidt)从生物学的角度来理解区位的概念,他指出:“生物生活在多样性的空间中,为了它的生存,在多样条件中统一找出一定的场所。……我们把生物根据其繁殖条件选出的场所叫做区位。”② 可见,区位作为“地点概念最终表现为空间诸关系的浓缩”,即某一场所与邻近的其他场所之间特殊关系的综合体。

严格说来区位与位置的含义还是有区别的,这首先得从人们对空间的认识说起。早期以牛顿为代表的物理学家多将欧式几何学所展示的空间体系视为惟一的空间体系,后来爱因斯坦则提出了相对的空间观,强调空间现象之间的联系。受此两者影响,在地理学中亦形成了将空间视为研究本体的区域传统和追求多个空间体系间关系的空间法则传统,后者认识到空间不仅有几何的物化空间,还包括“人、地”以及“人、人”之间的各种主观空间。与此相对应的是,位置是物质客体在绝对空间中的坐标概念,只要确定了原点,客体所在的位置都可以用点坐标(x,y,z)来表示,在地球表面则可借助地理的经纬坐标网来标明。而区位则是指人类活动选择的场所,也就是说占有某个地点的主体是人化了的客体。日本的江泽让尔认为应该“把区位理解为社会人类行为的场所,或者说是人类行为的某种选择对象”③。加拿大土地经济学家 M. 歌德伯戈对此认为:“我们这里讲位置特征时,其含义远比地块的坐标位置要丰富得多。它包括影响特定位置上的经济活动的经济、社会、空间关系的整个网络。”④ 可见,一般意义上的“区位”实际上已具有小范围区域的内涵。当然如果不严格区分的话,区位、位置以及地点等名词基本可以通用。

(2) 区位因素

所谓“区位因素”,是指影响以至决定人文现象的空间位置和组合关系的那些因素。它包括自然的、经济技术的、人文心理的等多方面。任何一个设施,包括经济的或非经济的,其区位的确定,都是由两个或两个以上区位因素相互作用的结果。各个区位因素都是把客体引向一定区位的作用力,每一种力都会产生某一方面的经济效果或社会效果,或二者兼而有之。某一客体的最终区位是由有关的作用力相互作用、互有消长而产生的"合力"决定的。在这种相互作用中,一般总有一个或两三个因素是主要的,另有一些因素是次要的;有些是有利的,有些是不利的。同一个区位因素在不同条件下,或对于不同产业部门设施的布点,其作用有明显的差异。

最早提出区位因素概念的是韦伯,他认为区位因素就是在某地获得生产费用节省的各方面要素,而运输、劳动力、集聚因素是工厂选址最主要的3个区位因素。由于研究者立论出发点的不同,对区位因素的规定往往也不同,实际上这种确定区位因素的过程就是研究者对影响因素的比较分析过程,把其中认为明显影响选址决策的要素挑选出来,把不太重要的予以忽略。由于这种选择多出自于研究者根据自身经验的主观判断,因而疏漏是难免的,且常常是很重要的一些区位因素被疏漏。自韦伯以后又有多位经济学家和地理学者对区位因素进行过探讨,诸如多种成本因素的综合分析、区位选择过程中不确定因素和信息成本的分析、区位与规模经济研究和区域经济政策效应的分析等。

(3) 区位优势

区位因素是区位主体所要求的条件,而区位条件则是特定地点所具备的客观条件,有时所指的内容是相同的,但多数情况下并不完全对应。对某区位进行某种活动的一系列有利条件综合起来就构成了区位的优势。一个区位只要具备某种有利于经济发展的条件,这种区位因素就会形成一种区位优势,产生一种引力,有可能把某些项目吸引过来,促成该地区经济的发展。这种引力的大小以及它对地区经济发展可能起到的作用主要取决于以下几点[5]:

① 一种有利的区位因素对特定产业部门生产发展的影响能力。一种区位因素对提高特定产业部门的利润的作用愈大,该区位对这种部门的引力也愈大。

② 各种区位因素在空间分布上的差异。一般来说,如果某种区位因素是广泛分布的,则任何一个区位也很难在此基础上建立起强大的优势;区位因素空间差异愈大,则拥有这种区位因素的地区优势亦越突出。

③ 区位因素在空间分布上的固定性。如果一个地区所拥有的某种有利条件在空间上是不能或难以转移的,这就意味着,当国家或地区需要开发利用这种有利条件时,必须把相应的部门配置在该地区,这就更有利于该地区经济的发展。

某区位生产发展的有利条件是一种客观存在,只有当出于经济发展的需要,这种有利条件有必要也有可能得到利用时,它才有可能成为该地区经济发展的优势。要把地区生产发展的有利条件转变成地区发展优势，必须具备以下条件：

① 区位发展条件必须与区域总体战略目标一致，才能确立为优势。某个区位尽管在发展特定产业部门上拥有极为有利的条件，但从区域总体发展战略来考虑，这个部门属于应逐步淘汰的行业，或者至少在相当长的时期内不准备作较大的发展，则该地区在制定发展战略时，就不应该把这种有利的区位因素作为优势来规划发展。

② 把该地区内全部生产发展条件综合后表现为有利，才能确定为优势。它包含两层意思：首先，一个地区范围内，各种影响生产发展的条件是相互影响、相互制约的，它们不可能单一地而只能是整体地有利于或不利于某些部门的发展。如果某地具有发展某个经济部门的一些突出的有利条件，但同时也欠缺一些重要条件，甚至还有一些不利因素，在这种情况下，这些不利方面不改善或解决，有利条件就难以转化为优势。其次，一个地区拥有的一系列生产发展的有利条件，若与外地或国外比较，哪一条也不突出，则不足以单独形成区位优势。但这些不突出的有利条件聚合在一个地区，且相互配套，也可以形成对某个部门发展的区位优势。

2）土地、土地的特性、土地的区位

（1）土地

土地是人类社会赖以生存和发展的基本资源，它既是人类劳动的对象，又是为其活动提供承载空间的实体。我国古代学者管仲曾言“地者，万物之本源，诸生之根菀也”，而西方经济学家威廉·配第也有“劳动是财富之父，土地是财富之母”的名言。随着人口数量的不断增加，或者数量虽未增加但人类对土地的需求越来越膨胀，土地始终作为一种稀缺性的资源而存在，从这个意义上讲土地问题属于经济学研究的范畴。20世纪20年代，美国经济学家 R. T. 伊利和 E. W. 莫尔豪斯在其合著的《土地经济学原理》一书中认为经济学中的土地侧重于大自然所赋予的东西。现代土地经济学研究则认为，人类活动对土地的影响是不可忽视的，现代土地的定义应为：土地包含地球特定的地域表面以下的土壤及其基础地质、水文和植被，还应包括这一区域范围内人们以及动物活动的种种成果。从这一定义不难看出土地的含义远比土壤来得广泛，土壤专指地球陆地上能够生长植被的疏松表层。

（2）土地的特性

对于土地的一般特性，即地产有别于其他类型财产的某些特性，伊利认为可将其分为法律的、自然的、经济的和社会的四大类。

① 土地的法律特性。土地作为不动产从法律上的含义来解释，是指土地所有权中内含的各种权益。换言之，人们并不是拥有土地实体，而是拥有从法律意义规定的使用和处置土地的多种权利。例如，土地的出让或转让并非像其他商品一样是物品的直接过渡，而是权利的交接。

② 土地的自然特性。包括:A. 位置固定性。指土地总是固定在某个场所,不能移动。B. 土地在它的肥沃程度和位置优劣方面有很大差异。C. 使用的耐久性。指土地能够一次又一次地被反复使用着,因而是耐久的。

③ 土地的经济特性。具体又包括:A. 土地报酬递减规律。表述为当投入某块土地的劳力与资本逐渐增加的时候,终将出现生产物的增加比例尚低于劳动力与资本的增加,实际上就是经济学中的边际收益递减规律。B. 经济供给的稀缺性。指的是亟须的土地相对缺乏。C. 土地利用适应物价变动的缓慢性。这主要是指土地使用方向的改变不能容易地和很快地适应物价的变动。

④ 土地的社会特性。在土地私有制的国家里,拥有土地是一种社会地位的象征,而且,与这种社会地位相联系的是地主享有某些政治上的特权。

上述土地特性中的自然特性和经济特性,不会因为不同的社会经济制度而有所不同,对一切国家和民族具有普遍的意义。法律特性和社会特性则受特定的社会经济条件的限制,在不同国家和不同的历史时期具有不同的表现形式。另外,土地的经济特性、社会特性和法律特性并非是土地作为物质客体存在的基本属性,而是由于人类活动的关系而具有的人文属性。这些特性代表的不仅仅是"地与地"之间的关系,而且还有"人与地"、"人与人"之间的关系。为此伊利认为,土地经济学是研究"如何能够通过调整由于土地利用而发生的人与人之间的关系,来实现改善生活条件的目标,因而称之为一门社会科学比较合适"[⑥]。与此相对的是,土地的自然特性并不因为人类活动的存在而存在,但正是因为有了这些自然特性,人类才会对其加以利用和改造,使其衍生出其他 3 个特性。

(3) 土地的区位

土地的区位特性是属于其自然特性中的一种。自图能总结出随着距离中心市场的远近而变化的土地利用圈层模式以来,土地的区位特性变得越来越受重视,因为它是地块间保持差异的不灭因素,即使两个地块的其他自然特性都一样,由于二者的位置不会重叠,因而也就永远不会有完全相同的两个地块。人们还认识到固定在某处的场所,其区位质量是很难稳定不变的,因为与之相联系的环境处于经常变化之中。当土地的自然性状不变时,场地以外的区位因素也会调整土地生产能力与用途,使之发生变化。可见与土地的四大特性相一致,其区位不仅有自然区位,还有经济区位、社会区位和法律区位,其中自然区位和经济区位具有普遍意义。

土地的自然区位表现了某一事物与其周围陆地、山脉、河流等自然地理事物之间的空间关系,其意义在于对人类活动的形成发展提供了极其重要的自然基础。土地的经济区位强调的则是经济活动之间的相互联系、相互作用在空间位置上的反映。从自然区位向经济区位转化有一个过程,在市场经济关系下,它是伴随着土地商品化开发过程同时进行的。这时的土地凝结了人类的劳动，其经济功能得以形成和大幅度提高。土地的自然属性被经济属性取代，大量新的经济效益及其他效益在各土地区位上出现，与土地自身所拥有的自然生产力融为一体，为土地使用者直接获取。单位面积土地上投入的社会劳动越多，其区位的经济价值越大。

3）城市土地、城市土地的特性、城市土地的区位

(1) 城市土地

谈到城市土地实际上就牵涉土地的分类问题。我国对土地的分类研究具有悠久的历史，早在战国时代的《管子·地员篇》就曾按地形将全国土地分成“渎田”(大平原)、“丘陵”和“山地”三大类，然后继续细分。由于研究的目的不同，土地也可以按不同的标准分为多个类别。例如按照利用的性质可分为农业用地和非农业用地，后者就包括城市土地；按照土地权属关系可分为国有土地、集体所有土地和私有土地；按照开发利用的年限可分为永久性建设用地和临时性建设用地等。目前我国的城市总体规划与土地利用总体规划(简称“两规”)对土地都各有一套分类体系，虽有一定联系，但又不尽相同，歧义甚多(例如相同名称却内涵不同，同一类用地分类方法也不相同，分类彼此包括或交叉等[7])，对城市土地的理解也有不同，在此对其中常见的名词进行辨析是很有必要的。

首先需要指出的是城市土地和城市用地的概念存在差别，前者是统称、泛指，范围大；后者则是专指，范围小。城市土地首先是从土地利用总体规划的角度来说的，是城市行政辖区内所有土地的总称，在目前市管县的行政体制下，不仅包括城市用地，还包括乡镇用地及农村用地。当然有时不用严格区分也可以相互通用，所指的用地范围相一致。在城市总体规划中，一般不提城市土地而用市域这个空间概念来对应。目前城市规划师多是学建筑学的，因而习惯于从“空间”的角度去描述地域范围，一般从大到小有市域、城市规划区、建成区、市区(或城区)、城市中心区等。严格说来这些名词代表的实际范围都是较为模糊的概念，除了市域也就是城市总的行政辖区可以在地图上较为明确地划定外，其他的都会在市域范围内上下有些浮动。

根据《城市规划法》，城市规划区就是“城市市区、近郊区以及城市行政区域内因城市建设和发展需要实行规划控制的区域，具体范围由城市人民政府在编制的总体规划中划定”。目前的城市规划区有时小于市域，因为我们的着眼点仅放在城市。事实上在许多国家里，城市规划的范围扩大了，因为人们认识到整个自然环境都要有秩序地加以开发。这种广义的规划在英国被称做“城乡规划”，在美国通称为“城市与地区规划”[8]。对此，我们也应多做些城乡一体化的规划尝试，将城市规划区扩展到整个市域甚至更广的范围。建成区范围的确定则是相当困难的，因为它并非是一个封闭区内的整块用地，而是由若干个完整的(整个地块)和非完整的(一个大地块中还需扣除若干个小地块，

如农用地）地块组成的。它更易量化，而不易准确地在图纸上直观表达，常常在图纸上表示的建成区只是一个示意而已。至于市区（或城区），本身是一个与郊区（包括边缘区）相比较相对的宽泛概念，多指发展已经比较成熟的老城区。城市中心区在大城市就是中央商务区（CBD），在小城市就是中心商业区，无严格界限。对此笔者认为，在城市总体规划中的空间区域概念应尽量与土地利用总体规划的用地范围相对应，特别是城市规划区这个模糊称谓，不如将它换作城市规划总用地，即规划区范围内的所有土地，这样比较明确。

在城市总体规划中，城市用地（即城市建设用地）是指用于城市建设需要的土地，它既是指已经建成利用的土地（即建成区），也包括已列入城市规划区范围和已被征用而尚待开发的土地（实际上如果严格从法治的角度讲，这类用地一定是城市规划区内的土地，只是国内常常出现先批租征用、后规划的尴尬事例）。而在城市层次的土地利用总体规划中，城市用地是指经国务院批准，有城市建制的居民点，其范围相当于城市规划建成区面积。显然，土地利用总体规划中的城市用地面积要小于城市总体规划中的城市用地面积，两者为包含关系。这种概念差别给“两规”的编制与管理都带来许多不必要的麻烦，不利于“两规”的协调与衔接，因此必须统一城市用地的口径。笔者认为，土地利用总体规划中城市用地的范围过于狭窄，按其现行的用地分类办法，城市用地不过是城镇村庄、工矿用地大类中的一小类，似应将这大类中属于城市的仓储、独立工矿、交通及特殊用地也划为城市用地的范畴，这是土地利用规划中的用地概念向城市总体规划靠拢。

（2）城市土地的特性

由于城市经济活动的特点，作为城市经济活动载体的城市土地，与农业用地、林业用地相比，有其独有的特性。

① 位置的极端重要性。对于农业用地来说，虽然位置也是决定其价值的重要因素之一，但并不像城市土地那样，是最重要的决定性因素。城市中心区的土地与距中心区几公里的土地之间的价值差距可能高达几十倍甚至几百倍，有时就是相邻的几块土地，也会因为位置的前后左右排列不同而具有不同的价值。

② 位置对交通运输的依赖性。交通运输的畅通意味着效率的提高和转移费用的节约。劳动者所关心的是每天上下班的路途和舒适度，经营者则需要尽可能地减少生产要素和产品在运输过程中的消耗，这些都需要良好的交通条件。

③ 土地利用的不断高度集约化。城市经济的发展与人口的增加，使城市土地需求上升，从而导致城市土地价格不断上涨。高价的城市土地迫使人们不得不高度集约利用土地。

④ 改变土地用途的高成本费用。土地投资一旦固定在土地上，其具体的使用价值得以体现，其利用方式便也就确定下来，要想改变的困难性也就很大。这一方面是由于

城市土地上承载的是昂贵的建筑物，而非农业用地上种植的是廉价农作物；另一方面涉及原土地使用者的利益调整，使得成本费用更高。

⑤ 数量上的绝对扩张。从世界城市化的历史进程来看，城市土地的绝对面积一直在增加。由于人口的集中以及城市的日益发达，城市土地的需求不断增加。尽管土地的集约化利用在一定程度上满足了需求的增加，但对于发展中的城市来说，城市土地面积的向外扩张仍然不可避免。

(3) 城市土地的区位

农业种植用地，主要是它具有能够服务于人类的可耕性和培养力，为人类提供各种各样的农副产品，满足人类的衣食需要；而城市土地主要是它的承载能力服务于人类，为人类提供从事各种经济与社会活动的场所和空间。由此我们说，作为自然物的农业土地和城市土地虽然没有什么区别，但是从生产力中却显示出不同的特殊性。农村土地的肥沃程度决定了土地级差，而城市土地优劣的主要标志是其区位特性。西方学者谈到城市土地评价标准时认为，第一是区位，第二是区位，第三还是区位。

城市土地的区位有两层含义，首先是作为整体的土地区位，即城市的区位。两千多年前中国的管子曾说过城市选址"非于大山之下，必于广川之上，高毋近旱而用水足，下毋近水而沟防省"，这样的理想区位在我国这个多山国家还是比较少的。因此我国城市多分布在东部沿海一带，而中西部的城市数量非常少。古罗马的维特鲁威在《建筑十书》中也论述了对城址的选择，指出必须占用高爽地段，不占沼泽地、病疫孳生地，必须有利于避浓雾、强风和酷热，要有良好的水源供应、丰富的农产资源以及有便捷的公路或河道通向城市。美国地理学家 J. R. 史密斯在《工业与贸易地理》一书中说明了人类活动的交通条件对城市选址的促进作用："交通之一大好处，是它构成一个分配中心所在地的最基本、最重要的原因。甚至可以说，交通条件是这类中心形成的惟一原因。……在山区，二条或者更好是三条峡谷的交汇处，山关的尽头，二条峡谷之间相连的宽阔豁口。如果是河流，则易在其较安全的渡口形成居民聚居区。在平原，……土地肥沃、人口稠密的平原上的道路和铁路的交接汇合处，则几乎必定会形成城镇。"[9]

一般提起城市土地的区位多是指这一概念的另一层含义，这时城市土地亦被理解为城市用地的层次，即从城市局部着眼，表征城市地域内一事物与其他事物在空间方位和距离上的关系，其中最主要的是强调经济活动之间的相互联系。所以人们更为注重的是经过加工开发后的城市经济区位。城市内的自然土地资源，通常要按照城市规划的要求加工改造，即经过城市土地的开发过程，实现自然区位向经济区位转化，而城市土地的经济区位由于多种影响因素会形成级差，一般说来主要有以下几方面：

① 土地投入。人类渗入土地的社会生产力表现为物化劳动，有直接和间接之分。直接的物化劳动具体包括两个方面：一是为满足城市建设的地基需要而进行的社会必

要投资，如平整场地、修筑挡土墙和护坡等；二是为城市土地综合经营开发而修筑的道路、水、电、气等工程性基础设施。间接性物化劳动是指位于城市土地上的厂房、仓库、商店、办公楼等各种建筑不动产，虽然它们不是将资金凝结于土地之中，而是表现为土地上的建筑物中，但由于房产与地产的不可分割性，也是形成城市土地区位经济级差的重要因素。

② 地块间的相关性。具体说来包括互赖互补性和波及性，前者实际上就是城市集聚效益的体现。不同种类企业的集中，有利于加强专业化协作，并大大减少相互使用和配套的原材料、半成品、成品的运输费用，降低产品的成本。还可以共同利用城市基础设施，减少社会费用总支出，并有利于企业间展开竞争，提高企业素质和产品质量，更有利于集约化地利用土地、节约土地，使单位城市土地上创造的产值利润提高。城市土地的波及性是指已开发的土地会带动周围未开发的土地投入开发使用，而开发程度深的土地区位会带动开发程度浅的土地区位的开发使用，就是在某一区位内部，已建成项目的生产经营也会直接给周围土地带来效益。

③ 土地的自然特性。包括城市土地的地质、地形、地貌等条件和相对于山川、河湖、海岸线的自然位置。前者在经济状况许可的条件下可以通过现代技术手段加以改变和克服，后者则难以改变，它们对土地的利用影响很大。我们说土地的自然区位一般不具有城市功能，但经济区位形成时如果是凭借土地自然条件的某些地理构造上的某些特性，往往可以产生很大的效益。

④ 土地的通达性。这是由城市中人和物从这一地点到另一地点的空间位置移动的便利条件决定的，一般可由空间距离、花费时间及费用来反映。在当今开放的社会条件下，通达性好，自然会增进人们交往活动的范围，从而拓展人们的视野，其意义是很大的。另外，还可以增加消费者与经营者、生产者与生产者之间的接触机会，带来较高的商品交易量与实际利益。良好的通达性，依赖于良好的城市交通条件。一般来说，交通用地在城市总用地中所占的比例越大，则交通条件越好，但反之并不亦然。

4）城市居住用地的区位

（1）城市居住用地

居住用地是土地按其用途进行分类中的一种。广义的居住用地也可以说就是城市居民点用地，在土地利用规划的用地分类中，近似于城镇、村庄、工矿用地大类（与此并列的还有耕地、园地、林地、牧草地、交通用地、水域、未利用土地）中的城市用地，但土地利用规划中并未刻意将居住用地单独划为一类。与此对应的是在城市规划的用地分类中，居住用地被列为第一大类，与之相伴的还有公共设施用地、工业用地、仓储用地、对外交通用地、道路广场用地、市政公用设施用地、绿地、特殊用地、水域和其他用地，加上居住用地本身共十大类。一般说来，居住用地属于城市规划范畴（至少在“两规”整合之前是这样)，是居住用地的狭义理解，本书所指的居住用地如不加说明也就是指城市居住用地。

城市居住用地并不是住宅用地，前者是指居住小区、居住街坊、居住组团和单位生活区等各种类型的成片或零星的用地，由住宅用地、公共服务设施用地、道路用地和绿地四类用地构成，可见居住用地是大类，包含了住宅用地。同时，居住用地中包含的公共服务设施用地也不属于城市规划用地分类中的公共设施用地大类。

(2) 城市居住用地的特性

城市居住用地除了具有土地的一般特性和城市土地的独有特性外，还有其自身更为特殊的如下一些特性：

① 城市居住用地在城市总用地中所占比重最大。一般说来，城市居住用地要占到城市总用地的1/3左右，国外的城市中比例往往更高，因为居住是城市的基本功能，《雅典宪章》将其列为城市四大功能之首。我国的《城市用地分类与规划建设用地标准》(GBJ137—90)中规定，城市居住用地应占规划建设总用地的20%~32%，这个标准定得有些低了，从实际发展情况看许多城市早已突破此标准。

② 城市居住用地分布的遍在性。总的来说居住用地对城市土地的自然条件并没有十分特殊的要求，符合城市建设的区位一般也都是适于居住建设的区位。随着社会的发展，人们的居住活动一定是分异的，人们愿意选择不同的地点安居，因而城市居住用地在城市中分布也最为广泛。

③ 城市居住用地与其他城市用地既混合又独立。早期的城市各类用地大多交错混杂在一起，工业革命之后不得不进行功能分区，与居住功能矛盾较大的一些用地迁到了别处，而居住用地也在主动扩张。目前，不论是国内还是国外的城市，老城区的居住用地大多仍处于相对混合的状态，而新区的居住用地则处于较为独立的状态。

④ 城市居住用地与公共设施用地关系最为密切。早期的城市居住用地往往就在工业用地的附近，形成工作、居住一体化的局面，使人感到这两者关系十分密切，但仍比不上同公共设施用地的关系，因为后者从来都紧贴着居住用地布局，为居住用地提供服务。尤其是随着城市产业结构的调整，大量工作岗位已从工业转向三产部门，属于第三产业的行政办公、商业金融业、文化娱乐、医疗卫生、教育科研等行业的用地与居住用地靠得更紧了，而工业用地则与其分得更开了。

(3) 城市居住用地的区位

居住用地在总的城市用地中分布最为广泛，但并不是说城市中所有的地点都适于居住，要确定区位就必须对用地进行分析和选择。城市用地分析就是在对城市各自然要素进行综合研究的基础上，按照用地准备工程技术的可能性和经济性，对城市规划用地进行适用性分析评定，最后划分出用地的不同等级。城市用地选择则是在城市用地分析的基础上，结合用地的社会经济条件，并参考布局方案的环境预测而加以确定的。

根据自然条件对土地进行评价分级在我国已有悠久历史。按最早的地理著作《禹贡》记载，夏禹平水之后为了规定土地的赋税标准，将九州土地按自然肥力估计为上、中、下三等，每等又分上、中、下三级，共九级。今天我们从建设的角度将土地按其地形坡度、地基承载力、地下水埋深和洪水淹没程度等分为三等，即适宜修建的用地(I)；采取一定工程措施加以改善才能修建的用地(Ⅱ)；不宜修建的用地(Ⅲ)，这一级一般包括农业耕地和投资造价较高的两种用地。这种规划前的用地分析是很重要的，它为我们选择用地区位提供了客观标准。但是我们过去常常按这样的自然等级划分就做出决定，而较少做出经济分析。如1976年中国建筑工业出版社编辑出版的《城市用地选择及方案比较》中，各区所处地理位置和地质等条件被列为土地功能分区方案比较的第一条，而投资造价比较被列为最后一条，某种意义上也反映了那个年代对这一问题的看法。

当前，随着市场经济意识的逐步深入，土地定级增添了根据经济发展情况进行综合评价的内容，以便为地块出让提供租金标准。这样的经济分级有可能与自然分级是相反的，即根据自然条件定性为不宜建设的用地也可能是根据经济发展状况定为高级别的黄金地段，虽然在不利条件下进行建设，费用肯定会有提高，但如果从整体和长远层次加以计算则还有可能是利大于弊的，这就意味着原先“被判死刑”的用地今天又有可能活了起来。如南京市河西地区早年一直因为地质条件不佳的原因被定为不宜建设用地而鲜有发展，如今却因为更多的一些有利因素被人们认识到而出现了强劲的开发势头。为此，本书的城市居住用地区位研究着重于用地的经济分析和选择。

1.2.2 与相关学科的关系

学科之间凡具有密切的相互关系，一般都应有以下3个方面的表现：首先，有关学科的研究领域彼此交叉，或他们的研究对象共处于一个相关的统一体中；其次，其他有关学科的理论、方法在本门学科中得到应用；再次，某些学科成为其他学科的研究工具，典型的就是应用数学各分支学科和计算机科学。而区位的研究从来就不是一门独立的学科，它所涉及的主要问题包括社会人文现象的空间分布结构及其相互间联系的变化规律等，这也是地理学、经济学、社会学、心理学甚至生物学、政治学等共同研究的对象。建筑学自分化出城市规划以来，区位问题也成为城市规划研究中的关键问题。从城市规划的视角来看，区位研究的相关学科主要有地理学中的城市地理学、经济学中的城市经济学、社会学中的城市社会学、心理学中的行为心理学以及数学和计算机科学。

1）与地理学(城市地理学)的关系

地理学是一门研究地球表面自然和人文现象以及它们之间的相互关系的学科[10]。

区位论的两个阶段，即古典区位论和空间结构理论本来都属于地理学的研究范畴。古典区位论中克里斯塔勒提出的中心地理论实际上就是城市居民点区位论，从此之后地理学分化出城市地理学。另外，空间结构理论一般多从城市地域的角度研究，既将城市看成面，研究面域内部的关系，也将城市看做点，研究多个城市以及城市与其腹地之间的关系，避免了就城市论城市的片面性。可见，提到城市用地的区位研究，首先发生关系的学科就是地理学（城市地理学）。

一般说来，城市地理学侧重于理论，研究规律；城市规划侧重于应用，提供设计。目前，城市规划师本身多由建筑师充当，因而规划难免带来形体空间塑造的烙印，但城市的复杂性使得其规划需要多个学科的参与。地理学人士能从更宏观的角度剖析城市发展的一些特性，从而为规划师当好参谋。就城市地理学的研究内容来看，包括城市的地域结构、城市的职能和性质、城市的相互作用及城市体系、城市与自然环境、城市发展的经济基础、城市的问题和整治以及城市化的研究等，这些都与城市规划研究相关且相互补充，也是本书进行规划区位研究的理论基础。

目前，城市地理学是研究城市化的主要学科之一。毛泽东主席在1945年发表的《论联合政府》一文中就曾讲道："如果中国需要建设强大的民族工业，建设很多的近代的大城市，就要有一个变农村人口为城市人口的长过程。"[①] 由于中国人口基数庞大，特别是农村人口更是世界之最，中国人要通过城市化的道路走向现代化，对城市规划提出了更高的要求。而城市地理学的研究一般首先都会考察城市化的过程，特别是近来随着中国社会经济的发展，人口不单是从农村向城市集聚，同时也产生了城市人口向城郊蔓延的现象，也就是郊区化现象，更成了城市地理学者关注的问题；而不论是城市化还是郊区化的研究，都为我们规划中的区位选择提供了大的背景环境，为我们的操作明确了方向。

在城市地理学研究的过程中产生了许多学派，其中空间分析学派源于计量革命给地理学带来的革新，其研究中采用的量化分析方法对城市规划也很有启发。该学派的代表人物是阿隆索（W. Alonson）。他认为城市问题的根源在于人类对城市空间规律掌握得不够，惟有通过客观分析，按经济功能和空间规律建立数量化的模式，才能合理分配城市资源，解决城市内的贫富分化问题。该学派是迄今为止对城市地理学贡献最大的学派，但使用这种实证主义方法来处理社会问题容易把人类行为过分简单化，忽略其复杂多变的本质，因此本书的研究在吸取其精华时也要避免其疏漏。

2）与经济学（城市经济学）的关系

经济学是研究人类社会各阶段各种经济活动和相应的经济关系运行、发展的规律的科学。经济学的核心是价值问题，致力于系统比较成本和效益，即损失的价值和获得的价值。在许多情况下，我们都可以将非市场化的区位因素折合为货币来进行比较，这种"相当的金钱价值"概念在区位选择的经济分析中有广泛的应用。当然，并不是所有的区位研究都适合于进行经济分析，例如某地居民生活的幸福感是无法用"相当于多少金钱价值"来衡量的。另外，经济学关注消费者行为与厂商的经济决策分析，而我们从城市规划角度进行城市居住用地区位研究时，无法排除来自底层的居民与开发商的呼声，为此需要借鉴经济学的研究成果。

与经济学分为宏观层次与微观层次类似，城市经济学既从宏观的角度来研究城市在国民经济中的作用以及城市和周围地区的经济平衡与协调，又从微观的角度分析城市内部的土地、交通、环境、住宅等问题。而对于城市规划而言，微观的城市经济学与之关系更为密切（宏观经济学一般对应于区域规划）。我国过去的城市建设走了很多弯路，很大程度上是由于缺乏较为全面的对城市经济的认识，只把城市看做是生产性的工矿基地，导致城市经济发展与市政建设比例严重失调，给我们带来诸多两难问题。今天，国家从制度层面上根本扭转了这一局面，城市建设的经济条件与环境有了很大的改变，规划也必须及时补充相应的城市经济学理论，从而保证其科学性。

城市经济学中对城市建设经济效益的评价和城市土地经济问题是与本书的研究课题密切相关的两个问题。城市中任何建设项目基地的确定都要涉及经济效益的评价。单个经济实体往往只求自身局部与短期的效益最佳，而规划部门则需要从整体与长期的角度去协调，从项目用途的机会成本到对社会环境的外部效益，规划意义上的区位选择要比单个经济部门考虑得更多。另外，区位问题也是个土地问题，城市土地资源使用中的一些经济特性将导致城市土地利用的特殊结构，其本质是地租与地价的作用。过去我们一直以行政手段、法律手段来对做出的规划进行落实，希望经济个体能按照规划图上所描述的区位进行迁移，却往往收效甚微，根本原因就是土地的无偿（或低费用）使用。现在通过地价这个经济杠杆，从土地市场的角度去管理，规划部门的区位决策才能逐步得到实施，这就要求我们去关注土地的经济问题。

美国城市经济学家沃纳·赫希认为，城市经济学存在的理由是经济活动的空间特征。从范围上讲有两个不同的重点：一个侧重于密集度（聚集经济、规模经济、门槛理论等侧重于这方面的研究）；另一个侧重于距离，提出经济活动在哪里进行，在哪里选址[12]。城市经济学家对选址有独到的理论研究，其中也包括了从规划角度着眼的布局理论，而城市布局正是城市规划的核心内容，即从城市现状出发，按照区域和城市经济社会发展的需要以及城市用地功能组织和建设艺术的要求，在一定地域范围内，对规划期内的城市各项建设用地和设施进行统筹安排，做出总的战略部署。

城市布局之所以重要，是因为它把城市发展的目标在城市地域空间的范围内物质化了。根据规划而物质化了的城市各种设施，一旦定位就具有不可移动性。城市设施的这种"定位刚性"，往往对城市发展具有全面、持久的影响。特别是不合理的布局，它对城市发展的不良影响越久则越明显。如要变革定位,往往要花数倍于初始投资的代价。如果不变更定位,其负效应不但长期阻碍城市的正常发展,而且越到后来积累越重。从以上分析不难看出,城市布局对城市发展的影响可以总结为3个特点,即全局性、长期性、累加性(或称为可积淀性)[13]。

有学者将城市规划的布局比做下围棋,认为下棋过程中棋子的落点需要整体与连续的考虑,即必须考虑到全盘的现状和怎样与原来棋子保持有机的联系;有些棋子的位置是相当关键的,如不先行加以控制就会导致出现被动局面;有些空点填满后反而成问题,牺牲掉部分棋子往往更有利,这些都与规划有相通之处。但做规划毕竟不像下围棋那样轻松,输棋后可以再来而城市规划并不能推倒重来,且规划从来不仅仅是门艺术,科学的规划需要借鉴同属科学的其他学科,城市用地的区位布局也需要城市经济学为其提供依据。

3）与社会学(城市社会学)的关系

社会学是从某种特有的角度,或侧重对社会,或侧重对作为社会主体的人,或侧重对社会和人的关系,进行综合性研究的学科。长期以来,社会学在中国并不受重视,不然费孝通的“小城镇大问题”也不会迟至20世纪80年代才发表。而在欧美国家,社会学的研究已有多年的历史。英国的普通速记员E. 霍华德由于写出了《明日的花园城市》一书而被后人广泛认为他是一位社会活动家。他在对伦敦城市住宅和就业问题细心考察后认为:“城市和乡村必须成婚, 这种愉快的结合将迸发出新的希望、新的生活、新的文明。”[14] 美国芝加哥大学社会学系的几代学者则是从人类生态学的角度考察了城市社会,认为城市绝不是一种与人类无关的外在物,也不只是住宅区的组合;相反,城市中包含人类的本质特征,它是人类的充分表现形式,尤其是由空间分布特性而决定的人类社会关系的表现形式。城市居民的生活习惯、习俗和浪漫主义的热望,会逐渐把生态学因素、经济因素和工业因素等转化为社会关系、社会组织[15]。这些经典的论述使城市规划逐渐从只关注工程技术发展到兼顾社会效益。

社会学至少在以下几个领域对规划以及本书的区位研究起着重要作用, 即社会指标研究、生活方式研究和公众态度研究。社会指标反映了城市社会的变迁与发展趋势,为规划的目标选择和评价提供依据,并能反映规划决策和社会变化之间的因果关系;生活方式的变化是城市向前进化的基础动力,其中居民时间的分配为规划提出按时布局的要求,特别是居民闲暇时间所要求的空间和设施正成为规划中的重点内容;公众态度包括公众意愿和公众评价两方面, 对规划的前期和后期两个阶段发挥着监督作用。为了获取以上社会信息,规划前期的社会调查是非常必要的,从中得出的数据和结论往往是决定规划是否可行的关键。

城市社会问题中住宅问题一直是个大问题, 为此城市社会学研究中有很大比重都放在住宅方面，而社会学家也普遍将住宅问题当做社会问题来看，但“对于规划师来说，住宅问题首先是个规划问题，从居住用地的选址，到住宅建设的标准；从住宅市场的需求分析，到配套设施的综合平衡，无一不是城市规划工作中应加以重点考虑的要素。”[16] 城市社会学对住宅发展预测的研究为规划师提出了问题和目标，不同类型的住宅都要针对此类住宅的特点选择合适的区位安置，例如老年公寓、流动人口公寓、学生公寓以及需要改造的旧式里弄住宅、大杂院等，都需要规划师对其区位做出统筹安排。由于本书篇幅有限，因而对以上有别于普通商品房住宅的用地区位并不加以讨论，而只限于一般意义上的研究（即本书并不对居住用地区位进行更进一步的类型学研究）。

城市社会学的研究从家庭开始，继而放宽到社区，再扩展到整个城市居住空间。目前，我国城市的居住空间正在从过去的均质单一转向异质多样，也出现了芝加哥学派早已阐述过的生态竞争现象。社会的阶层分化导致人口的再分布，旧城的湮灭、郊区兴起的居住新城成为普遍的现象，也带来社会矛盾激化等诸多问题，对此深圳大学的许安之教授认为我国个别发达地区已逐步从小康社会向后小康社会迈进[17]。未来社会发展究竟会怎样影响到我们在城市中的居住模式，而我们又将在何处像海德格尔所说的那样“诗意地栖居”，都需要规划师在进行居民区布点时从社会学的角度加以思考，从而避免片面和失误。

4）与行为心理学的关系

心理学是研究人和动物心理活动和行为表现的一门科学。行为心理学则是把环境、人的感应和行为都看做是变数，研究由于人与环境间相互作用的互动过程，包括人对环境的感应、意象和感应导致的空间行为两方面。行为心理学的研究表明，个人的空间行为，包括寻找工作和居所、购物等，常常不是由客观的空间结构所决定，而是由个人的感应空间结构所支配的。凯文·林奇（K. Lynch）用多种量度意象的方法总结出人们的城市心智地图（mental map）的 5 个要素（图 1–7），并认为该意象很大程度上影响到他们行动的选择。一般说来，人们采取的行动将导致几种变化：行为变化改变活动本身的性质或者改变所使用的交通工具；发展变化改变空间（如建筑等）的物质形态或改变承担交通的路径；区位变化改变活动所在的区位及相应的交通路线[18]，这正是本书所关注的部分。

对感应和行为的研究针对不同的群体大致可以分为三类，即居民、企业主和规划决策人。林奇进行的研究主要是针对城市居民而言的，而企业主选择厂址一般会经过 3 个阶段：地区分化阶段（regional zoning）、社区筛选阶段（community screening）、基地选择阶段（site selection）[19]，每个阶段考虑的区位因素都各有侧重，区位选择的范围由大到小最终落实到点。对规划决策人自身的研究一般重点并不

图 1–7　林奇的心智地图的 5 个主要元素
（图片来源：Porteous J D. Environment & Behavior: Planning and Everyday Urban Life. Massachusetts: Addison-Wesley Publishing Company，1977）

在于人，而在于约束其决策的机制。当然，任何规划方案都会反映决策者的立场和价值观，在不同的社会和历史条件下其价值判断都会有所变化，但大多数规划方案的制定都是基于公共利益，因而归根到底还是看广大居民和企业主的行为心理。另一方面，如果规划是决策人一厢情愿做出的，那么对其决策心理的研究也就没有什么意义了。

第二次世界大战以后，区位选择的理论与实践中也引入了行为心理学。其基本论点是：对人类活动空间结构的认识，要联系到社会机制和生态机制；决策人的心理和行为会对区位决策起很大的作用，因为区位决策往往与个人的行为空间具有某种联系，而个人的行为空间又可能受到个人的职业、家庭、经历、性格和文化水平等方面的影响。也就是说，企业家所选择的区位，不一定是最经济合理的，却有可能是“满意的”厂址。西方有些学者认为心理和行为因素影响力的扩大是由于发达国家已从工业社会转向信息社会，这个社会的特点之一就是在一系列决策问题上经济标准已不再占主导地位。随着人们对区位选择中主观因素认识的逐步深入，博弈论、选择概率和随机过程、次最佳选择论等成为决策理论的核心，与古典的区位论结合后在规划实践中取得了明显效果。

应用行为心理学研究人类空间位移比较突出的理论有美国人高里基(R. G. Golledge)提出的锚点理论。他认为，在人与环境的相互作用过程中，一般首先认知区位，然后认知区位之间的联系，接着认知区位周围的地区。以迁居到新城市的居民为例，他们首先必须熟悉居住地、商店和工作场所，并认知这三点及其相连的路线，然后沿此路线逐步认知各类交接点和各种空间关系。这样，人们在对城市环境的认知中，以生存的重要程度产生了阶层性的结构，从而不断扩展其行为空间(图 1–8)。

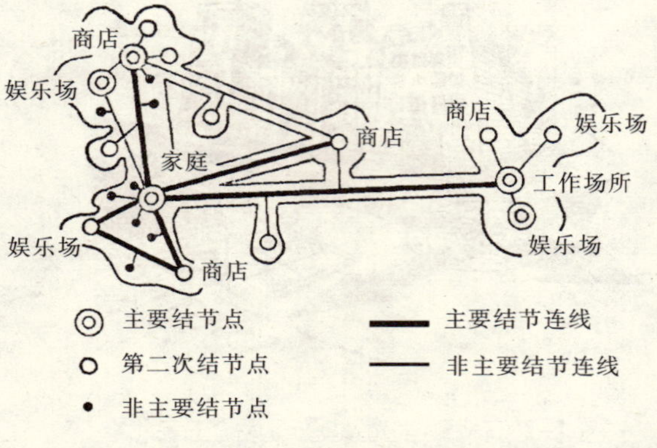

图 1–8　高里基的锚点理论模式图
(图片来源：李旭旦主编. 人文地理学论丛. 北京：人民教育出版社，1985)

5）与数学和计算机技术的关系

数学是研究现实世界中数量关系和空间形式的，简单地说，就是研究数和形的科学。计算机技术是一种按照程序进行信息处理的通用技术。数学本身是构成计算机科学的基础，而计算机技术的发展则提高了数学的应用意义。过去物理学运用数学描述力学和运动比较多，但随着第二次世界大战后计算机的出现和推广应用，使数学不再显得特别高深莫测，而是逐渐渗透到各门自然科学和社会科学中。按照马克思的见解，任何一门科学只有成功地应用了数学才能得到很好的发展[29]。

在人们对客观世界的认识中，许多领域先用数学方法作定性或定量的模拟，这是非常必要的。本书对城市居住用地区位的研究，属于客观的社会经济现象，这些现象之间的关系是极其复杂的，其相互之间的作用结果往往具有一定程度的不确定性，对于这样的研究客体，我们既无法只凭着自身的经验认识不着边际地臆想推测，也无法在实验室中借助工具做精确的度量，而应用数学则能较好地描述、模拟这种介于精密和非精密之间的复杂现象。

数学范畴中的几何学和数理统计对本书的研究有重要意义。区位在几何学中可以抽象为点要素。早期的区位论研究一般都是假设几个简单变量，通过几何求证来确定最优区位。随着人们对区位因素认识的深入，简单的几何图形逐渐被不规则的多边形所取代，提高了应用几何学进行区位图解的适应性。目前计算机图形学的发展使得再多的变量也能应对，传统的几何方法换成了新的电子化的形式，在区位决策的研究中仍然发挥着作用。

数学中的数理统计和计算机技术的飞跃一起催生了所谓的“计量革命”，几乎对所有的学科都产生了重大影响。以往的统计由于缺乏处理大量数据的有效工具，因此人们对这些数据只能通过直观的印象进行简单比较。计算机数据库技术的发展使得这一难题迎刃而解，人们才得以真正看清数据背后的问题和规律。城市规划在广泛地搜集前期基础资料之后，也需要运用计算机技术进行统计分析，经过系统比较后选择的区位才有事实根据。

1.2.3 整合研究的文脉

1）区位研究的“圆轮”

近年来的主要建筑学（含城市规划）期刊上讨论居住问题（住区与住宅）的文章很多，笔者觉得大致可以分成以下几类，即：设计方案及理念、配套设施建设方式及标准、住宅需求及标准、居住空间分异及其影响、特殊类型住区（如老年公寓）、城市交通与住区、住区生态环境等，而探讨住区选址与布局的文章相对较少。本书针对城市居住用地区位进行研究，仅是建筑学研究居住问题中的一项而已，与其他分项问题都会产生紧密的联系。此外，无论是居住问题还是区位问题，从来都不是建筑学一门学科所能解决的，而需要其他相关学科（如前文列出的城市地理学、经济学、社会学、行为心理学、数学与计算机技术等）的配合。本书的研究虽立足于建筑学，但同时也处在其他相关学科交叉编织的网络中。为汲取各方面的成果，笔者提出整合研究的文脉，可以归结如图1–9所示的“圆轮”，下面稍加解释。

城市规划是对城市中人类社会经济活动从空间上做出统筹安排。为此，必须首先从现象认知的层次考察活动中包含的信息，了解其特点。一般说来，人们所从事的活动都会反映出以下几方面内容：主体、性质、数量、区位、方式、时间等。如果我们以提问的语气来说就是：谁、什么、多少、在哪里、怎样、何时。拿居民住房的行为来分析，例如“钱多先生今年10月份按揭购买了河西典雅居的一套120平方米三居室多层公寓”。从这段文字中就可以看出该事件的主体（谁？钱多先生）、时间（何时？今年10月）、方式（怎样？按揭购买）、区位（在哪里？河西典雅居）、数量（多少？一套120平方米）、性质（什么样的？三居室多层公寓）。用以上方法我们同样可以考察开发商与政

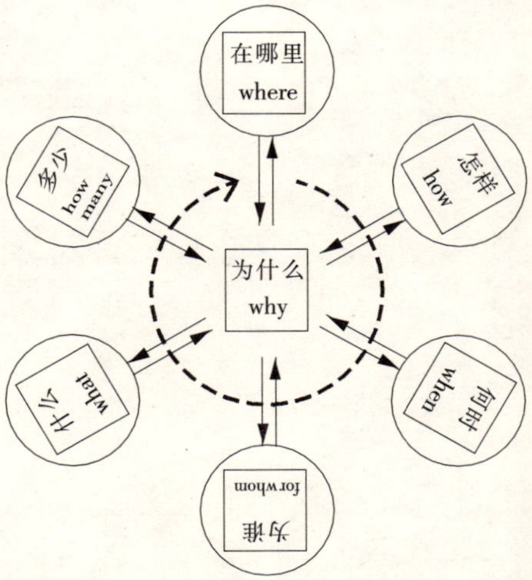

图1–9 区位研究的“圆轮”

府的行为，例如“白捞总经理……贷款开发了……”，“胡管局长……批准出让了……”，在此不再赘述。

用提问法明确了现象中包含的信息后，我们还需深入到结构层次找出其中隐藏的一些规律，再多问一句“为什么”，即为什么是这个时间、在这个时间、在这个地点、以这种方式、做了这个数量和这种性质的事情，搞清楚了为什么之后我们才能按这些规律从控制和引导的角度加以规划。对于本书着重关注区位(在哪里)而言，所有为什么都可以指向在哪里，即谁为何在那里、什么为何在那里、多少为何在那里、为何这样才能在那里、为何这时才能在那里。如果研究的重点放在其他方面，那么同样可以把所有的为什么向其集中。而在我们尝试解答为什么的过程中，我们就需要从多角度去解释，如经济的、社会的、心理的、地理的等，我们就可以将相关的成果应用于一点。

如果将“谁、什么、多少、在哪里、怎样、何时”合并同类项，那么前三者可以归结为需求的目标，后三者则归结为供给的手段。目前我们在城市规划操作中多只关注“什么、多少、在哪里”的问题，而对“为谁、怎样、何时”不够重视。例如对于住宅区规划，我们会首先预测近、远期人口增长情况以及生活水准的提高度，再根据现有住房状况，预测近、远期应拆旧房情况等，计算出近、远期需建住房数；再分析城市近、远期的就业结构和收入水平、家庭结构、生活水准等，确定住宅建设的档次和类型；最后根据每个规划小区的居住人口密度、劳动就业便捷程度、公用设施条件、小区环境允许容量等来确定住宅小区建设的理想位置。但在此之前我们很少会去研究到底这些住宅区是为什么样的人准备的，他们的心态如何，需求能力如何，而在此之后我们也很少考虑描绘出的这幅宏伟蓝图究竟应通过哪些手段逐步落实，当中会碰到哪些困难，该怎样克服等，这些都是我们在工作中所欠缺的。

2）侧重经济学的思考

世界银行高级城市规划师雅朗·柏图(A. C. Bertaud)认为，城市规划的任务在于花最少的钱为城市办最多的事[21]。从城市内部结构来看，同样是住、食、行问题，由于城市基础设施的区域(小区)差异性，在不同的区位，问题的程度与构成有所不同。城市规划就是要解决城市各部位出现的各种问题，而少花钱多办事是其中需要遵循的重要原则。“曾有前辈屡次告诫我们，不要轻视规划图的每一根线条，线条的背后往往代表相应的经济利益；也有的专家更加极端地认为，城市规划体现了一定的经济关系，是进行社会财富再分配的手段之一。”[22]按照马克思主义的学说，经济基础决定上层建筑，城市规划自然也受到城市经济力量所支配，因而在操作中树立经济学的思考方式是颇为必要的。本书以此作为整合研究的另一条文脉，即在回答区位“圆轮”中为什么的问题时，多从经济学的角度去解释。

经济学来源于人们的欲望的无限性和资源的相对稀缺性。满足人类欲望的物品分为自由物品和经济物品，前者如阳光、空气等，是人类不要努力就能自由取得的物品，数量是无限的，后者则相反。由于这些原因，便产生了如何利用现有资源去生产“经济物品”来更有效地满足人类欲望的所谓选择问题。选择包括：① 如何利用现有的经济资源；② 如何利用有限的时间；③ 如何选择满足欲望的方式；④ 在必要时如何牺牲某种欲望来满足另外一些欲望。它所要解决的问题是：① 生产什么(what)物品和劳务及各生产多少(how many)；② 如何(how)生产；③ 为谁(for whom)生产这些物品和劳务；④ 现在生产还是将来(when)生产。这4个问题被认为是人类社会共有的基本经济问题，经济学正是为了解决这些问题而产生的。

把经济学需要解决的基本问题和城市规划需要解决的基本问题相对照，可以发现区位(where)并不构成经济学的基本问题，但它却是城市规划的本质问题。一般经济学研究是将生产地、销售地、原料地等都看做已知的常量，在此基础上再去分析其他变量，而这个常量正是各种规划给定的。从物质空间规划的意义上看，城市规划的任何成果都集中反映在区位决策上，我们一旦解决了“what, how, how many, for whom, when”这些问题，剩下的事情就是让它们都加以空间落实。可见在区位问题上，经济学与城市规划促成了互补的传承关系。因此，我们在规划前期的调查分析中，应多从经济分析的成果中去寻找根据。实际上，随着学科发展日益走向融合，经济学也开始将区位视为变量而加以研究，美国的伊萨德(W. Isard)为此还创立了区域经济学，研究区位与其他因素之间的互动关系。

需要指明的是，本书研究中所采用的经济学思考方式属于微观经济学(包括福利经济学)范畴。微观经济学主要研究单个经济单位的经济行为以及相应的经济变量的单项数值如何确定，而庇古(A. C. Pigou)以来的福利经济学虽然以一个社会的经济福利问题为研究对象，但也是从单个消费者的行为和单个厂商的行为作为出发点来考察社会经济行为的，因而也属于微观经济学范畴。应用微观经济学中诸如机会成本、帕雷托最优、公共物品等概念进行思考，能够深刻地认识城市内部的结构性问题。另外，尤其需要指明的是，本书的研究并不是不考虑社会、环境问题，笔者只是在研究时将人类追求物质利益的行为视为推动城市发展的主要动力罢了。“不论我们如何贬低这种行为，叫它庸俗也好，叫它自利也好，却没有一个人能摆脱这种行为动机，因为它是人类生存的根本。”[23]

1.3 小　结

本章可简称为基本理念研究。

1）关于区位论

现代的区位论是研究人类选择空间活动区位的理论，其核心是经济行为的研究。

早期的区位论是静态、单一的区位论。在斯密和李嘉图对地域分工理论进行了探讨之后，图能在一系列假定条件下分析得出了农业土地利用的圈层模式，总结为孤立国理论，标志了区位论的正式产生；随后，韦伯在龙哈德等人对工业分布研究的基础上，用范力能构架和等费线等方法分析了运费、劳动力和集聚作用这3个主要区位因素，总结并提出了工业区位论；接着，克里斯塔勒又用演绎法推导揭示了城市之间的等级关系，提出了中心地理论。同期的研究还有廖什的市场区位论、胡佛的运输区位论和高滋的海港区位论等。

后期的空间结构理论是动态的总体的区位论。伯吉斯提出了5个同心圆带的城市结构模式，霍伊特在此基础上结合交通线的作用提出了扇形模式，哈里斯和乌尔曼则进一步考虑到城市地域发展的多元化提出了多核心模式。同期的研究还有埃里克森将三模式加以整合，麦吉对殖民地城市的研究以及迪肯森提出的三地带理论等。

2）关于本书论题

区位是某一场所与邻近的其他场所之间特殊关系的综合体。区位与位置的含义是有区别的，一般意义上的区位实际上已有小范围的区域内涵。区位因素是指影响以至决定人文现象空间位置和组合关系的那些因素，是区位主体所要求的条件，而区位条件是特定地点所具备的客观条件，与区位因素并不一定完全对应。将某区位进行某种活动的一系列有利条件综合起来就构成了区位优势。

土地从现代意义上说，不仅包含地球特定的地域表面以下的土壤及其基础地质、水文和植被，还应包括这一区域范围内人们以及动物活动的种种成果，其含义远比土壤来得广泛。土地具有法律、自然、经济和社会四大属性，相应地土地的区位也有4个方面的特性，其中自然区位与经济区位具有普遍意义。

城市土地即城市行政辖区内所有土地的总称，是泛指；而城市用地是专指。城市总体规划中常用空间名词来表述地域范围，迫切需要与土地利用总体规划中的名词相对应，而“两规”中对城市用地的理解建议用城市总体规划中的为准。城市土地的特性为：位置的极端重要性、位置对交通运输的依赖性、土地利用的不断高度集约化、改变土地用途的高成本费用、数量上的绝对扩张。城市土地的区位是衡量城市土地优劣的主要标准，其含义包括城市整体区位和城市内部用地区位，后者由于土地投入、地块间的相关性、自然特性和通达性的不同，会形成经济级差。

城市居住用地区位属于城市规划范畴，但并不是住宅用地。城市居住用地的特性是：在城市总用地中所占比重最大，分布的遍在性，与其他城市用地既混合又独立，与公共设施用地关系最为密切。确定城市居住用地的区位需要在规划用地的分析基础上加以选择，这当中不仅要根据用地的自然特性来分级，更需要从经济上考虑。

地理学（城市地理学）为本书的研究提供了理论基础，如前面的区位论，此外还有对城市化以及空间分析等方面的研究。

经济学（城市经济学）对本书研究的意义主要在微观方面，如城市建设效益评价和城市土地经济问题，而从经济分析角度着眼的城市布局理论，更是今天科学规划城市的重要依据。

社会学（城市社会学）中除了社会指标、生活方式和公众态度等研究与本书的研究密切相关以外，其所关注的住宅问题，特别是从家庭到社区再到整个居住空间的研究都对本书有重要意义。

行为心理学与本书研究的关系除了一般意义上的人与环境互动理论外，还有对区位论构成有益补充的决策心理研究，区位决策也因此从古典的"最经济合理"发展到现代的"最令人满意"。

数学与计算机技术能较好地描述与模拟本书所要研究的复杂问题，尤其是数学中的几何学与数量统计对本书研究的帮助很大。

本书对相关学科理论进行整合研究遵循两条文脉：一是采取提问的方式将城市居住用地区位与城市居住活动的其他方面通过问"为什么"联系起来，在图解上以"圆轮"来表示；二是遵循经济学（主要是微观经济学）为主导的思考方式，将经济学的研究与区位规划衔接起来。

注　释：

① 陆大道编著. 区位论及区域研究方法. 北京：科学出版社，1988

② 刘继生等编著. 区位论. 南京：江苏教育科学出版社，1994

③ 刘继生等编著. 区位论. 南京：江苏教育科学出版社，1994

④ [加] 歌德伯戈 M，钦洛依 P 著. 城市土地经济学. 国家土地管理局科技宣教司译. 北京：中国人民大学出版社，1990

⑤ 徐树龙，张洪主编. 产业布局学原理. 昆明：云南大学出版社，1991. 原文是谈区域，笔

者将其缩小为区位。

⑥ [美] 伊利 R T，莫尔豪斯 E W 著. 土地经济学. 腾维藻译. 北京：商务印书馆，1982

⑦ 萧昌东. “两规”关系探讨. 城市规划汇刊，1998（1）

⑧ 阮仪三主编. 城市建设与规划基础理论. 天津：天津科学技术出版社，1992

⑨ [英] Mcloughlin J B 著. 系统方法在城市和区域中的应用. 王凤武译. 北京：中国建筑工业出版社，1988

⑩ 学科的定义根据中国大百科全书光盘 1.1 版，下同。

⑪ 周一星. 城市地理学. 北京：商务印书馆，1995

⑫ [美] 沃纳·赫希著. 城市经济学. 刘世庆，李泽民等译. 北京：中国社会科学出版社，1990

⑬ 李梦白，杨钟仁主编. 城市建设经济学研究. 北京：中国建筑工业出版社，1992

⑭ [英] 霍华德 E 著. 明日的花园城市. 金经元译. 北京：商务印书馆，2000

⑮ [美] 帕克 R E，伯吉斯 E W，麦肯齐 R D 著. 城市社会学. 宋峻岭，吴建华，王登斌译. 北京：华夏出版社，1987

⑯ 城市规划卷首语. 城市规划，1998（3）

⑰ 许安之. 后小康居住模式展望. 建筑学报，2000（4）

⑱ [英] Mcloughlin J B 著. 系统方法在城市和区域中的应用. 王凤武译. 北京：中国建筑工业出版社，1988

⑲ 李旭旦主编. 人文地理学论丛. 北京：人民教育出版社，1985

⑳ 陆大道编著. 区位论及区域研究方法. 北京：科学出版社，1988

㉑ 曹桂发，陈述彭等编著. 城市规划与管理信息系统. 北京：测绘出版社，1991

㉒ 城市规划卷首语. 城市规划，1998（4）

㉓ 茅于轼. 择优分配原理——经济学和它的数理基础. 北京：商务印书馆，1998

2 社会经济发展与国内外城市居住用地区位的演变

刘易斯·芒福德(L. Mumford)在其名著《城市发展史》中说过:“真正影响城市规划的是深刻的政治和经济的转变。”这里所说的政治一般也可作为社会来理解,因为政治的变革无不引起社会的重组。英国城市规划师W. 鲍尔为此说:“……我的同行们都逐渐了解到,最根本的社会和经济的力量,它是形成我们环境的最重要的因素,任何一个成功的城镇设计,必须以其社会和经济力量作为出发点。”[①]并且他认为,英国卫星城政策失败的根本原因在于规划中对社会、经济方面估计错误,而不在于技术。可见,如果我们要把握城市建设和发展的客观规律,就不能只重视物质形体要素的研究,必须做到既见物也见人,也就是要从社会、经济方面去找原因。本章就按此思路,考察随着社会经济的发展,城市居住用地区位如何跟进演变。

2.1 西方城市居住用地区位的演变

2.1.1 工业社会早期及以前

1) 工业社会以前

从人类城市发展文明史的角度来说,欧美国家远不如地处亚非拉的古代埃及、西亚、印度、南美洲以及中国的城市。虽然本节着眼于欧美国家,但在考察其工业社会早期及以前的城市格局时不能不提到其他地区,因为文化的传播性使其深受其他地区城市建设成就的影响。中国的情况暂且不讲,古埃及与西亚在地理上都分布在毗邻欧洲的地中海沿岸,与古希腊、古罗马一起构成了欧洲文化的摇篮,经过千百年的传承又播撒到了北美大陆。可见如果追本溯源的话,古埃及、西亚、古希腊、古罗马的城市值得我们关注。

先看古埃及的城市,有代表性的如卡洪(Kahun)。该城市平面为长方形,四周有城墙围着,中间又用厚厚的死墙分隔成东西两部分,城西为奴隶区,因为这一区位处在从沙漠吹来的热风方向上。厚墙以东又被一条东西向的大路分为南北两个部分,北部因为朝向北来的凉风所以布置了贵族区，面积与奴隶区相当，仅排列着十几个大庄园；南部则是商人、手工业者、小官吏等中产阶级住所，房屋呈零散分布(图 2–1(a))。古埃及城市是最早运用功能分区原则的城市，而各区的布局明显反映了阶级差别。体现这一原则的城市还有阿玛纳(Amarna)，城市沿尼罗河由北向南分为 3 个部分，北部为劳动人民区，住宅排列类似卡洪城；中部为皇宫、神庙和许多公共建筑组成的中心区；南部为高级官吏的住地(图 2–1(b))。

再看古代西亚的城市，有代表性的如乌尔(Ur)。该城平面呈卵形，四周有城墙与壕沟。从其平面可以看出由厚墙围护的宫殿庙宇和贵族僧侣的府第都居于西北高地，而墙外则是普通贫民和奴隶的居住地，划分明显。城市中还保留了大量耕地，有几处零星的居民点散布在耕地中。从区位分布的原则看，西亚的乌尔与古埃及的卡洪、阿玛纳城基本类似，即同质聚居与统治阶级占优(图 2–1(c))。

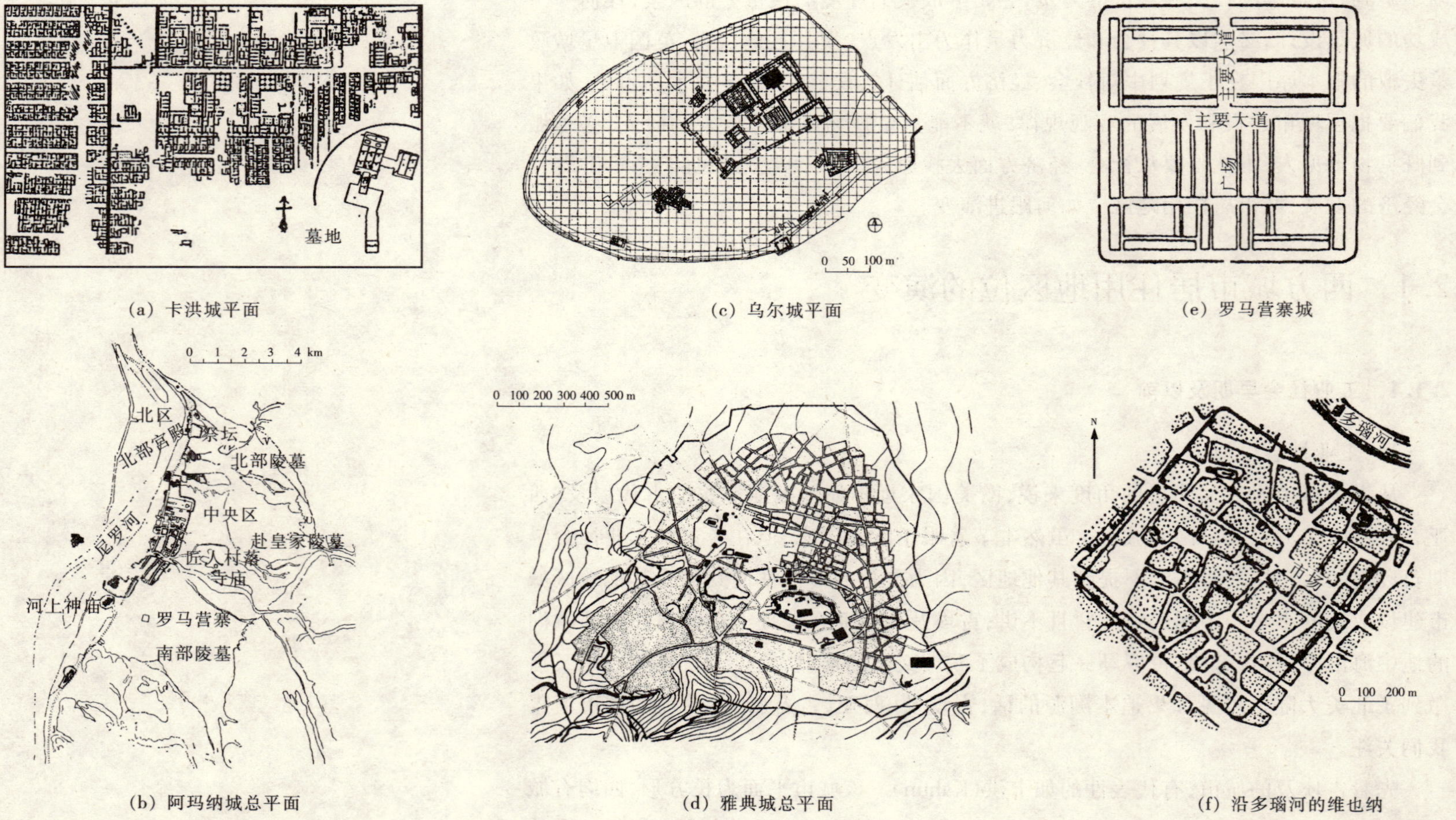

(a) 卡洪城平面　(c) 乌尔城平面　(e) 罗马营寨城

(b) 阿玛纳城总平面　(d) 雅典城总平面　(f) 沿多瑙河的维也纳

图 2–1　国外古代典型城市平面组图

((d) 图来自 [意] 贝纳沃罗 L 著. 世界城市史. 薛钟灵等译. 北京：科学出版社，2000. 其余图来自沈玉麟编. 外国城市建设史. 北京：中国建筑工业出版社，1989)

再来看古希腊的城市，最著名的莫过于雅典了。该城基本上是自发形成的，布局很不规则，无轴线关系。城市的中心是卫城，最早的居民点就形成于卫城山脚下。由于古希腊民主思想的抬头与市民地位的提高，在居住用地布局中并未像古埃及与西亚城市那样进行严格的住区分划，而是强调了给公民平等的居住条件，将贫富居民混合布置在同一个街区，只在用地大小与住宅质量上有所区别，这在古代城市中并不多见（图2-1(d)，涂黑的公共建筑周围是居民区）。此后的规划师希波丹姆（Hippodamus）摒弃了此前听任市民自由发展的城建模式，转而吸取了古埃及以及西亚城市中严格分区的办法，将城市划分为圣地、主要宫殿区和私宅区 3 个部分，而私宅地段又划分为工匠区、农民区、城邦卫士与公职人员区三类，以此原则重建了大量由于希波战争被毁的城市。

最后看古罗马，其早期的城市地区的划分极为明显。城市规划遵循城市奠基仪式所规定的 4 个建设阶段，即选址、划分地区和地块、确定街道走向、城市奠基仪式。在划分地区和地块的阶段，规划师试图在规划的土地上反映天体的模式，其中主轴代表世界轴线，地区分块反映宇宙模式，而分块的居住区代表了人们对世界的认识。后来随着罗马人征服了全部地中海沿岸，其军队采用的营寨城模式也被加以推广（图2-1(e)），这种模式是在方正的城墙围合下通过十字交叉的主要道路分割地块，安排不同功能，今日欧洲的百余座城市（如维也纳，见图2-1(f)）都是在此基础上发展起来的。

以上这些城市的共同特点为：① 规模小，不论人口规模还是用地规模都小。虽然其间也曾出现过百万人口的罗马城，但大多数城市人口不过是数万人左右，用地在几公顷与几平方公里之间。例如卡洪城长为380 m ，宽为 260 m；阿玛纳城长3.7 km，宽 1.4 km，乌尔城面积 88 hm^2，人口 3.4 万；雅典在鼎盛时期人口也未超过 10 万人[②]，许多所谓的城市其实也就是个大建筑群而已。② 以居住功能为主。不论是政治统治中心还是军事城堡，都是供人（帝王、军队、市民）居住的城市，居住用地在其中往往占有极大比例，笔者认为应在 2/3 以上，因此从平面构成的图底关系上来看，居住用地构成了大量性的“底”，其他如宫殿、神庙、广场等用地呈散点状镶嵌其中，所以一般我们研究的重点都放在这些“图”上而少有人去关注这些“底”。③ 比较明显的分区布局。这一点在前文其实已有所提及，但由于城市的功能比较单一，即多是以居住功能为主，因而分区的重点实际上是居住区内部的划分，此时的各居住用地区位差异都体现在自然条件上，而人类聚居活动造成的后天影响并不大，因此各类社会群体所占有的居住区位总的说来也并无太大的差别，此时居住生活的质量大都体现在建筑上而非用地上。

美国学者肖伯格（G. Sioberg）曾试图从世界范围内为各国前工业社会中的城市概括出一个统一模式（图 2-2）。他在其 1960 年所著的《前工业城市：过去和现在》一书中通过大量的实证研究后认为，各国前工业城市，都是在共同的以自然经济为主的社会经济发展阶段中形成的。无论是在中世纪的欧洲，还是在西非、东亚（包括中国）、美

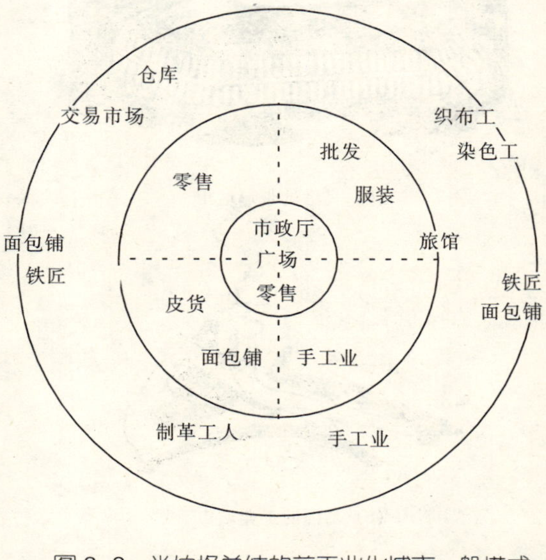

图 2-2　肖伯格总结的前工业化城市一般模式

（图片来源：胡俊. 中国城市：模式与演进. 北京：中国建筑工业出版社，1995）

洲和伊斯兰国家，其在空间结构上都有一定程度的相似性，主要包括以下 8 个方面[3]：① 大多坐落在有利于农业、防御和贸易的地方；② 大多有城墙环绕；③ 宗教在自然布局和社会结构方面占主导地位； ④ 扩大式家族及其先赋地位在社会组织中起着举足轻重的作用；⑤ 城市中心大都有广场，其四周是宗教建筑物（大教堂、清真寺、庙宇或神殿等）和政府机构的建筑物；⑥ 从广场中心放射出道路，紧靠中心区是统治阶层和社会名流居住区； ⑦ 城市边缘以及城墙外侧是平民和下层社会阶层居住地域；⑧ 城市统治其周围的农业地区，从农民那里获得粮食。对于本书关注的居住用地区位布局来说，第⑥、第⑦点尤为有意义。

2）早期工业社会

本书略过了对欧洲中古城市的考察是因为笔者认为，这些城市的用地分布与上述地中海沿岸的古代城市并无质的改变，只是在规模也就是在量的方面有所发展而已，而引起质变的时期是在近代欧洲纷纷爆发资产阶级革命，进而引发了工业革命之后，从社会和经济两方面改变了传统城市的功能基础，从而使其用地结构也发生了根本性的变化。在此时的城市中，居住用地才真正作为一项需要，与其他功能用地同时考虑且地位平等的要素出现在规划决策中，而在此前居住用地除了进行内部分划，一般并不需要进行单独的区位选择。

从经济上看，大工业的生产方式对城市的冲击是决定性的。城市中出现了前所未有的大片工业区、运输仓储区和工人居住区，城市的规模亦随之空前扩大，而前所未有的铁路车站、港口码头的频繁作业，也打乱了原来那种以家庭经济为中心的城市结构布局。由于土地私有和生产的无政府状态，导致工厂盲目地建造和杂乱无章地分布。这些厂区外围往往是简陋的工人住宅区，而随着城市发展规模的进一步扩大，又往往将这些工厂包围住，形成工业区与居住区的混杂，以前那种比较“纯粹”的居住模式已不再复现。

从社会上看，这时普通劳动者与企业主之间已形成鲜明的两极分化与阶级对立。由于地产商以营利为目的大量出租住房，工人迫于经济拮据而只能居住在恶劣的环境中，形成贫民窟，而企业主则在环境较好的地段建造别墅群，过着优裕的生活。另外，圈地运动使得大量农民失去土地，这种推力加上城市内工厂招工的引力使得他们不断涌入城市，加重了原本就远远不够的城市基础设施的负担，进一步引发了各种“城市病”，社会始终处于不安的动荡中。

事后有些开明的社会人士为尝试缓和城市矛盾，曾做过一些有益的理论探索和部分实验，其中空想社会主义者进行的尝试其社会意义重大却缺乏可行的基础，而田园城市、带形城市和工业城市的理论模型则具有一定的现实意义（图 2–3）。E. 霍华德的田园城市提出控制城市核心的人口和规模，将疏解出去的人口在城市外围安置，形成

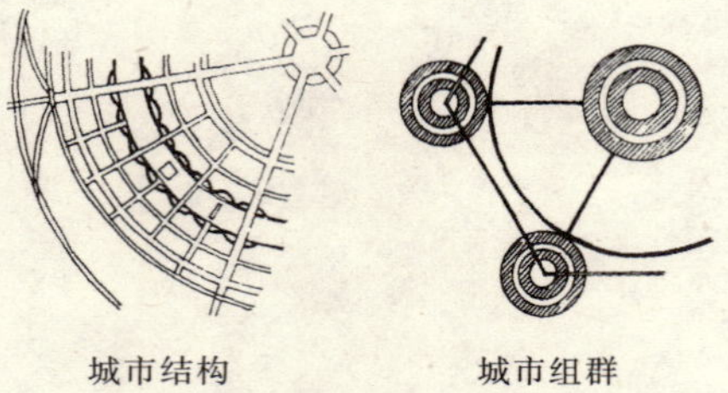

（a）霍华德的田园城市

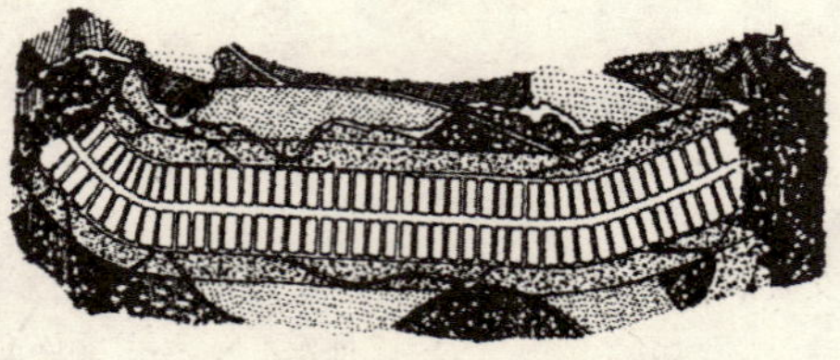

（b）马塔的带形城市

（c）葛涅的工业城市

图 2–3　早期工业社会城市的理论模型组图

（（a）图来源不详；（b）、（c）图来自沈玉麟编. 外国城市建设史. 北京：中国建筑工业出版社，1989）

同心圆圈层布局的城市核心与低密度的外围组团共同构成的城市体系，为以后卫星城与新城的实践奠定了理论基础和结构原型。Y. 马塔的带形城市针对传统城市圈层发展的种种弊病，提出以城市的交通线为延展轴，主要城市职能空间沿交通线两侧带状发展的城市形态。T. 葛涅的工业城市主张对城市内部进行工业、居住空间严格划分，形成明确的功能分区，同时城市中辅以便捷的交通以联系各功能区，成为以后《雅典宪章》所倡导的功能分区的城市空间结构的原型。

这些城市模型都是建立在功能主义原理的基础上，强调城市空间结构必须与城市的功能要求相适应。而与过去的城市功能相比，就业方式的变化带来的职住分离使居住能够作为独立的城市职能出现，因此在这些模型中，居住用地也从属于新的城市土地利用结构，如带形城市中居住用地沿着交通线与公共设施间隔布局，田园城市中居住用地布置在同心圆的外围，工业城市中居住用地被划分成小块的长方形并与工业用地严格分开，此后受这些理论的影响，居住用地在城市中的布局发生了根本性的变化。

2.1.2 现代工业社会

现代工业社会对应的时期是20世纪。在此期间，城市规划的理论与实践都得到长足的发展，居住用地的布局在其中亦随之演变。理论方面出现了聚与散、分与合的争议。前者包括了一些现代主义建筑大师之间存在的集中主义和分散主义的对立以及后期英美各自发展的新城建设思想和新城市主义概念；后者则是城市功能究竟应机械划分还是有机综合的问题。针对上述理论争议，实践方面也分别有所体现。在聚散理论指导下的实践可以从两方面来看，政府与规划师自上而下行动的重心经历了从新城到旧城中心区的转变，同时居民自下而上的行动则体现在从郊区化到绅士化的过程中，而分合理论指导下的实践最终都摒弃了绝对的分，走向了相对的合(图 2–4)。

1）理论争议

(1）集中主义与分散主义

分散主义和集中主义探讨的是城市发展的方向与模式问题。前者把现代城市的种种弊端归咎于高度集中的城市形态，主张分散和消解大城市，形成与自然的和谐共处，以霍华德的追随者翁温(R. Unwin)、沙里宁和赖特等人为代表(图 2–5)；后者则认为人口和多种城市功能在城市中的大规模聚集并不是城市病产生的直接原因，消除城市病应在不回避城市聚集引力的前提下对其物质形体空间做出彻底的技术改造，以勒·柯布西耶为代表。

翁温在《卫星城市的建设》一书中正式提出了卫星城市的概念。他指出，卫星城系在大城市附近，并在生产、经济和文化生活等方面受中心城市的吸引而发展起来的城市和工人城镇，它往往是城市聚居区的外围组成部分。翁温在主持大伦敦区域规划的

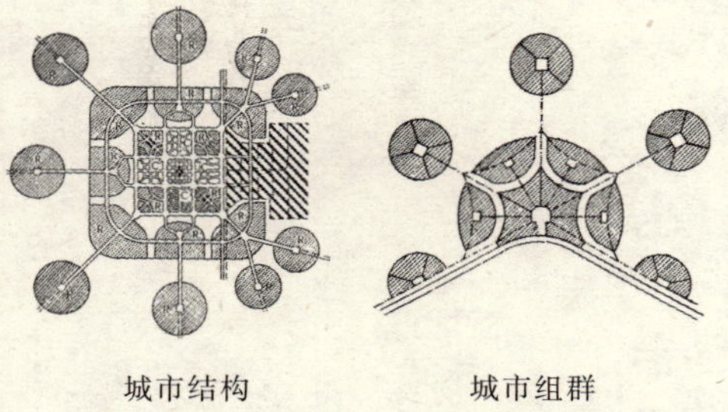

(a) 翁温的卫星城市

(b) 沙里宁的有机分散

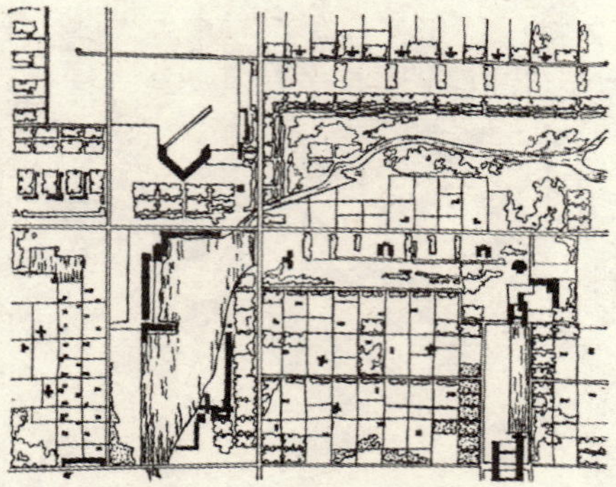

(c) 赖特的广亩城市

图 2-5 分散主义者的城市设想组图

((a)、(b) 图来自沈玉麟编. 外国城市建设史. 北京：中国建筑工业出版社，1989；(c) 图来自 [波] 奥斯特罗夫斯基 W 著. 现代城市建设. 冯文炯，陶吴馨等译. 北京：中国建筑工业出版社，1986)

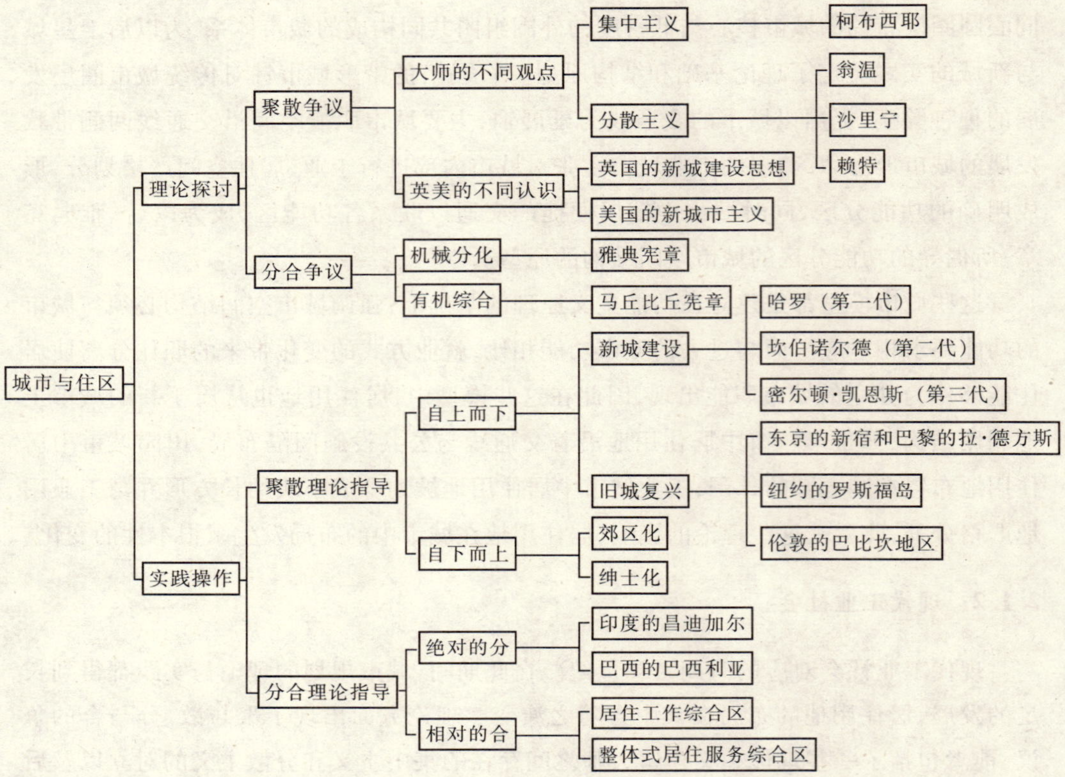

图 2-4 20 世纪西方城市与住区规划发展脉络

工作中，建议用一圈绿地把现有的地方围住，不再向外发展，把其中多余的人口和就业岗位疏散到一连串卫星城镇中去，这个设想在日后阿伯克隆比主持编制的大伦敦规划中得到应用。

沙里宁将城市的有机分散比做物理实验室中桌面上飞溅的水滴，认为城市作为一个有机体是和生物的内在秩序相一致的，不能听其自然结成一块，应对其中不经常的“偶然的活动”做出分散布置，并认为这样的有机分散必须建立在健全的经济原则上，并得到法律上的足够支持才能实现。

赖特提出的广亩城市，本质上是对城市的否定。他认为随着汽车和廉价的电力遍布各地，那种把一切活动集中于城市的需要已经终结，分散住所和就业岗位将成为未来的趋势。赖特的理想是建立一种每户居民都有土地的农村生活方式，属于脱离实际发展的一种梦想。

与上述这些分散主义者相反，柯布西耶宣称应该用现代化的技术力量反映崭新的时代精神，应以英雄主义的态度来规划现在的城市。为此他接连作了“明日的城市”、“巴黎伏瓦生规划”和“光明城市”3 个方案来阐述自己的观点，中心内容都是用低建筑密度的高层建筑和便利的快速交通来解决城市问题，带有很强烈的创意(图2-6)。

应该说集中主义与分散主义都有其片面性。在对居住问题的认识上，分散主义强调将居民向市郊或卫星城布置，以宽裕的用地追求较低的建筑密度，从而融合自然环境；集中主义则认为在现有的城市中心区位上加以技术改造同样能达到接近自然的目的。实际上由于城市范围内的区位普遍存在差异，因此两种理论都能在城市中得到应用。通常的城市发展都呈大分散小集中的形态，这种集中既包括中心区也包括其他一些节点区，而分散则意味着有更多的区位用于居住。

(2) 英国的新城建设思想与美国的新城市主义

英国人对新城的兴趣始于霍华德提出的田园城市理想，但直到第二次世界大战快结束时才真正获得政府的重视。当时的丘吉尔政府为保护人民高昂的抗战情绪，向人民保证在恢复和平后一切都要得到改善，此后新上台的工党政府也未抛弃此承诺，战后新城法很快获得国会通过。

新城法为新城建设扫清了障碍。有了新城法，才有可能以政府的名义做出建立新城市的决定以及划出一部分土地来建设这个城市；才有可能成立开发公司来规划和建设新城；才有可能以政府的名义使开发公司按照当时市场价加上赔偿费用购买(必要时强买)土地所有者的土地；才有可能使政府负责贷款给开发公司全部资金并允许其分期偿还。

此外，英国的新城规划并非是孤立的，而是一项改善全国人民生活和工作条件的综合性计划的组成部分，且在规划时明确提出要建设一个“既能生活又能工作的、平衡的和独立自主的新城”④，为此新城将欢迎各阶层的人士来居住和工作。这些都与新城法一起对日后的新城建设起着重要的指导作用，使其虽然历经挫折但最终获得成功。从本质上看，英国的新城建设思想属于聚与散争议中的散。

美国的新城市主义(new urbanism)则是近20年来的思潮，它的形成与发展是与可持续发展思想紧密联系的。可持续发展思想源自于人们对20世纪60年代的环境公害和70年代的能源危机问题的认识。1987年，联合国正式提出了“可持续发展”的概念，即在满足当代人需求的同时又不对后人满足其需要构成危害。随后的1992年，联合国环境与发展大会通过了《21世纪议程》，以此作为世界各国行动的指南，而2002年刚刚在南非闭幕的联合国大会又是以可持续发展为主题。在这样的大环境下，美国的城市学家也随之积极探索了美国城市的可持续发展之路。

一段时期内，美国人对他们在第二次世界大战以后形成的郊区生活模式一直持赞赏态度，认为这是美国理想的完美体现：卫生、健康、安全、方便和优雅。但现在人们的看法有了明显改变，普遍认识到这种发展是一种极其浪费能源、土地和其他资源的模式，它极度铺张，密度很低，效率也不高，且形式千篇一律，十分单调，造成人际关系的淡漠

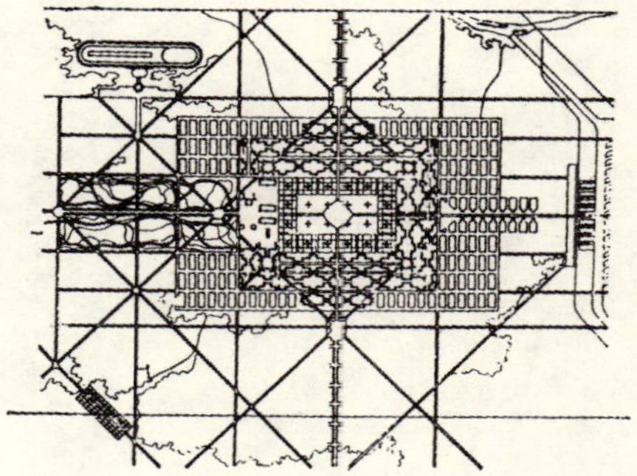

(a) 明日的城市

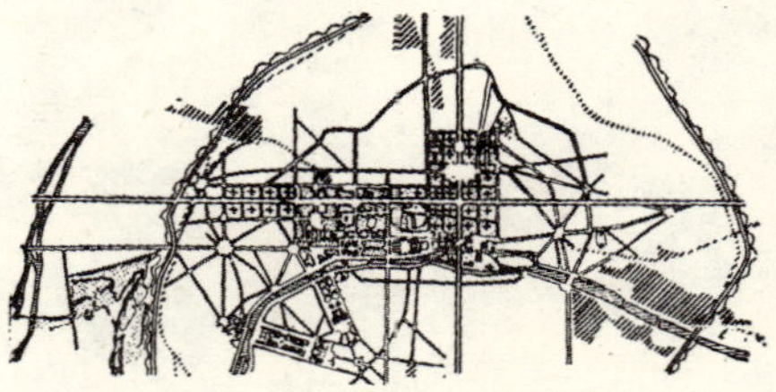

(b) 巴黎伏瓦生规划

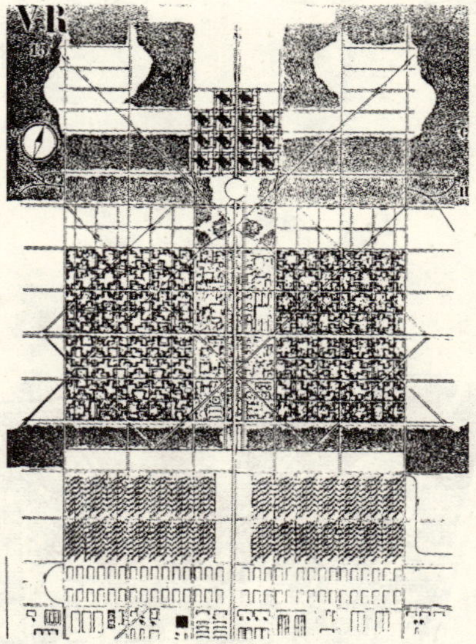

(c) 光明城

图2-6 柯布西耶的集中主义城市设想组图

((a)、(b) 图来自沈玉麟编. 外国城市建设史. 北京：中国建筑工业出版社，1989；(c) 图来源不详)

与社区文化的丧失，人们普遍怀念第二次世界大战以前的传统小城镇居住模式，为此建筑师在新的旧区规划中开始尝试有所改变，随之提出了“新城市主义”的概念。

新城市主义强调传统的居住模式一般都是紧凑型的，这种紧凑可以解决出行完全靠汽车这种生活带来的铺张浪费问题。当然，紧凑并不意味着居住拥挤，因为拥挤是人的主观感受，而紧凑只是个客观的密度概念，这需要有个大致的标准。紧凑的布局也并非对应过去盛行的邻里模式，新城市主义更强调社区的人际精神，力图创造出人们能够轻松自在、平等和谐地共享共处的场所，使他们的孩子也能在此氛围下健康成长。新城市主义中的“新”，是针对美国泛滥的郊区化后重新进行的城镇化而言的，本质上属于聚与散争议中的聚。

(3) 机械分划与有机综合

早期的城市规划思想遵从功能主义，以满足功能需要为出发点去设计形式，后来的现代建筑运动的发展使功能主义上升到了现代主义，并为之制定了纲领性文件——《雅典宪章》，对城市规划也做出了相应的约定。在此宪章中，城市功能被分解为居住、工作、游憩、交通四项，强调城市按功能分成居住、工作、游憩三块进行布局，再辅以交通网络彼此联系。对居住分区而言，是通过一个个相对独立的邻里单元来组成的(图2–7)，布置在与工作用地和游憩用地合理的距离范围内。

伴随着分区布局的是序列化的结构分级。以居住空间的构成为例，我们习惯于将其分为居住组团、居住小区和居住区三级，其中居住组团一般纯由住宅组成，鲜有为其服务的公共设施；居住小区(即西方的邻里单元)则由几个居住组团构成，拥有为其服务的学校、商店等公共设施；居住区则由几个居住小区构成，拥有为整个地区服务的更高级的公共设施。与此类似，城市的交通、工作、游憩空间都按此原则(分区+分级)进行划分，形成一个地块担负一个级别的一种功能的局面，城市的结构也犹如一棵树那样富有条理。

明确的功能划分与等级化的结构组织实际上是对传统城市空间结构的否定，它改变了工业革命后城市出现的各种功能碰撞导致的混乱局面，有效遏制了某些城市病的产生，具有不可忽略的进步意义。但随着城市的发展，这种机械分化的规划也暴露出了不近人情、缺乏联系和千篇一律等弊病，为此有必要对规划思想做出重新定位，而《马丘比丘宪章》正是在此基础上应运而生的。

新宪章批评了《雅典宪章》提出的城市规划的目的是为了解决居住、工作、游戏和交通四项功能，于是为了追求分区却牺牲了城市的有机构成，认为不应该把城市当做一系列拼装在一起的组成部分来考虑，而应创造一个综合的、多功能的环境。应把那些已失去相互联系、活力和内涵的组成部分重新统一起来，形成富有连续性的场所。新宪章又指出工业化国家中富裕的居民向郊区迁移，而发展中国家大批农民涌向城市，挤

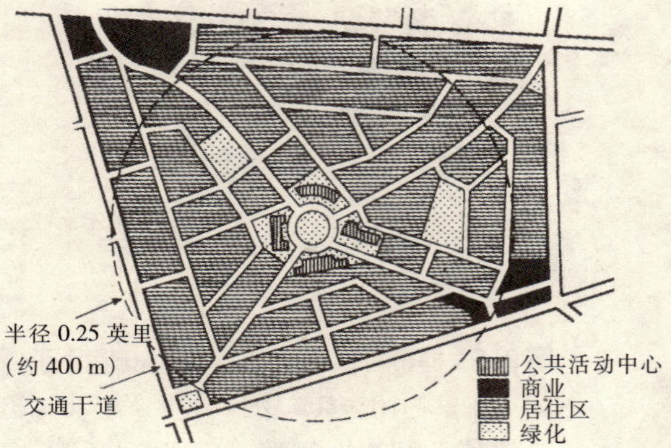

图 2–7　相对独立的理想邻里单元

(图片来源：[意] 贝纳沃罗 L 著. 世界城市史. 薛钟灵等译. 北京：科学出版社，2000)

在既无公共服务设施又无市政基础设施的城市边缘区，这两种模式都不可取，应当在为不同社会阶层选择居住区位置时将宽容和谅解精神作为指南，不要进行强行的区分。

从《雅典宪章》到《马丘比丘宪章》，城市规划的思想经历了从机械分划到有机综合的过程。应该说两个宪章对今天的城市规划都有些意义，虽然我们不再强求严格的功能区分与等级分化，但也不能听任城市的自由发展。比较可行的办法是抓住其中的结构性支撑，而放开随机性填充，亦即规划时控制最关键的那部分要素，在城市中这些要素是以公共物品的形态存在着，对此后文将有详细论述。

2）实践发展

（1）从新城建设到内城复兴

英国大规模的新城建设是在第二次世界大战以后开始的，总共经历了三代：第一代新城只安排了单纯的居住功能，城中多数居民的工作岗位仍在母城，由于居住地与工作地的分离，导致了母城与新城间大量的钟摆式交通，使新城实际上成为“卧城”；第二代新城是伴随着城市的扩展将城内被居民区包围的工业区向城外迁出而建立的，由于与居住区建设相结合，增加了居民就近工作的可能性，但工作的选择性差；第三代新城是在第二次世界大战以后的城市重建中发展起来的综合型新城，它弥补了前两代新城的不足，除大量的居住空间外，工业门类比较齐全，第三产业也比较发达，居民工作和就业基本都可以就地解决。

第一代新城以哈罗为代表，该城于 1947 年开始规划，距伦敦南部 37 km，规划用地 2 560 hm^2，人口 8 万，但新城本身只提供了 14 400 个就业岗位，因此缺乏足够的吸引力，至 1978 年底人口才发展到 79 500 人[5]。新城的布局也遵从严格的功能分区与等级分化思想，东部和西部是两片工业用地，市中心位于全城几何中心偏北，4 片居住区分布在市中心周围，以不同等级的邻里单位组成(图2-8(a))。

第二代新城以坎伯诺尔德为代表。该城于 1956 年完成规划，位于格拉斯哥东北约 23 km 处，规划用地 1 680 hm^2，人口 7 万。该城住宅区位于外围的山坡上，改变了过去邻里单位的结构形式并努力使大部分人口都集中在中心地带，形成了一个整体结构较为紧凑的模式(图 2-8(b))。

第三代新城以密尔顿·凯恩斯为代表。该城于 1967 年开始规划，位于距伦敦 80 km 和伯明翰 100 km 的交界地段，规划用地 8 870 hm^2，人口 25 万。该城并无严格的功能分区，各企业都采取分散布局的方式，大工厂均匀分布于城市，小工厂就安排在居住区内，而非工业性企业则散布于城市边缘地区。此外，该城改变了过去把公共中心如学校、商店安排在地块中心的做法，而是安排在临主要道路一侧的中段并与车站、地下人行道相结合。从实践来看，该城达到了最初拟定的规划目标，既成为一个有多种就业而

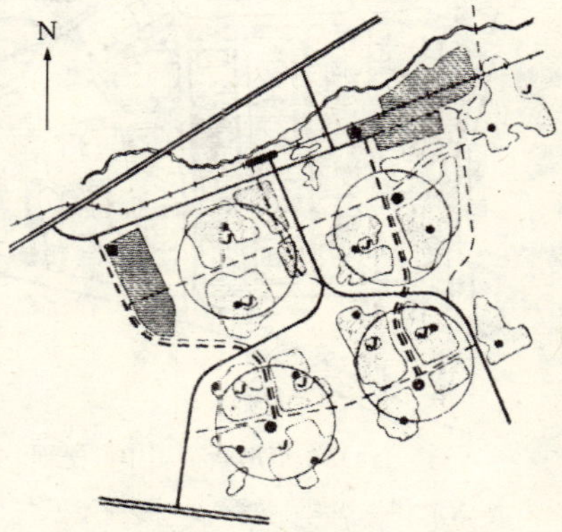

(a) 哈罗新城平面

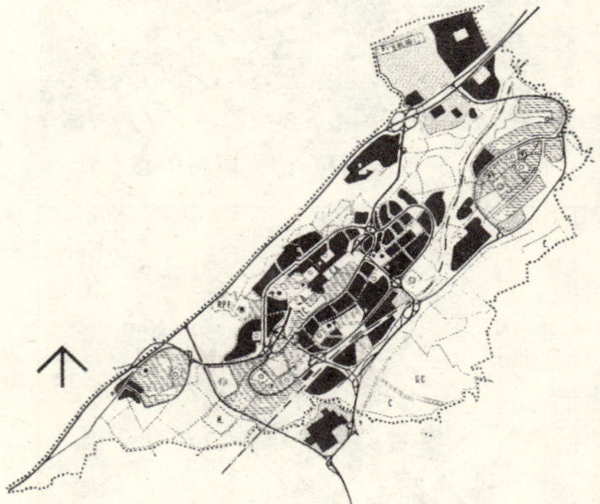

(b) 坎伯诺尔德新城平面

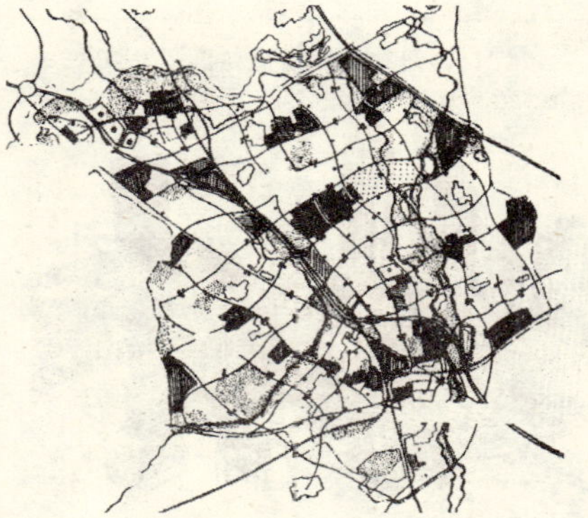

(c) 密尔顿·凯恩斯新城平面

图 2-8　英国三代代表性新城平面组图

(图片来源：沈玉麟编．外国城市建设史．北京：中国建筑工业出版社，1989)

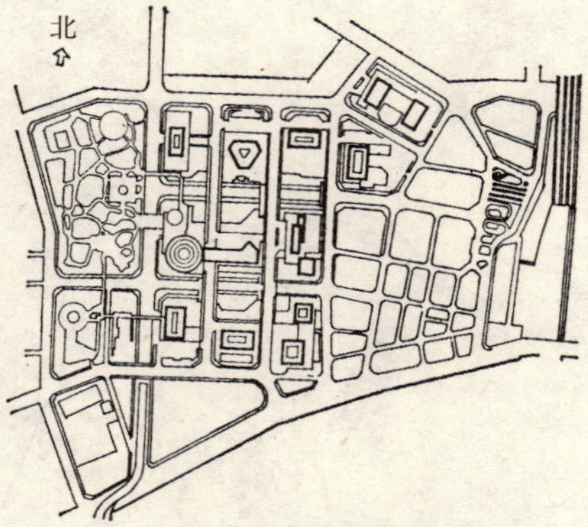

（a）东京的新宿副中心平面

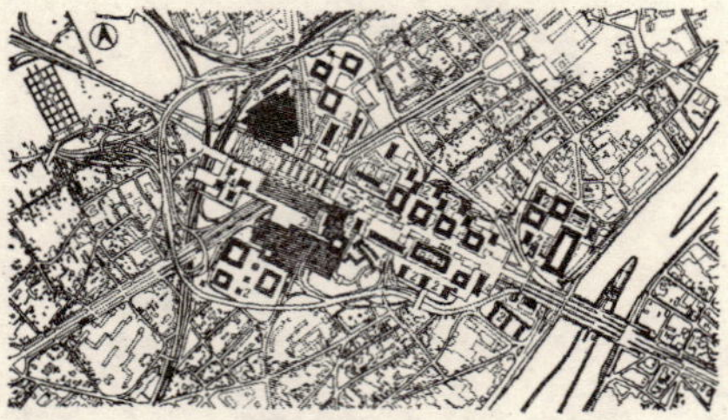

（b）巴黎的拉·德方斯副中心

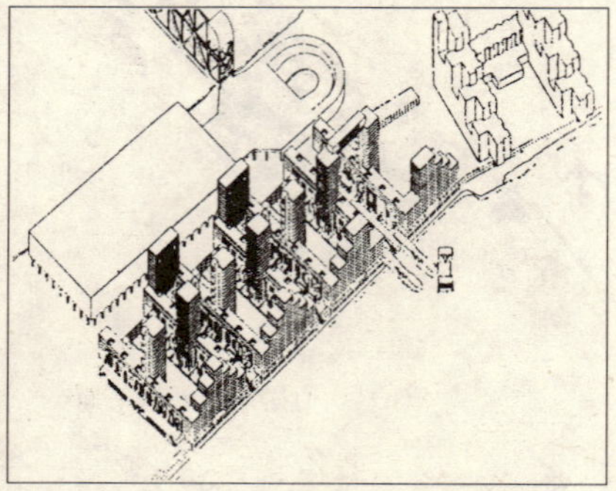

（c）纽约的罗斯福岛再开发

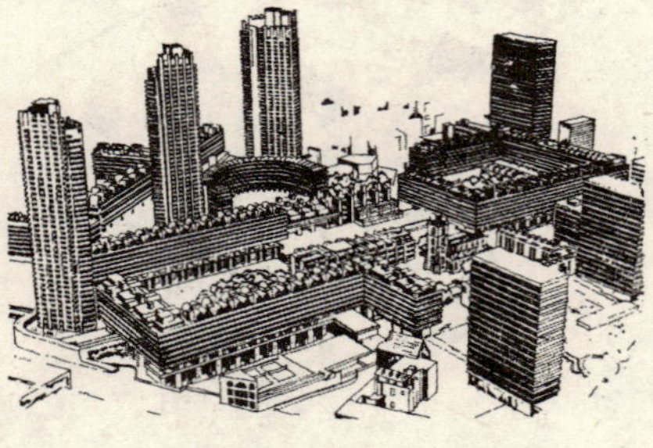

（d）伦敦的巴比坎地区改建

图 2–9　西方旧城中心区建设实例组图

（图片来源：沈玉麟编. 外国城市建设史. 北京：中国建筑工业出版社，1989）

又能自由选择住宅和服务设施的城市(图 2–8(c))。

以英国为代表的新城建设随着大城市旧区衰退而逐渐减少，各国政府转而将重心放在重返大城市和振兴中心区的旧城改造上。这期间，东京建设了 3 个副中心，巴黎建设了拉·德方斯副中心，纽约在罗斯福岛上建立了“城中之城”，伦敦则在城市中心地带建立了巴比坎中心区，都获得了大城市内部改造的良好效果(图 2–9)。

东京的新宿副中心与巴黎的拉·德方斯副中心都采取混合式布局，将办公楼、旅馆、商店以及住宅交错毗邻布置，以求工作地与居住地比较临近，上下班方便。为此在建筑形态上采用了高层建筑与地下广场相结合的方式，力求在较小的用地范围内整合多种功能空间。

纽约的罗斯福岛原来人烟稀少，仅有监狱、感化院等少数建筑，后来政府为复兴内城而决定对其进行开发。该岛被规划分为南北两个居住区，设有 5 000 个住宅单元，由于这两段规划的房屋密度较高，因而岛上其余土地均被留作空地。整个岛上有良好的公园绿地、娱乐设施、教育机构和商业设施等，为岛上居民提供了便利的服务。

伦敦巴比坎地区原本把经贸区与居住区严格分开，导致白天人满为患，晚上空无一人，造成严重的治安问题。后来当局在此地重新建设了兼作大型文艺活动和生活居住的综合中心，为此采用了立体化分层的城市建筑模式，使两者互不干扰。

（2）从郊区化到绅士化

20 世纪欧美国家由于汽车的大量使用极大地加速了郊区化的进程，但没有哪个国家能像美国那样明显。西欧国家居民的迁徙多少有受到郊外原有村镇吸引的意味，美国则是大批居民自发地向毫无历史基础的地区拓荒定居。1970 年美国人口普查第一次表明标准都市统计区(SMSA)的郊区人口数量和增长速度超过中心城市，说明美国已经成为一个郊区国家，到 20 世纪 80 年代，郊区化的影响更加突出，1980 年美国人口普查显示中心城市只有 6 800 万居民，而郊区有 10 200 万居民，郊区居民与中心城市居民之比为 3 : 2[6]。从历史上看，郊区之所以称为郊区是因为它们没有自己的经济基础，依附于中心市，承担中心市的部分居住功能，而今日的美国郊区实际上都已经泛城市化了(pan-urbanism，笔者自造词)。

有众多学者对美国的郊区化做出了各种解释，诸如中心城市的衰落、破旧的设施、低质量的学校、高犯罪率、黑人与少数民族的涌入，同时郊区则拥有较低的开发成本、较低的税收、宽裕的居住条件、良好的自然环境与社会环境、便捷的交通等诸多优势，加上开发商不失时机地进行了土地前期开发，自然将居民吸引到郊外。这些都只说明了促使居民郊迁的潜在原因，而没有谈及美国大规模郊区化现象形成的直接原因，而这个直接原因是由于在短期内产生了大量的居住需求使得城市无法解决，郊区才成为大众安居的共同选择。

第二次世界大战结束后，美国大约有数百万军人复员返乡，形成了“结婚高峰”和“生育高峰”。他们急切地想找到合适的居所，但城市中的公寓却不欢迎这些带有儿童的年轻夫妇家庭，而此时郊区的开发商却能够为这些家庭提供大面积住宅；另外，战后美国政府对老兵的优惠政策使他们只需要付很少的定金和低于一般抵押贷款的利息就能买到一处郊外住宅，而同期在城市内则需付更多的钱，由于老兵经济条件并不宽裕，只好顺势购买这些廉价住宅。此后政府为适应这一趋势进行的各项辅助设施（包括高速公路）建设，则进一步巩固了这一势头，形成了今日美国夸张的郊区景观。

20 世纪 80 年代以后，一批在过去“婴儿潮”中出生的孩子已长大成人，并开始对他们成长的郊区环境产生反感，其中相当一部分人转而迁往大城市定居，他们选择的区位一般都是在历史上曾经很有吸引力，而现在却已经衰败的地区。由于这批人的迁入替代了原来的低收入群体，增加了城市政府的税收，同时他们投资改善原有破旧的住宅，使这些地区的房地产又重新升值，这些都促进了旧城的复兴。许多学者将此现象称为绅士化（gentrification），从字面意思上看就是这些人以绅士般的行为改造了旧城，为社会做了善事（图 2-10）。

造成绅士化的原因有多个方面。从经济上来看，随着郊区化的发展，各类资本不断流向郊区以及郊区各类建设活动的开展，使郊区和中心城市的土地租金水平发生了与过去相反的变化。郊区的地价在上升，而中心城市的地价相对下降，内城住宅的维护、修理费用越来越少，形成漏斗状投资曲线（而过去是抛物线形），最终导致内城形成租金潜力，即目前的实际土地利用租金低于最佳利用（或比较有利）时的潜在租金。租金潜力使内城重显优势，为内城重建创造了经济上的机遇。此外还有文化与精神方面的因素，例如要求改变城市中存在的偏见，拒绝郊区化景观中的社区均质性和文化匮乏状况，提倡内城要具有个性鲜明的建筑、多元化的社会文化、市区的愉悦环境和休闲机会以及形成相对于郊区家庭信念的独身倾向的生活方式，包括同性恋文化和非传统生活方式等。

绅士化的直接结果也有多个方面，例如旧公寓得以改造或新建、旧居住区财富增加、中低收入社区的社会等级提高、新生代和第二代移民的物质地位发生变化等，这些对于城市的可持续发展无疑是有益的。但绅士化与郊区化和内城衰退现象相比，规模并不大，没有成为普遍的现象，因此今后的发展仍有待观察。

（3）从分化走向综合

早期的城市规划实践多受到现代主义经典原则的影响，讲究明确的功能分区与等级分划，前文提到的英国第一代新城哈罗就是按此原则建成的，而将此原则发挥到极

(a) Similar private renewal by young professionals is occurring in nearby Queen Village, a white, working-class ethnic neighborhood. This process is known as private renewal or “gentrification”.

(b) Some of the previous inhabitants of “gentrified” areas now occupy public housing. This view of Queen Village contrasts high-rise public housing, largely black, with foreground older structures occupied by working-class whites.

图 2-10 费城城市中心邻里中的绅士化现象组图

（图片来源：Porteous J D. Environment & Behavior: Planning and Everyday Urban Life. Massachusetts: Addison-Wesley Publishing Company, 1977）

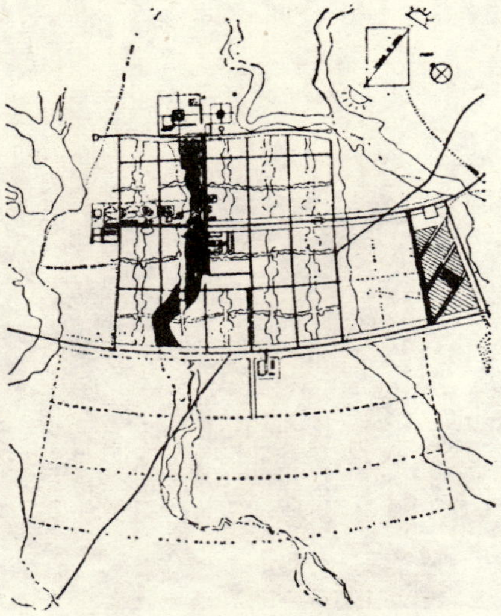

(a) 印度的昌迪加尔规划平面

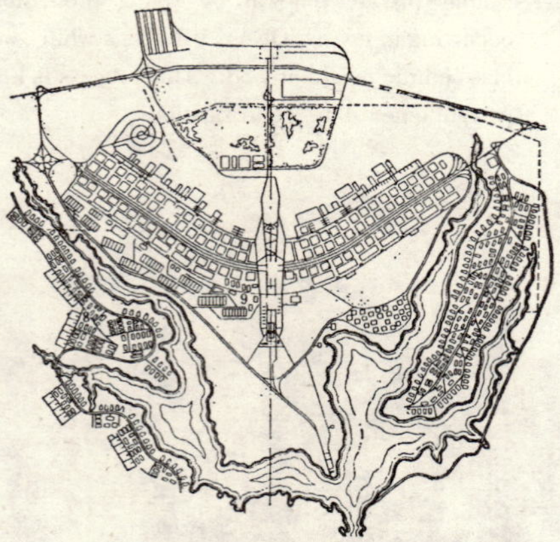

(b) 巴西的巴西利亚规划平面

图 2-11　机械分划的城市规划实践组图

（图片来源：沈玉麟编. 外国城市建设史. 北京：中国建筑工业出版社，1989）

至的恐怕要属印度的昌迪加尔和巴西的巴西利亚了，虽然这两个城市分别由不同的规划师主持规划，却由于遵循共同的规划理念而体现了诸多相似性(图 2-11)，总结其中比较明显的有：

① 象征性的构思。前者以生物形体为象征，行政中心是大脑，商业中心是心脏，神经中枢为博物馆、图书馆等，大学与工业区宛如左、右手，水电系统类似血管神经，道路系统构成骨架，各类建筑如同肌肉，绿地是肺；后者则以飞机形象来象征巴西是一个迅猛发展、高速起飞的国家，机头昂向东方暗示其朝气蓬勃。

② 分区布局。前者将行政中心布置在北侧高地，商业中心位于主城的几何中心，文化设施与之挨在一起，工业区位于城东，文化区位于城西，居住区基本上与上述各区不相混合而分布于全城；后者将三权广场安排在飞机形平面的机头部，商业中心放在机身与机翼的结合部，两侧机翼部均设置为各类住宅区，机尾部是文化和体育运动区，末端是为首都服务的工业区和印刷出版区。

③ 邻里单元组成的居住区。前者的邻里单元为 800 m×1 200 m，人数为 5 000~15 000 人，后者用地为 960 m×720 m，其中包含有由 8~12 幢集体住宅组成的、占地面积 200 m×280 m 的居住街坊[⑦]。

这两个城市都是按规划师刻画的模式生搬硬套后形成的人工纪念碑。它们过分追求形式，对经济、文化和社会很少考虑，与其说是个生活的城市，不如说是个机械的城市组合体。整个城市特别是生活居住部分，缺乏人情味，缺乏亲切宜人、雍容华贵的气质。此后随着城市规划思想的转变，强调有机综合的实践日渐增多，尤其体现在战后最大量建设的居住区上，出现了居住工作综合区与整体式居住服务综合区两种类型。

① 居住工作综合区。随着社会的发展，居住在单纯居住区的人们对与世隔绝的寂寞生活都已感到厌倦，希望将“居住”回到城市综合体中去。城市本身的经济发展也需要将因功能分区而分离出去的居住区重新渗透到城市综合体中来。加上 20 世纪 60 年代后期一些发达国家在工业生产和科研试制中采用封闭系统，工业污染已基本得到控制，产生了一些工作与居住建设在一起的综合体，其中有工业居住综合区、科研居住综合区、办公居住综合区和商业居住综合区等诸多模式。

② 整体式居住服务综合区。此类综合区更强调空间利用上的整体性，从而可以有效利用土地以提高建筑密度，方便居民与公共设施的联系，增加活动场所，并创造舒适的居住环境。其组成模式主要有下列数种：住宅在平面上连续布置配以相应的公共设施组成的小区、住宅和公共建筑综合楼组成的小区、住宅坐落在平台式公共设施上组成的小区、整块用地建满综合性建筑组成的小区以及一栋楼就组成一个区，最后一种模式是此类居住服务综合区中最极端的，典型的如柯布西耶设计的马赛公寓和前苏联

建筑师设计的新生活大楼(图 2-12)。

2.1.3 后工业社会

美国著名未来学家 A. 托夫勒认为,在信息技术发展的推动下,人类即将或已经进入了第三次浪潮的社会:这个社会不和生产同步,而是将转向灵活的节奏和作息时间表;不搞群体社会偏激的行为、理念、语言和生活方式的标准化,而是将这些建立在分散和多样性的基础上;不是把人口、能源流通和其他生活特征集中在一起,而是将这些疏散和分开;不是"越大越好"的好大狂,而是了解"规模适当"的真谛;不是高度集权化,而是确认分权决策的价值[8]。

1）信息化浪潮中的生活方式

新社会形态下的居住生活比过去有了革命性的变化,被工业化浪潮冲走的工作地点现在又重新回到家庭内部或周边。工业化浪潮持续的时间不过 300 年, 300 年前大多数人都在自己家园附近的土地或就在自己家园内的作坊中工作,后来新的生产制度的出现使这种关系迅速瓦解。而现在,整个社会和经济势力集团又在集中力量改变着人们工作和劳动的场所。由于经营者更加追求事本主义与实效性,因而允许职工在包括家庭在内的任何地点把任务完成。目前职住一体化的生活模式已在欧美国家普遍涌现,随之带来的是城市中用地与建筑形态的转变。

产生这种现象的原因从根本上应归结为通讯技术的发展使其成本越来越低而效益越来越高,与严重的交通问题相比其优势变得越来越明显。下降的通讯费用和上升的交通费用的曲线总会在某一点上产生交叉,如果通讯的效能也能在这一点上与交通相当的话,经营者一般倾向于采用无形的通讯方式代替有形的交通方式,因为这样还能带来其他方面的额外收益,如节省了办公空间、增加了工作效率、更便于管理等等。此外,通讯技术的进步也改变了作为空间经济核心的聚集效应的传统形式。古典区位论中有关选址的普遍原则在今天由于外部环境的改变而需要有所调整,原先认为在生产要素(劳动力和原料)集中地选址最佳,现在的生产单位则可以远离这些地点而定位在与市场更近的地方,而市场的不断扩大又使其区位不断随之发展,要素聚集的传统形式已从空间上的有形聚集发展到更大时空范围内由信息网连接的无形聚集,应该说其中的聚集原理或本质并没有改变,只是具体表现出的方式已不再是人们从主观上就能轻易理解的而已(图 2-13)。

在技术与经济双重力量的推动下,人们的工作方式发生了很大的变化,进而引起包括居住生活在内的整个生活方式的改变。这种新的生活方式对人们的心理、社会和环境方面也都产生了深刻的影响:在心理上,人们上班的观念和家庭观念都有所改变,上班原先意味着是"坐班",即只有到办公室和工厂来工作才算上班,而现在上班不再

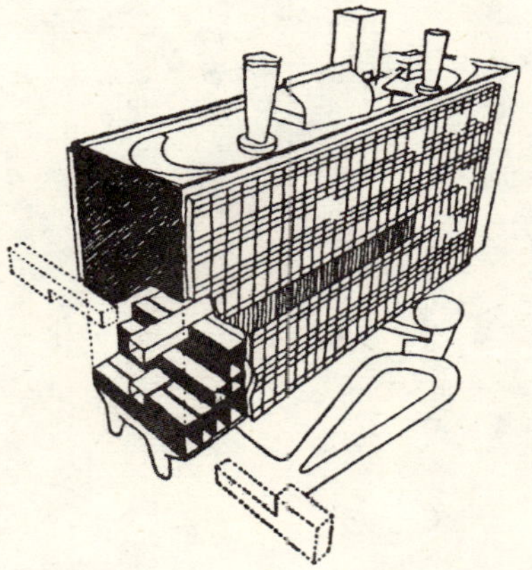

(a) 柯布西耶设计的马赛公寓

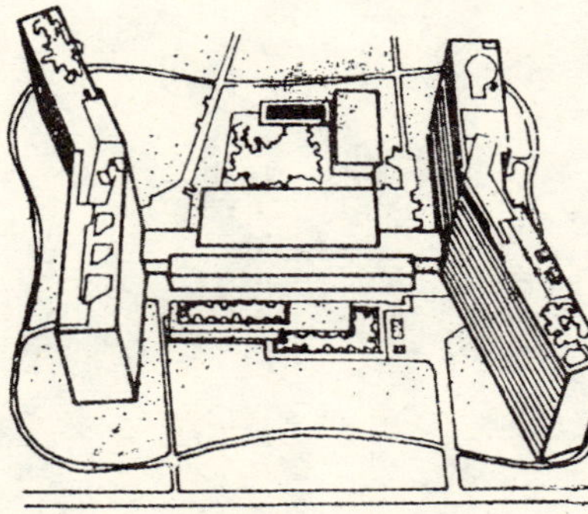

(b) 莫斯科切廖摩什卡居住综合体

图 2-12 一栋楼就形成一个居住服务综合区组图

((a) 图来自 [意] 贝纳沃罗 L 著. 世界城市史. 薛钟灵等译. 北京：科学出版社，2000；(b) 图来自沈玉麟编. 外国城市建设史. 北京：中国建筑工业出版社，1989)

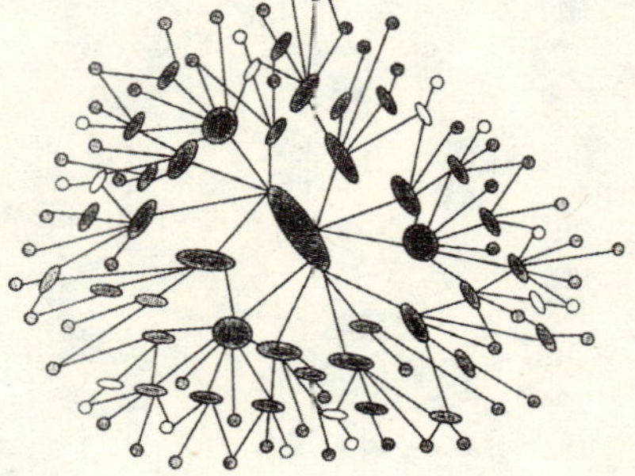

图 2-13 由信息网连接的无形集聚示意图

(图片来源：陈顺清. 城市增长与土地增值. 北京：科学出版社，2000)

认为与地点有必然的联系。此外,由于家庭成员重新结合在一起,增进了夫妇与孩子之间的感情,使人们备感家庭生活的可贵。在社会上,因工作变动而迁居的行为将有所减少,从而能促进人们更多地参与当地的社区生活,增进邻里间的密切关系。在环境上,工作出行的减少将降低对能源的需求,还将导致能源利用的分散化,从而可以用再生性能源(例如风、水)来代替,并可减轻少数地区受大量集中污染物的侵蚀。

2) 市民居住区位的变化

居住生活在人们的整个生活方式中占据核心地位,但是在人们还必须进行工作以取得整个生活的物质基础的时候,居住生活方式往往受制于他们的工作方式以及相应的出行方式,城市居民的居住区位置亦随着他们工作地点的改变而改变。信息化浪潮中的居住与工作组成了一体化的模式,共同呈现出网络化(远程性、分散性、多样性等)的特点,考察其工作方式亦可知其居住方式,居住的区位也可以由此确定。

(1) 网络化工作的几种形式

20 世纪末已经出现的网络工作形式大体有以下几种类型[9]:

① 在家办公。由于家是人们日常生活的大本营,因此在家办公将成为网络工作的一种主要形式,被人们称作 SOHO (small office & home office)。比尔·盖茨在《未来之路》一书中谈到:1994 年,在美国有七百多万远程电信工人采用了新的工作方式,他们不再为上班而每天奔赴办公室,而是利用传真、电话和电子邮件等手段直接在家上班。

② 分散的工作点。由于计算机联网,一个公司的员工不必都集中到一个办公大楼里上班,公司可以在各地设若干个工作点,员工可以就近到工作点上班,同时也大大接近和方便了服务对象,例如计算机联网售票就具有这种性质。

③ 社区工作中心。该中心靠近工作人员的住家,由一幢办公楼组成,能容纳大约 50 个人,可提供公用通信、数据处理、安全保密、生活保障和清洁服务。在中心,从各个公司来的人相互之间没有上下级关系或官方联系,具有不同社会地位的人在那里使用相同的设施和设备。社区工作中心既不同于在家上班的形式,也不同于仅仅隶属于某一个单位的分散工作点,它为整个社区的人们所共享,通过互联网络向不同公司和各个单位的人提供综合服务,被人们称作 MORE (mobile office and residence)。

④ 移动办公室。随着通讯技术的发展,人们所拥有的联网计算机的体积将越来越小,使用更加灵活和方便。目前已有了膝上式笔记本和掌上式便笺簿计算机,这些小计算机可以与大监控器以及办公室里的网络相连。这样工作者在旅途中或任何一个地点上都可以随时处理与工作有关的事宜,形成一个“移动办公室”。

(2) 办公空间的变化

网络化工作引发的一个重要变化是,一个公司或机关没有必要拥有太多的办公室,因为工作分散化后许多企事业单位成了“虚拟机构”。有的公司只要把雇员在办公室里上班的内定时间错开，那么一小间办公室或一个小隔间就可以供许多人办公。在美国，许多大城市的办公楼已闲置着而难以出租。不少大楼已将其办公空间改为居住用途，由于原有的大空间特性使得这种住宅别有特色，被人们称作 LOFT，也就是开敞的、通常是旧房改建的、工作居住合一的单元。一些专家预言，由于计算机使工作场所发生了革命，今后从家里或在路上进行联络变得更加顺利，因此在建筑狂潮中建造的办公大楼也许将永远得不到充分利用。

图 2–14 尚缺乏"人气"的浦东世纪大道

（笔者摄于 2001 年 5 月）

这种情况也给我国今天的房地产开发业提出了新课题。目前我国不少开放城市正在大兴土木，一座座用于办公的摩天大楼正在拔地而起。如果我们缺乏预见而陷入盲目攀比的狂潮中，那么恐怕不久的将来将重蹈发达国家的覆辙，而且可以预见，在我国许多办公大楼陷入闲置状态的周期可能更短。笔者所见的上海浦东世纪大道上车流人流冷冷清清（图 2–14），据说有 1/3 的建筑物被套住无资金继续建设，而已建好的建筑物中也有 50% 以上处于空置状态[10]，如此还不如将其做出如 LOFT 般的改造，兼容居住功能，利国又利民。

（3）出行结构的变化

网络化工作引发的另一个重要变化是人们出行结构的改变，某些出行减少而某些出行增多。前者首先是指人们为工作而进行的交通消耗（属于强制性的）将大大减少，除了上下班的时间和路程消耗的减少外，公务出差的次数亦可大大减少。此外，人们有些处于强制性和非强制性之间的出行也会减少，例如礼节性的社交拜访，可以用电话、电视图像取代，而随着视像功能的提高和费用的降低，这种取代的程度也会逐渐增大；后者则是指由于人们增加了大量闲暇时间，使得他们的情感性、娱乐性的交通消耗（属于非强制性的）又会相应增加，如旅游、聚会、探亲访友等等。这样，人们更容易在工作和日常生活之间取得平衡，人们在选择居住区位时对工作和社交的考虑将相对减少，对自身个性化的需求将相对增多。

（4）居住区位的趋势

笔者认为，网络化的工作与生活将对人们的居住区位产生如下一些影响：

① 居住地分布呈现网络化。网络使人们作为一个职业者不受工作地点的限制，作为一个消费者可不出家门就能得到金融、法律、医疗、影视、教育方面的服务，为此，拥挤、嘈杂、污染严重的大城市没有必要再固守，相反可以到拥有蓝天、碧水、绿树的广大农村或原野去建别墅，或选择税收低、犯罪率低和生活费用适当的地区去居住。相应地，未来大城市的人口就会减少，汽车污染会大大减轻，城市的环境恶化和基础设施的超负荷现象就会减少，房屋的租金也会下降，从而居住在大城市里的人也有机会提高自己的生活质量。为此，人们的居住地将呈现多样化、扩散化、远距离化等特点，也就是网络化。

② 人们迁居的频率虽有所减少但比较有限。一方面,人们迁居的理由有些会因为网络化生存而丧失。例如工作调动、寻求社区文化、享受现代文明等都属于因为外界环境变化而催生的迁居欲望,而这些以往只有通过迁居才能达到的目的现在通过网络都能做到,人们可以接受网络这种替代形式就可以免受搬家之累。另一方面,网络终究只能提供无形的精神空间,现实生活中有形的居住仍会因为人们对物质条件的不满足而引起其迁居的欲望,这一点不论网络存在与否向来都是迁居的主要动力,因此人们不会因为陶醉于网上虚幻的生活就甘愿原地不动。

③ 人们能够更加自由地选择更多的迁居区位。网络充实了人们的生活,这一点并不因地点的不同而有所改变,因此,原本只有在某些区位才能享受到的机会和服务现在随着网络的延伸而延伸。人们只要接上网络不论在何处都能得到相同的待遇,与实际居住区位并无直接的联系,这就使人们在择居时更加关注区位自身的硬件条件,而软件的劣势则可适当忽略(因为可以通过网络来弥补),实际上等于增加了区位的选择余地,使人们可以更加自由地按照其自身偏好来选择,而不用过多地考虑外部因素。

3）城市与区位的新内涵

网络化的生活意味着我们已经接受了网络运行的规则,因为只有遵从这些规则才能进入网络中生活,这种生活又反过来对我们真实的生活产生影响,改变我们生活中的许多事物的本来面目(或者其面目没有变而只是我们对它们的看法有所改变)。网络对城市的概念并没有完全抹煞,它提供了许多类似于实际生活中的城市的功能,只是形式不同而已,相应地出现了一座座虚拟的城市;但是网络却使得区位在其中变得毫无意义,虚拟城市中的生活并不会因为人们实际所处的区位而产生差别,相应地也改变了人们对实际生活中的区位的认识。

图 2–15 模拟城市游戏的制作者具有相当的建筑学专业素质

(1)“比特之城”

美国麻省理工学院建筑与城规学院院长 W. J. 米切尔教授认为,网络好比一块摆在我们面前的城建用地,邀请我们设计和建设“比特之城”。“这将是一个不依附于地球上任一确定地点而存在的城市,其格局不取决于交通的便利性和土地的有用性,而受互联性与带宽程度的制约。它的运作在很大程度上是异步的,居民由脱离现实的、分裂的主体组成,他们以化名和代理人的集合形式出现。城中的场所将由软件以虚拟方式组建,而不是用石头和木材以物理的方式造就,它们通过逻辑关系而不是门、走廊和大街彼此相连。它的街道系统就是网络联线,房地产则是内存容量和屏幕空间。”[⑪]显然,这样的“比特之城”不是传统意义上的建筑师所能规划的,包括黑客在内的计算机专家才是我们的希波丹姆(图 2–15)。

米切尔之所以将网络比做一座城市是因为目前城市中的许多活动都转移到了电脑空间之中,使网络上的生活体现出某种城市生活的特性。例如在网上可以进图书馆看书，进商店购物，进博物馆参观，进银行取款，进办公室工作，进聊天室与人交谈，等等。这一切都似乎表明网络已成为真实城市的一个副本或镜像，但由于其虚拟性的本质，这种镜像终究无法拥有我们实际生活的全部内容，它能替代的只是精神意义上的功能（而且仅是一部分），而物质的城市所能提供的物质意义上的功能是网络永远无法替代的，我们不可能把自己缩成一个电子住到电线中去，因此网络城市与实际城市之间的映射是不完全的，只是后者被剪辑后形成的倒影，所能起的作用是有限的。

网络吸收了城市的一部分精神功能，并不意味着城市的这部分功能就将因此而丧失，城市更不会因此而解体和消亡，因为只要人类还存在面对面交流的愿望，城市就会作为人与人交往的有形场所而存在。网络构筑的虚拟城市与现存的由砖头、混凝土和钢铁堆积起来的城市并不是完全替代关系，而是并存、互补，有时又相互竞争的关系。其结果是由于我们经常置身于虚拟世界而越来越少地依赖于身体存在和物质交换，削弱了现在把大城市聚合在一起的许多活动链，使得真实城市的物质空间的功能与形式都会为此而有所改变，这种改变正在不经意地发生着，需要我们加以密切关注。

（2）网络区位

区位本身具有地理学的意义。在交通与通讯都不发达的年代里，处在区位偏僻之地意味着生活受到诸多限制，反之则可以享受更多的自由，可以说地理就是命运（即地理因素具有决定性作用）。而今天随着越来越多的商务和社会交往采用电子化，人们生活的质量日益与地理关系相脱离，我们获取服务甚至不大依赖于区位上的接近，只要我们之间拥有网络联系即可。这种改变有电脑网络迅猛发展的原因，但最为根本的是人与人交往活动的多样性，本身的存在并不必依赖于一个特定的地点（而只需要有一个活动空间），因此无需面对面的交往活动完全可以转移到电脑网络中去（哪怕这个空间是虚拟的），而身处网络意义上的城市中地理位置便不再是命运，因为网络空间不是地理空间，其支配法则不再起作用，取而代之的是网络的支配法则，构成了人与人全新的关系，也改变了传统的城市格局（图 2-16）。

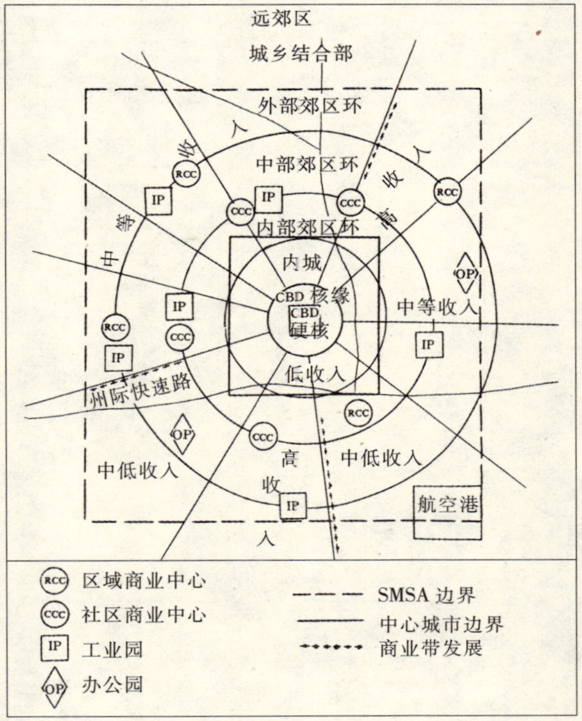

图 2-16　后工业社会的城市空间结构

（图片来源：许学强，叶嘉安等主编．中国经济改革与城市发展、规划及教育．北京：科学出版社，1994）

网络完全排除了区位在其中的意义，对此我们可以从与区位紧密联系的空间、标识、主体、距离等方面去认识：① 网络不遵从几何学。尽管它确实具有由计算机节点和放射状传输线路组成的明确结构，而且可以据此绘出复杂的平面图纸，但从根本上说它是反空间的，它没有确定的形状和面积可供描述，也没有一个清楚的位置，它是四处弥漫的。② 网络中的地址仅是一个符号。它并不指向一个具体的地点，而只是一个访问代码，用于登陆存在于某网络某个地方的某台计算机，而这台计算机究竟在什么地方无关紧要。这种网络访问与电话和传真的根本区别在于，后者是在可以识别的地点用特定的机器相连，而前者我们只能知道文字层面的门牌，却无法知道门牌所指代的实际地点。③ 网络中的主体身份与地点无关。我们在网上的电子化身一般并不会透露真实的个人信息，而我们登陆网络的地点与自身的身份也没有直接联系，网吧、办公室、家庭上网其效果是一样的，而在真实的生活中，我们所到的地点一般都会表明自己的身份。④ 网络消除了距离。许多人将网络比做信息高速公路，实际上这是不太妥当的，因为这使人想起两点之间的距离，而网络将消除这种距离，信息瞬时性的传递将使时间距离和空间距离都不再存在。从以上分析可知，网络抹杀了一般意义上区位自身及其相关的全部特性。

网络区位的无意义将导致我们真实生活中区位自身特性的模糊。有了网络，居住在城市郊区的市民照样可以享受到只有市中心才能享受到的生活(多为精神方面的)。而对于中心区居民而言，网络虽然也为其带来了更多的便利与实惠，但与郊区居民相比效果则并没有那么显著。表面上看似乎优势区位的优势随着网络的蔓延将一部分势能转移到了劣势区位那里去，从而使两者势能差距有所缩小，趋于平衡，但从经济学效用与价值的观点来看，真实区位条件优劣的转化有着另外的解释。效用的边际分析告诉我们，穷人眼里的一块钱和富人眼里的一块钱效用是不一样的。同样，网络对劣势区位与优势区位体现的效用也是不同的。区位的实际条件(如自然地理条件以及相对固定的人文条件)并没有因为网络的出现而改变，改变的只不过是人们心目中对区位的主观认识(用凯文·林奇的话来说就是区位的意象)而已，客观区位的效用随着人们的主观评价而改变，因此有些劣势区位在网络的加入后被人们认为是其效用增大到可以和其他优势区位相当，人们也许会因为这种增大的效用部分满足了其需求而对此区位感到满意，从而不再去追求客观上仍占优的区位，区位的意义有所弱化。

2.2 中国城市居住用地区位的演变

2.2.1 新中国成立之前

1）古代时期

中国古代城市的建设思想大多受到《周礼·考工记》中“匠人营国”思想的影响，也就是“方九里，旁三门，九经九纬，经涂九轨，市朝一夫，左祖右社”，在城市总体用地布局上，总的说来都体现出中心突出、分划明确、方块居住、市场集中等特点(图 2-17)。具体说来就是：① 每个王朝的都城都毫无例外地以皇宫为主体，地方城市中官署不是居中就是占据高地；② 都城的街道一般都采用棋盘式，很少有斜街，相应地将城市整齐分割，地方城市的道路虽不强求端直但分划也很明确；③ 城市形成的早期就有了居住的坊里模式，唐朝及以前多为封闭型，从宋代起则比较开放；④ 各类城市都以街道分割成专门的商品交易区，其位置相对稳定，很少有变。

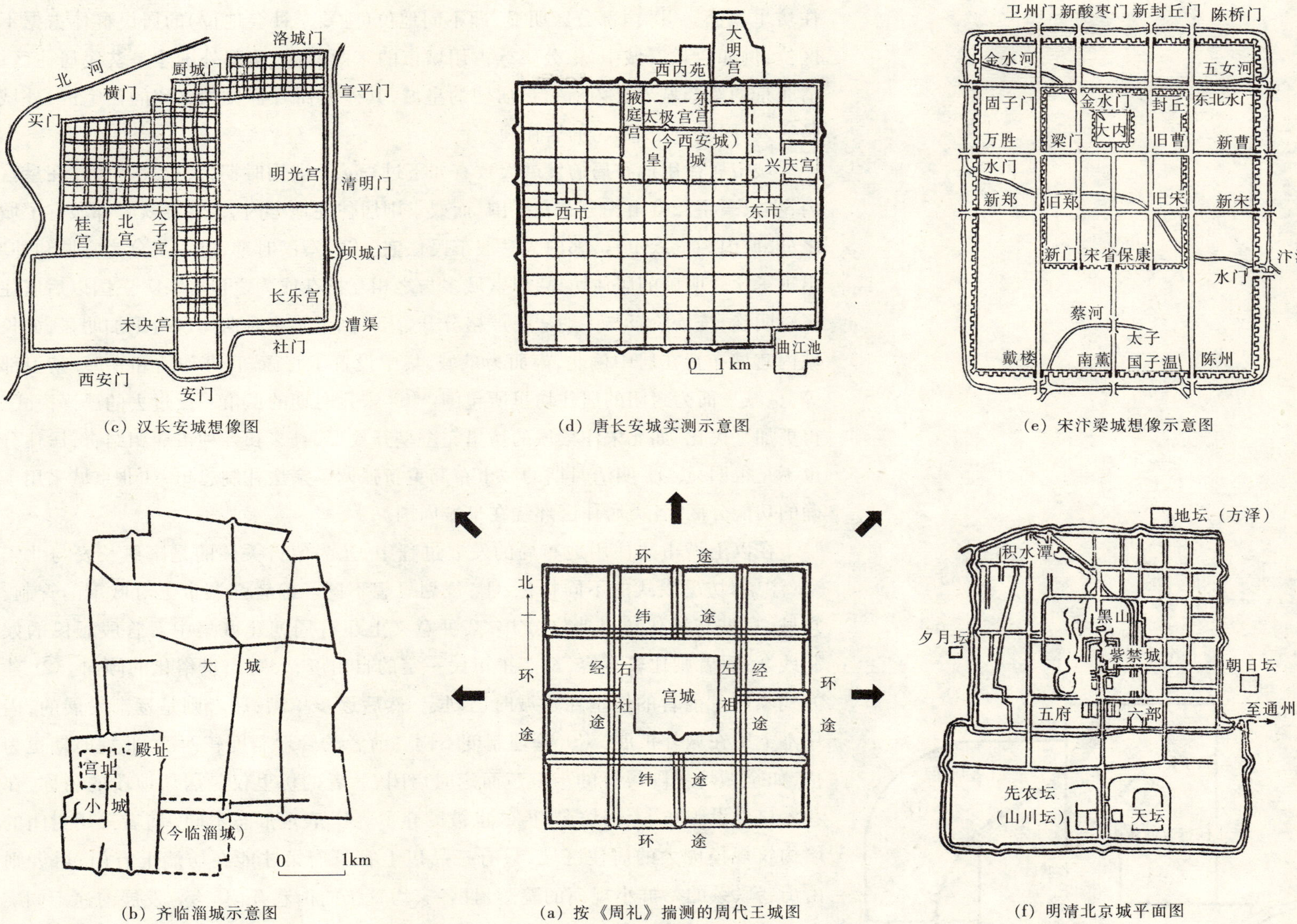

（c）汉长安城想像图　（d）唐长安城实测示意图　（e）宋汴梁城想像示意图

（b）齐临淄城示意图　（a）按《周礼》揣测的周代王城图　（f）明清北京城平面图

图 2-17　中国古代典型城市平面组图

（图片来源：同济大学城市规划教研室编. 中国城市建设史. 北京：中国建筑工业出版社，1982）

城市居住用地布局的特点则有以下几点：① 居住用地呈现满铺的特点，占据了全部城市的绝大多数地方，虽然这其中也包含了部分商业和手工业功能，但由于分化不明显（多具有上居下工、前店后坊的形态），仍可视为居住功能。② 城市中心区位的居住性，从现代功能意义上分析皇宫和官署都是工作、居住相结合（多呈“前朝后寝”的形态），而且归根到底还是以居住为主的（“前朝”规模一般小于“后寝”），虽然后期皇宫和官署有向北移的趋势，但空出来的中心位置并没有安排市场而是以居住坊里填满。③ 内部分区明显，即不同地位（主要是社会地位）的居民群体占据不同区位，例如唐长安城中，王公贵族占用城市的东西两区，南部外围才是贫民居住区；明清北京的紫禁城外是内府官员居住的皇城，其外是衙署官员和贵族的住宅区，外城则是穷人（同时也是汉人）的居住地。

城市居住用地布局的发展大致有如下过程：① 殷周时期，大奴隶主居住在皇宫城内，小奴隶主和自由民分布在外围，而奴隶则居住在地牢内。② 春秋时都城有了城郭之分，城内为贵族王宫，郭内为一般市民住宅。③ 秦汉时期，进一步分为宫城和外城，出现了比较明确的居住坊里，但宫城多与之相互掺杂或为之包围。④ 三国以后居住分区较明确，统治阶级与一般居民严格分开。⑤ 到了隋唐时期体现得更加明显，如长安城内宫城布置在居中偏北，南面为皇城，集中设置了官衙、官办作坊和仓库、禁卫部队等，皇城三面为封闭的居住坊里所包围。⑥ 宋元时期的城市一反过去的严谨模式，显得更加平民化，如北宋汴梁城的坊里完全呈开放形，且多和各种市肆相结合，居住分区也不是很明显。⑦ 明清时期的城市布局重新强调了宗法礼制思想，如北京城采用了明确的功能分区，各类居住区环绕在皇城周围。

在以上城市居住用地布局的发展过程中，尤为值得关注的是隋唐长安与北宋东京（汴梁）坊里模式的不同特色：① 规划思想不同。前者强调帝王对城市的管制，使宫城、皇城与居住坊里严格分开，某种意义上还有周朝建城集中看管殷顽民的奴隶制残余；后者则比较宽容，给予了市民一定的自由度，表现出世俗化的倾向。② 建设方式不同。前者的坊里在建城时已划定，然后逐步填满；后者则是逐渐发展的，内城住不下则在城外扩展。③ 管理制度不同。前者的管理制度较西汉、北魏时期更为严格，如全城坊里随晨暮的街鼓声而定时启闭；后者的坊里仅是居住地段的名称，在街巷入口处设牌坊，上书坊名，街鼓也被废弃了。④ 表现形态不同。前者采用封闭的坊墙构筑规模庞大的居住区域，只有三品以上官员府第才能在坊墙上有门；后者则是由街巷联系的一群小规模的院落，且各家均直接向街巷开门。⑤ 发展前途不同。前者本质上与经济发展和市民意识都是相违背的，因而到了唐后期也逐渐被废弃；后者则较好地适应了城市经济高速发展的需要，因此在明清的北京城中仍基本上得到沿用[12]。

2）近代时期

鸦片战争以后，中国在外来势力的影响下逐渐进入了半殖民地半封建社会，城市作为社会经济的产物也发生了内容与形式上的显著变化，其居住用地从原来的“一统天下”发展到与其他用地相间布局，特别是随着工业区在城内城外的落户而不断跟进，彼此交错混杂形成新的工作、居住一体化的模式。此外，许多城市中心区位的用地性质也从原先的居住性逐渐置换到了商业性（图 2-18），而居住用地的内部分化的决定因

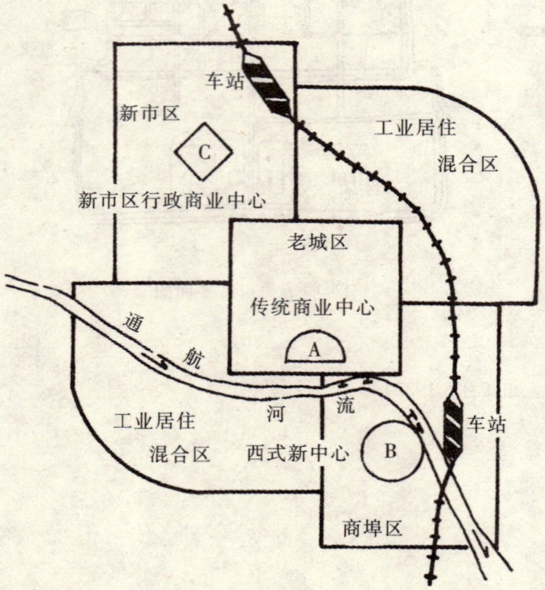

图 2-18　中国近代城市空间结构的基本模式

（图片来源：胡俊. 中国城市：模式与演进. 北京：中国建筑工业出版社，1995）

素也从原来以居民的社会地位为主发展到了以民族、经济和社会地位并重，并呈现多样化强烈对比性分布的特征(图 2-19)，这一点不论是由殖民资本主导经营的城市(如青岛)、本国政府自己发展的城市(如重庆)，还是中外势力共同影响的城市(如上海)，都是相似的[13]。

青岛：德国区的居住建筑集中在“提督公署”以东一带，系独立式花园洋房，有外廊及阳台，建筑密度低，绿化多，建筑标准高，利用地形较好，也有少数低层公寓式居住建筑；日寇占领时期出现大量的日本式小住宅，以热河路的独立式建筑群最具有代表性，此外还修建了不少三四层的公寓；小港以北、金乡路一带中国住宅区，多与商业及手工业作坊混杂，街坊小、密度大，围成正方形或长方形天井，一般为二层，天井内用外走廊联系住房，有公用楼梯及厕所；四方、沧口一带工业区附近，日寇占领时期也建造了一些质量很差的工人住宅，居住异常拥挤。青岛的这种居住区位布局基本上是按照最初德国人的规划实施的。

重庆：市区大量人口集中在半岛部分，特别是朝天门一带，如打铜街、都邮街等地区，人口密度很高，居住条件恶劣。因为地价昂贵，劳动人民多住在沿江建有很高的地柱支撑的简屋，又称为吊脚楼，形成重庆沿江的特殊风貌。但是，上层人物占有的大量别墅、洋房，在市内多集中于通远门近郊的上清寺及曾家岩一带，还有不少分布在郊区风景优美的地方。重庆的这种居住区位布局基本上是属于自发形成的。在抗战胜利后国民政府制定的“涪都十年建设计划”中，住宅区分为高等住宅区、普通住宅区、贫民住宅区 3 种。高等住宅区建在风景优美的歌乐山、黄角垭一带，贫民住宅区则没有作适当的安置，后未及实施。

上海：为了逃避各方面条件日益恶化的市中心地区，外国人及中国上层统治阶层逐渐在近郊另建新的居住区，由于租界的扩展方向是由黄浦江向西，因而住宅区的质量也是愈向西愈高，以最后形成的法租界西区虹桥路一带标准最高。此外，沿着苏州河与黄浦江工业区的周围形成的棚户区，居住条件愈来愈恶劣，远不如一般旧城市的居住区。市中心地区为中小资产阶级和一般市民的居住区，其条件较棚户区稍好。上海的这种居住区位布局基本上也是自发形成的，国民政府抗战前制定的“大上海都市计划”中将住宅区按照贫富分为甲乙两种，此后汪伪政府在其基础上进一步划分为第一住宅区(高级住宅区)、第二住宅区(普通住宅区)和杂居地区，这些规划由于各种原因都没有实施。

总的说来，中国近代城市居住地域上出现的分化主要可以分为两类：一类是帝国主义和官僚买办资产阶级所拥有的新型的高级住宅区，都占据着城市中环境较好的地段；另一类则为拥挤着广大城市工人、破产农民和其他劳动者的破旧的贫民棚户区以及密集的里弄街坊，都位于城市环境最差地段，一般多接近码头、车站、工厂和租界，以

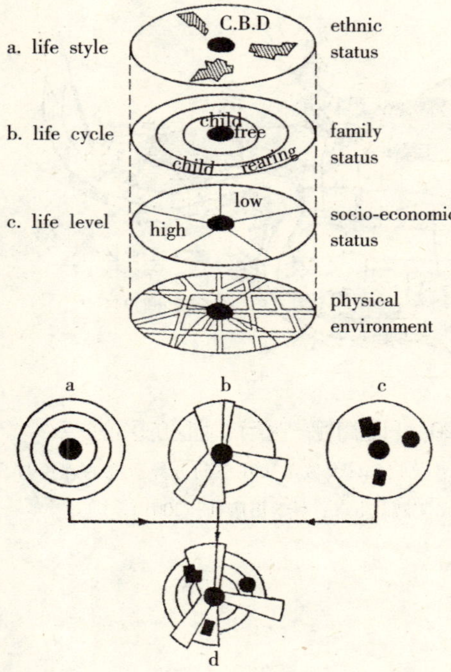

图 2-19　穆迪（R. Murdie）的城市居住分异理论模型

（上图来自：Porteous J D. Environment & Behavior：Planning and Everyday Urban Life. Massachusetts: Addison-Wesley Publishing Company, 1977；下图不详）。图中 d 是社会空间与物质空间叠加后的城市模型。

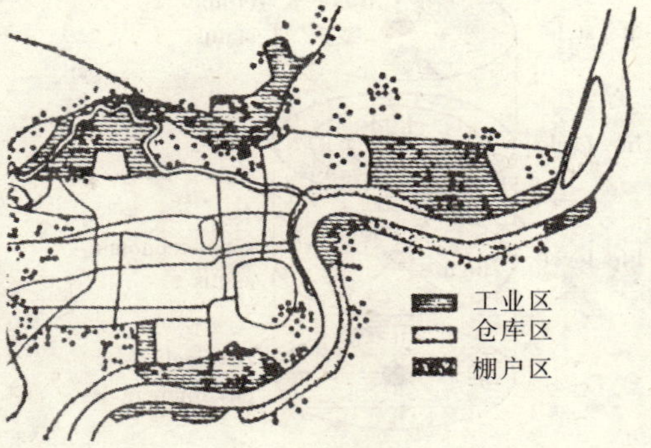

图 2-20　旧上海棚户区与工业区的区位联系

（图片来源：吴启焰. 大城市居住空间分异研究的理论与实践. 北京：科学出版社，2001）

便于劳动者就近劳动谋生(图 2-20)。这两种居住地区除了分布区位上有显著的差异外,在建筑质量、居住密度、服务设施、公用事业等方面也都有明显反映。

2.2.2　计划经济与“单位社会”时期

新中国成立后的头 30 年在中国现代城市发展史上是一个特殊时期，这种特殊源自于国家社会、经济制度环境方面发生的巨大变革。抱着打碎旧世界、创造新生活的理想,我们从原苏联引进了社会主义制度以及计划经济的生产关系,并相应地建立了单位制的工作、生活模式,城市亦为此切断了和以往渐进式发展相关联的大部分文脉,做出了从土地属性到整体结构的彻底调整,居住用地也在其中得到重新定位。

1）城市用地属性

（1）国有制的法律属性

旧中国的城市土地所有制非常复杂,有的为外国大资本家私有,有的为国内官僚资本家、民族资本家所有,有的为城市个体工商业者和城市居民所有,同时还存在着为旧政府机关社会团体公有。在这些占有形式中,外国资本、官僚资本占有大量的土地,垄断着城市的土地市场和交易,而民族资产阶级、个体工商业者以及城市居民只占少量的城市土地,忍受着前者的暴利剥削。

新中国成立后逐步实现了城市市区土地的国有化，在此过程中采取的主要方式有[14]：

① 接管没收外国资本、官僚资本、国民党政府及其他反革命分子占有的城市土地,无偿地变为国有土地。

② 对私人资本主义工商业所有的土地，用赎买的办法将其所有的土地转化为国有土地。

1950 年开始对私营资本主义工商业进行改造,1956 年在全国范围内实行全行业公私合营,将资本家所拥有的土地、设备、厂房等财产进行估价后,由国家支付资本家 15% 的定息,这时资本家对自己私有土地的所有权已基本丧失。1967 年,由国家付给资本家的定息停发,实际上他们的土地也就完全为国家所有了。

③ 以补偿的方式征用城市建设用地,使非国有土地转变为城市国有土地。

这主要是征用合作化前农民私有土地、城市居民私有土地以及合作化后农民集体所有的土地。就目前来看,我国城市国有土地的绝大部分是来源于对集体所有土地的征用。

（2）无偿使用的经济属性

1954 年以前，无论当时是使用国有土地还是使用私有土地，都是有偿的，而在 1954 年以后则不然,因为当时的政务院做出了如下一些规定[15]：

① 1954年2月24日财政司字15号文件指出："国营企业经市人民政府批准占用土地的，不论是拨给工厂或出资购买，均应作为该企业的资产，不必再向政府缴纳租金和使用费。机关、部队、学校经政府批准占用的土地亦不交纳租金与使用费。……保证土地合理使用的关键，在于政府批准使用土地时，严格掌握使用原则，按照企业、单位、机关、部队、学校的实际需要发展情况，确定其使用土地的面积，不必采用征收土地使用费和租金的方法。同时，收取使用费和租金，并非真正增加国家收入，而是不必要地提高企业的生产成本和扩大国家预算，并将增加不少事务手续。"

② 1954年3月8日内务部在《答复国家国有国营企业、公私合营企业及私营企业等征用土地及使用国有土地缴纳契税和租金的几个问题》中指出："国营企业、国家机关、学校、团体及公私合营企业使用国有土地时，应一律由当地政府无偿拨给使用，均不需交纳租金。"

从此，全民所有制单位占有和使用国有土地完全是无偿的。公私合营收归国有的大部分土地，使用者虽然也需交纳地租，但也极低。集体和个人使用也只需交纳微乎其微的地租，且三十多年没有变动，基本上和无偿使用差不多。

城市土地无偿使用的原因现在看来在于当时的理论认识和经济体制：理论上认为土地在国有制条件下已经不具有商品属性，这似乎体现了社会主义制度的优越性；经济体制是单一的计划经济体制，城市土地理所当然地被纳入计划分配和行政划拨的轨道。

(3) 单位化的社会属性

单位制度的形成受到当时国际大环境与社会思潮以及中国几千年来的传统观念等因素的影响[16]。

① 新中国成立之时，国际社会的全面封锁和孤立政策促使中国必须靠自己的力量进行经济建设。对于一个急于进行工业化、赶超世界经济发展的新生国家而言，既要急于摆脱贫困，但又缺乏必要的资金和生产资料，国家只有竭力进行国内资源的总体动员和调度，保证对社会生产和生活有高度的控制能力。选择企业单位的形式，国家就可以在整个社会进行生产资料的调度、生产计划的安排和产品的统一调拨，并且通过单位的形式进行消费水平的控制，保证国家资源最大限度地为社会主义建设的"重中之重"服务。

② 受到前苏联一些思潮的影响，如当时推崇的"新居住单元"概念，提倡将人的生产与生活融为一体，强调在安排生产的同时，考虑公社化的子女抚养教育、公民就业、老人赡养等一系列的问题以及机构和服务设施设置，降低城市的复杂性，提高社会生产的效率。

③ 中国几千年来的自给自足的生活方式和传统小农思想的长期积淀与渗透，也在中国企业单位的形成中起到了一定作用。"企业办社会"使得企业单位成为现代城市中

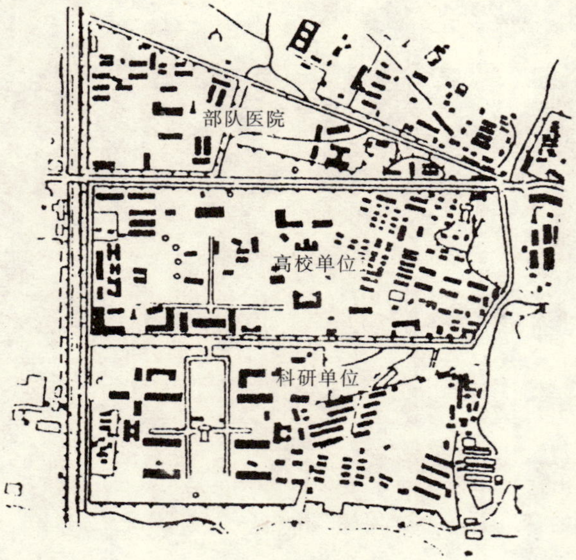

图 2–21　城市单位制独立地块的结构形态特征

（图片来源：胡俊. 中国城市：模式与演进. 北京：中国建筑工业出版社，1995）

一个个分散封闭的、大而全或小而全的社会单元，就如同封建时代小农经济下的村落。

单位的最大特点在于它不仅提供给职工就业场所，而且提供单位成员及其家属的住宅和其他一些福利设施。并且，职工退休后有继续享用单位住房的权利。许多单位都建有围墙和门，使单位内部成为相对封闭的空间，这样就突出了工作单位和个人的特性，起到了保护单位内部人员和调节单位职工及其家属的家庭生活、经济活动及其他社会生活的作用，并逐渐形成单位的地域归属感。因此，作为居民职、住生活的空间统一体，单位在中国城市社会生活中有着极其重要的作用(图 2–21)。

2）城市土地利用结构

（1）发展过程

① 国民经济恢复和“一五”建设时期

指导思想：向前苏联“一边倒”，强调城市规划是国民经济计划的继续与发展，并把城市建设分为生产性建设和非生产性建设。其中生产性建设是基本建设的主要部分，应大力加强；而非生产性建设的标准应尽量降低，以便腾出资金与人力、物力发展生产性建设，相应地城市也被分为生产性城市与消费性城市，主张变消费性城市为生产性城市，为国家工业建设服务。这些认识可以说是日后中国城市用地结构畸形发展的思想源头。

建设实践：大力整治旧城中问题比较突出的地段环境，改善市政设施和人民居住条件(如北京的龙须沟就是一个著名例子)，与此同时大力进行工业项目建设，一方面利用旧城填空补齐，另一方面进行城市扩建，在边缘区发展并随之建设了一批工人新村。这段时期城市土地利用结构与旧中国相比应该说有很大程度的改善，消除了旧中国租界形成的割据状态，城市规划得到有力的实施，有了比较合理的功能分区。

② “大跃进”和国民经济调整时期

指导思想：初期各方面都充斥了主观冒进的思潮，主张用城市建设上的“大跃进”适应工业建设上的“大跃进”，倡导“快速规划”的做法，适当提高了建设标准；后期又提出“三年不搞城市规划”和“不搞集中的大城市”，并大力推广“设计革命”运动，再次压缩了规划标准，并取消了城市建设维护资金，同时提倡“工农结合，以厂带社”的“避开城市建工厂”的做法，大搞“小三线”建设。

建设实践：初期建设用地规模急剧扩大，大量工业区和居住新村向周边蔓延，道路、桥梁等市政基础设施也相应得到了大规模改造。与此同时，各类单位争相占地形成新的割据，五小工厂遍地开花，打乱了“一五”期间趋向合理布局发展的势头，重新开始走向混乱。后期城市建设基本停止，使这时形成的土地利用结构基本保持了 20 年。

③ “文化大革命”时期

指导思想：彻底否定城市规划管理，将其说成是“管、卡、压”，搞“修正主义”，提倡

“干打垒”精神和“先生产、后生活”，追求以压缩生活设施标准来消灭城乡差别，倡导“见缝插针”般地建设，并开展“破四旧”运动以消灭各种文物遗存。

建设实践：城市用地缓慢扩展，外围建设项目更趋分散，出现了大量效益不高、生产服务设施严重不足的孤立工业区，同时城市内部园林古迹丧失殆尽，单位大院星罗棋布并自行乱搭乱建，城市中心也始终未得到充分发展。

（2）留存特点

“十年动乱”之后留给我们的是千疮百孔的城市，当时的局面恐怕比新中国成立之初经过战乱的城市还要严峻。战争毁坏的城市重建从规划上来讲是容易的，而经过30年畸形发展留下的畸形结构的城市则是最令我们头痛的。从城市建设的门槛理论来说（图2–22），结构不合理也是阻碍城市发展的一大门槛，某种意义上比克服自然地理条件的门槛还要困难，因为它要求全局的改变，需要付出更大的努力，直至今日我们还在继续为纠正以前所犯的错误而忙碌。这种错误具有如下两个特点：

① 区位失真，整体均质

无论是古典区位理论还是现代的空间结构理论都已证明城市土地按照级差地租原则合理配置的必要性。在经济规律的作用下，经济效益高，因而能提供最高地租的活动，如高档商业、金融活动等将被吸引到城市中心地段，而经济效益和付租能力差一些的居住和工业活动将依次分布在外围，其他活动也都按此方式拥有各自的用地区位，否则会因地租昂贵无法支付而被迫迁移或改变用途。应该说符合经济规律的城市用地区位布局并不是均质的（图2–23）。

我国城市则不尽然，各类功能相互冲突的单位院墙高筑、交错混杂形成区位均质的板块，从市中心到郊区我们都能看到有工厂、政府机关、军队大院等单位镶嵌在破败的居民区中。这种平均分布的模式一度被我们认为是体现了社会主义的优越性，如人人平等、生活方便，但却也为此忍受了长期的污染、干扰、浪费与低效率，这都是由于许多单位占据了它们不该有的地块，或者它们拥有的地块本应该属于其他用途，对此可用“区位失真”来形容，即区位没有体现应有的经济规律（图2–24）。

② 比例失调，欠账甚多

在重生产轻生活政策的影响下，多年来我国城市用地的比例呈现出以工业用地为主、其他用地为辅助配套的特点。工业用地多一些对我国早期的工业化建设还是需要的，但问题在于不能为此极力降低其他用地比例，特别是居住用地的比例，由此造成的“房荒”是无法使人乐业的。而随着我国有了一定的工业基础，30%左右的工业用地就显得过高了，许多生产随着技术的进步并不需要采用最初的大规模分散模式，而城市归根到底的居住性需要我们大量增加居住用地的比例，并将其置于首位。

工业用地优先造成的比例失调除了使居住用地和住房严重欠账之外，城市各项基

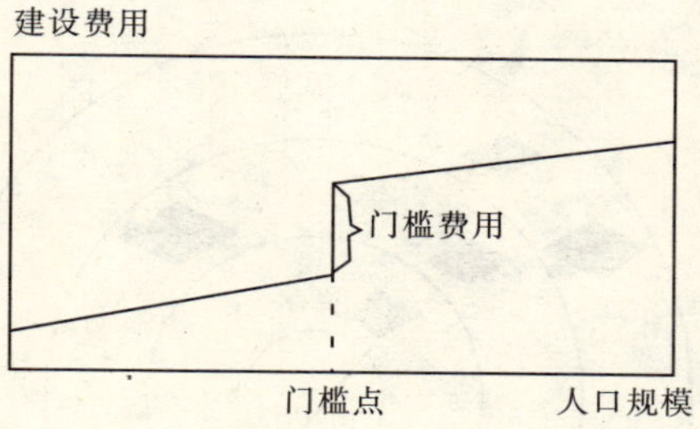

图2–22　城市规模扩展的门槛费用示意图

（图片来源：张耀儒主编. 现代城市建设经济学. 北京：中国城市出版社，1998）

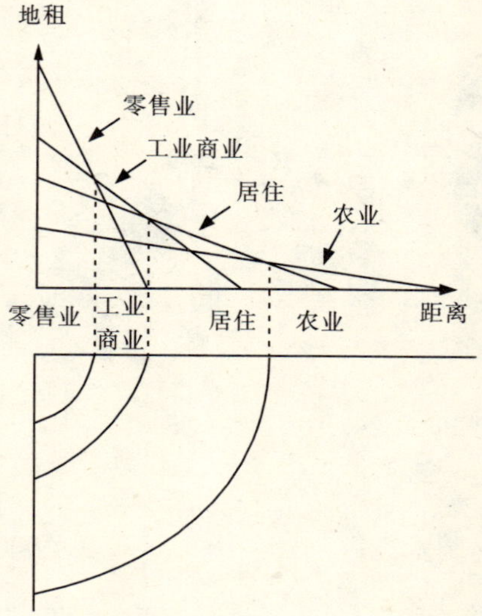

图2–23　城市土地利用经济模型

（图片来源：李植斌. 城市土地可持续利用理论与评价. 合肥：中国科技大学出版社，1999）

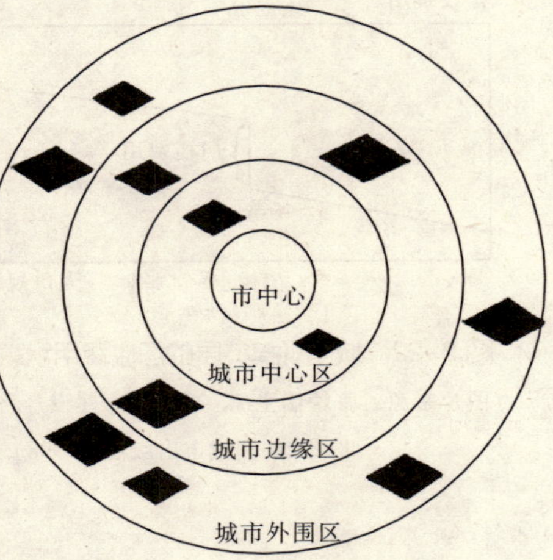

图 2-24 城市单位制独立地块的布局区位特征
（图片来源：胡俊. 中国城市：模式与演进. 北京：中国建筑工业出版社，1995）

础设施的不足也相当成问题，这在城市旧区表现得尤为突出。旧城区多年来一直得不到有效改造，道路用地比例不高，路网密度小且路面狭窄，公共绿地面积也很缺乏，许多留存下来的园林古迹也被侵占作为其他用途。另外，环卫设施、给排水设施和基础生活设施普及率也很低，北京的四合院、上海和苏州等地的旧里弄区情况都非常严重。这些欠账需要我们花很长时间、付出巨大代价才能偿还。

(3) 形成原因

这段时期内土地利用结构最终表现出以上这些特征有多方面的原因。首先在于当时人们思想认识的极端片面化，这一点本书在前面回顾发展历程时已有所论述，故不再赘述。此处则从各类学科研究中普遍采用的结构主义角度来作进一步分析。这种方法强调，研究不应停留在表面，而应深入到现象内部，找出其“深层结构”，以便洞察现象的本质。不论是经济学还是社会学中的新制度学派基本上都受此思潮影响，认为人类的行为都要受到各类既定制度的制约，应从具有结构意义的制度中寻找原因。笔者也正是基于这一认识，将这段时期内对土地利用结构最终特征具有决定意义的制度原因归结于以下几点：

① 计划的信息缺陷导致划拨的不合理

计划经济体制下市场反馈的信息无法全面有效地传达到计划决定者手中，这种信息传输的内在缺陷不可避免，因而计划也就无法检验其配置是否合理，决策者主观认为的合理多半却是荒谬的。普遍存在的城市土地使用方向与土地实际使用价值的严重脱节，本身就是由于计划者对土地的区位、数量、技术经济特性以及布局要求缺乏必要的信息造成的。计划制度的结构性缺陷使我们被迫重新选择方向（图 2-25），但令人费解的是，“划拨”这一计划经济专用名词在今天的用地规划中依然兴盛不衰，如建设部确立的经济适用房政策依然要靠大量划拨土地来支撑，对此笔者深表怀疑。

② 无偿、无限期使用加之不准转让使缺陷无法调整

划拨得来的土地具有无偿无限期使用的特点，同时国家政策又进一步规定不准转让，这样原本就由于计划配置导致的苦乐不均就根本无法调整，就像人口流动被户口制度“钉死”一样，土地权属的合理转换也成为空谈。虽然改革开放后我们意识到土地有偿有限期使用的必要性，但使用权的转让一直被宪法列为禁区，一些教条的理论界人士也为此争论不休，直到深圳的试验成功后才于 1988 年在修改的宪法中确立。

③ 无再开发用途管制造成原规划失效，进一步加重了结构的不合理

土地按照单位需要划拨下去之后，当时政府并没有确立一套行之有效的用途管制体系，这样，用地单位虽然按原先申报用途完成了一次开发，但随后进行的再开发则多半会超出最初规划的用途，对此管理者并无有效手段去制约，造成原规划在历经时日

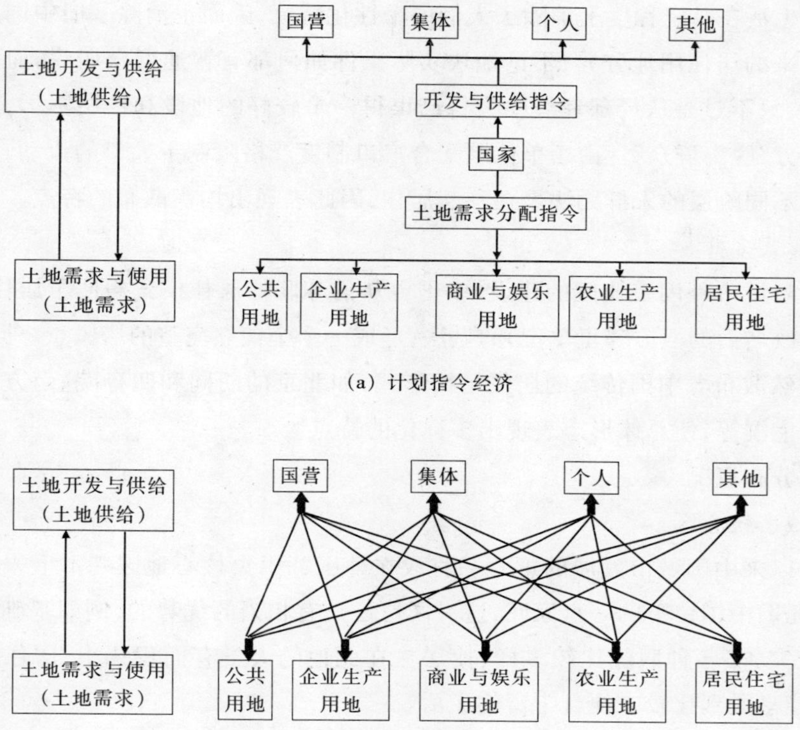

（a）计划指令经济

（b）市场经济

图 2-25 两种典型经济体制下土地获取的简化模型

（图片来源：高映珍等．土地经济学再认识．南京：南京出版社，1996）

之后就完全失效，进一步加重了本来就不合理的用地结构。

3）居住用地区位

（1）总体形态

① 职住接近

由于一切以工业建设为中心，土地利用结构中居住用地往往表现为工业用地的附属，工业用地摆在哪里，哪里就附带规划有为其配套的居住用地，这时期居住用地往往在规划中构不成需要单独考虑的一项内容。在单位制管理模式下，各单位都在自己的地块和邻近地块内为本单位职工建立生活居住区，20 世纪 50 年代在城市新建的文教和机关用地中就已出现了就近附建的家属区，20 世纪 60 年代的城市住宅建设取消了统建制度，到 20 世纪 70 年代又全面倡导单位自建宿舍，形成中国城市居住用地与工作地点极为接近的特色。

② 均衡散布

由于各个单位在城市地域内广泛分布，居住用地也随之在城市内全面铺开。单位制的社会生活在一定程度上消除了人们的个性化特征，因而也消除了旧中国严重的贫富分化带来的居住用地分异，不论地块实际条件如何都有普通群众居住，而领导者也混居其中，只不过是从局部环境中为自己谋得一个较好的地段和楼层罢了，从总体上看并不十分“脱离群众”。由于单位制配合户口制度严格限制了人口的流动，使实际上处于社会不同阶层的人群无法聚在一起居住，因此表现出均衡散布的特点。

③ 形式多样

伴随着城市外围工业区的建设，中国也从前苏联的居住模式搬回了居住小区（实际上就是改名后的西方邻里单位）的做法，形成一个个独立完整的居民点。同时，由于城市中依然散布着中国传统的居住结构形式，如北京的胡同和四合院、南方的里弄和院落式住宅群等，使总体形态表现出多样化的特点。

（2）分布概况

① 城市核心区

解放以来中国城市发展的重心一直放在外围，中央核心地区基本上未有多少建设，而依托旧中国留下的一点家底，这一区位还是有相当的优势的，例如基础设施相对来说比较完善、各种职能比较多样，使居住在此地的人虽有面积狭小、居住拥挤等缺憾，但仍能享受到比较方便且丰富的生活。

② 城市中间区

居住用地伴随单位占地四面出击，居民都生活在本单位的大院内，享受着本单位的福利住房与配套设施，使其依托着业缘关系而相应形成居住上的地缘关系。同时，由于多年住宅建设量的严重欠账，使旧城中近于贫民窟的住宅区中挤满了大量人口，形成不同于单位“大院”的“小院”式社区生活。

③ 城市边缘区

居住用地作为工业企业的配套，依附于城市边缘的工业区，以居住区、居住小区的形式组织居民生活，相互之间比较独立。虽缺少较大型的城市性公共服务设施，但小型生活设施尚能保证，因此总的居住条件并不算太差。

2.2.3 改革开放以后

1）新的制度背景

1978 年党的十一届三中全会以后中国进入了改革开放时期，中央明确提出了要以经济建设为中心，并相应地采取了有计划的商品经济制度。整个 20 世纪 80 年代都在为计划多一点还是市场多一点的问题反复争论。1992 年邓小平南巡讲话之后，党的十四大进一步提出了今后要走中国特色的市场经济的道路。整个 20 世纪 90 年代虽然同样在摸索但毕竟方向比较明确，那就是积极向市场经济制度转轨。在这两个阶段的二十余年中，法制建设也伴随着经济建设逐步开展起来，保证了城市建设中各项活动的顺利进行。以下笔者按时间顺序整理出对本书研究最为相关的一些法规的修订过程。

（1）20世纪80年代

1980年邓小平对建筑业和住宅问题发表谈话[17]，认为在住房分配政策上应允许个人买卖，付款方式可以多样，并相应地要提高房租，特别指出“繁华市区和偏僻地区的房子，交通方便和不方便地区的房子，城区和郊区的房子，租金应该有所不同”，而对于低工资的职工应给予补贴；另外，在住房建造政策上也要考虑采取多种形式。这些意见基本勾画出了我国住房制度改革的蓝图。

1982年全国人大修改《宪法》，进一步巩固了城市土地的国有制。当时，实际上城市内还有少量土地是集体和私人所有，前者主要是原个体工商业者在参加城市工商手工业合作社时带进合作社而变为集体所有的土地，后者则是城市居民在解放前居住且在社会主义改造中处于改造起点以下的私有住宅用地，但修改后的宪法一律宣布城市土地全部归国家所有（当时没有做任何补偿的做法是欠妥的），至此，中国土地完全消灭了私有制。此外，这部宪法仍然保留了原有宪法中禁止土地买卖的条文（第十条第四款）。

1986年全国人大制定《土地管理法》，同样明确规定土地不得出让。实际上土地有偿出让（即买卖）在新中国成立以前的数千年间（包括旧中国时期）都是一个很普遍的现象，而新中国成立后以土地革命的名义被废除了，形成日后诸多土地问题的源头。

1988年国务院颁布《在全国城镇分期分批推行住房制度实施方案的通知》，决定自本年起在全国城镇范围内全面推行住房制度改革。此前若干年间只是在国内分批组织了若干个试点城市进行多种方式的试验，如以成本价和“三三制”出售、提高房租并增加住房补贴等方式推动个人买房，取得了一些经验，但并未推广。

1988年全国人大出于经济发展的实际需要和深圳改革取得的经验（深圳于1987年开始尝试以不同方式有偿出让国有土地），将《宪法》中不得出让土地的规定予以删除，明确指出“土地使用权可以依照法律规定转让”。

1988年全国人大修改《土地管理法》，规定：“任何单位和个人不得侵占、买卖或者以其他形式非法转让土地。”因为从严格意义上讲，土地买卖意味着土地所有权和使用权的完全转让，在我国只有政府才有权进行带有土地买卖性质的“土地征用”，将农村土地的所有权和使用权由集体转为国家。

1988年国务院颁布《城镇土地使用税暂行条例》，改变了近40年来的土地无偿使用局面。暂行条例规定，城镇土地使用税的纳税义务人是在城市、县城、建制镇、工矿区范围内使用土地的单位和个人。土地使用税以纳税义务人实际占用的土地面积为计税依据，依照规定税额计算征收。暂行条例还规定了免缴土地税的对象。

1989 年底全国人大制定了《城市规划法》，实施十余年来暴露出诸多问题，如与其他法规相互抵触，无法构成对政府行政权力的限制，有些条文的意义没有明确界说，某些适应计划经济制度的规定在今天已经失去了可行性，决策与执行机构不分，给执法者以过大的自由量裁权，缺少相应的程序性保障措施，可实施性方面有明显缺陷等等[8]，亟待立法部门重新修订完善，否则该法对当前建设的管理意义实在有限。

(2) 20 世纪 90 年代以来

1990 年国务院颁布了《国有土地使用权出让和转让暂行条例》，决定在条件成熟的地区推行城市土地的有偿出让（一级市场），并开放随后的有偿转让、出租和抵押活动等市场（二级市场）。

1994 年全国人大制定了《城市房地产管理法》，基本确定了国有土地的供应采用有偿使用和划拨两种方式。有偿使用方式主要有：国有土地使用权出让、国有土地使用权租赁、国有土地使用权作价入股 3 种。划拨土地使用权具有如下特点：① 使用没有期限的规定；② 不得流转；③ 用途不得改变；④ 除交纳国家取得土地的成本和规定的税费外，不需交纳土地有偿使用费。

1998 年国务院发布《关于进一步深化城镇住房制度改革、加快住房建设的通知》，规定从当年下半年起开始限制住房实物分配，逐步实行住房分配货币化，并提出要针对不同收入家庭实行不同的住房供应政策，其中最低收入者对应廉租房，中低收入者对应经济适用房，高收入者对应市场价的商品房，三类住房中以经济适用房为主，土地采用划拨形式提供，实行政府指导价。

1998 年全国人大进一步修改了《土地管理法》，废除了我国长期实行的土地分级限额审批制度，这种制度由于审批权力的过于下放而造成各地在土地利用和管理上只考虑本地经济发展的需要，而缺乏对全局和长远利益的考虑，同时导致建设用地规模的盲目扩大，进而使全国耕地面积急剧下降。新法律转而建立了国际通用的土地用途管制制度，包括现状管制、规划管制、行政审批管制和开发行为管制，其中最为关键的审批管制权力有了进一步集中。

以上对改革开放二十余年间相关法规建设作了简单回顾，从改革意义上说上述法规都可归结于土地有偿使用和住宅商品化两个方面，因为无论是基本法律规定的性质还是配套法律完善的措施，都是围绕这两项计划经济年代被否定的制度来展开讨论并为其提供保障的。土地与住房同期进行的市场化改革，使城市从整体用地结构到居住用地的布局都发生了质的变化（图 2-26）。

2）居住用地区位的发展

土地有偿制度的实施触动了单位的实际利益，迫使其根据自身的收益情况与所处

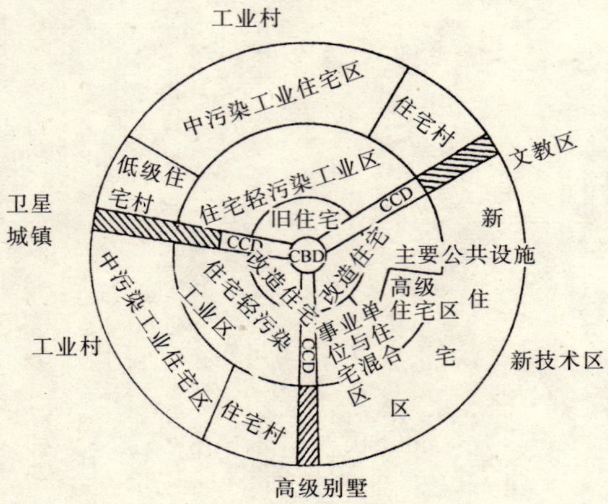

图 2-26 当前中国城市的地域结构模型

（图片来源：陈顺清．城市增长与土地增值．北京：科学出版社，2000）

区位需交纳的地租(税费)以及转让后可得到的补偿金之间做出权衡。随着各单位(主要是企业)自主经营权的进一步扩大,许多单位因不堪付租的压力而做出搬迁的决定。另外,住房商品化制度的改革则触动了个人的利益,由原来指望国家和单位分房而转变为依赖自己挣钱买房，且由于住房不再与单位捆绑在一起而相应获得了选择的自由,个人也像企业一样成为社会经济生活中相对独立的经济实体。在企业搬迁和个人择居行为的相互作用下,城市居住用地区位朝向合理的方向发展。

(1) 内部结构调整

旧中国城市的土地利用结构本来就不尽如人意，新中国成立后又实行了土地无偿无限期划拨的制度,使其在先天不足的基础上又进一步恶化。改革开放后城市内部用地结构的调整给居住用地的发展提供了很大空间,主要表现在两个方面:一是伴随着土地功能置换带来的新增居住用地建设；二是在原有居住用地基础上进行的各方面改造。

① 新增居住用地

经济学中早已有著名的配第-克拉克定理证明了三大产业间重心逐步转移的规律。目前我国大多数城市也正面临着“退二进三”的产业结构调整。为此大量的工业用地改作为其他职能,其中相当一部分转化成了居住用地。从工业用地置换得来的居住用地数量还是相当可观的,因为我国城市由于多年来注重发展工业性建设而具有工业用地比例极大的特点,一般都超出国标的上限(15%~25%),而国标本身就偏高(西方发达国家城市中工业用地只占10%或稍多一点),因此从置换潜力来看居住用地在旧城中还是有相当的发展空间的。

工业企业在土地置换后一般都迁往城市外围,而大量企业职工则因为各种原因并没有随厂外迁,这就带来新的职住分离(远离)的问题,跑通勤的职工不堪重负,相应的工作效率也不高。据上海社会科学研究院的报告分析,1984年下迁到7座卫星城镇(闵行、吴泾、嘉定、安亭、金山、松江、吴淞,见图2-27)的市、部属单位共129个,职工28.36万人,其中75%的人仍居住在市区,调查还表明企业下放前后经济效益普遍比在市区时差,职工思想状况也比以前差[19]。

分析上海企业职工之所以没有随厂外迁的原因主要还在于当时住房制度尚未实行全面改革,职工仍近乎免费地居住在单位分配得来的福利住房中,而没有感到居住在原企业单位所在的或附近的地段需要有相当的经济支撑,实际上如果职工自己购买的话恐怕就无法选择在此区位的住房了，因为包含地价的房价将高得令他们无法承受。可见,由于住房制度改革落后于土地有偿使用制度改革(或落后于政府迁厂的政令),使得企业比职工先走了一步,才带来上述职住分离的问题。今天随着住房货币化制度的全面实施,相信这种局面将被经济杠杆所打破。

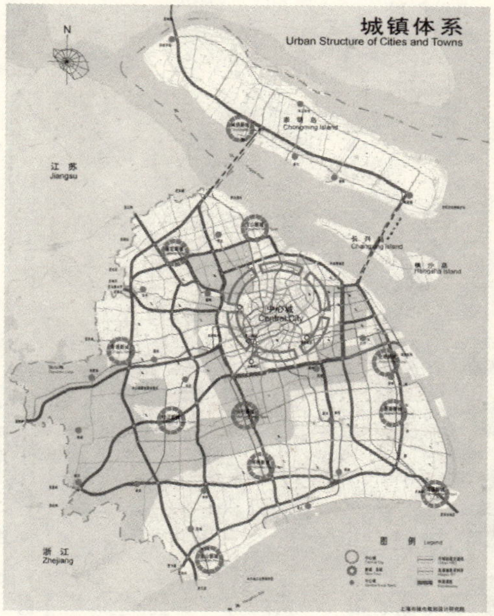

图2-27 最新规划的上海市城镇体系图

上海最新一版总体规划提出在中心城周围，规划宝山、嘉定、松江、金山、闵行、青浦、南桥、惠东、城桥及空港新城等新城，新城人口规模为20万~30万人。

(图片来源：1999年版上海市城市总体规划文本)

② 原有居住用地的改造

这种改造主要集中在两方面：一是解放前就存在但其后一直未有所改善的老城区；二是解放后建设的大量低标准居住区。这两类居住区由于今天生活内容的改变而显得无法与之相适应，除了其中有些地段确有文物价值而值得保留之外，其他的都必须进行大规模改建或拆除新建。当然在这些地区常住的居民会感叹原有社区文化的丧失，但就如大工业生产摧毁了家庭式大作坊，使得原先靠亲缘关系结成的社区文化变成靠业缘关系重新组建一样，这些地区的社区文化是无法阻止当前现代文明的发展的，而与新文明相符必然要求有新的文化，与之相伴的则是要有新的居住环境和邻里结构，死抱着过去的居住与文化模式而竭力维持是行不通的，对此我们应当首先转变观念。

此外，我们还应改变长期以来在旧城改建中习惯性的就地平衡做法，而应该将郊区开发与旧城改造放在一起来考虑。旧城区人口密度大，拆建比高，又受到规划高度和容积率的限制，使开发资金和人口都很难做到就地平衡。为此，首先应该允许某些旧城改造区无收益或负收益，而在郊区新开发地区给予这种旧城改造的开发部门以补偿，对不承担旧城改造的开发商在新区开发时适当多征收费用，用于补偿旧城改造开发商的资金平衡差额。最终在宏观系统上、新旧区开发上达到资金平衡，而不是某区孤立的就地平衡，从而就能避免旧城中有些利润微薄项目无人问津的局面。另外，对高度集中的人口进行外迁疏散也是免不了的。北京采用了由政府出面将外迁居民集中安置于城市边缘新建小区的做法，对于居民而言其选择权是受到限制的；上海则采用了货币化拆迁补贴的办法，把补偿基金直接发到居民手中，让他们自主权衡是留在原地还是迁往郊外。这两种做法虽然都达到了同样的目的，但后者是由居民主动发起的，更符合市场经济规律，因此笔者比较赞同。

总结以上两方面的内部结构调整给居住用地带来的变化，目前还只涉及城市中最不合理的部分（如工业用地比例过大）和条件最差的部分（如解放前的老城区和解放后的劣质住区），而城市中原有的较为合理的部分仍得以继续，如 20 世纪 80 年代建造的居住小区现在虽已显得落伍，但与 20 世纪 90 年代郊外新建的小区相比有接近市中心的便利（图 2–28），因此只要住宅本身条件不出现极端恶化，这些居住小区仍将在一定时期内稳定存在。

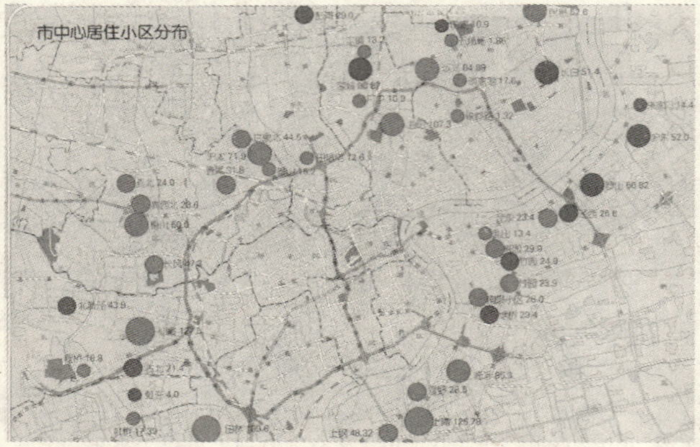

图 2–28 上海毗邻市中心分布的主要居住区

（笔者下载自上海城市建设网站）

（2）外部扩展

自改革开放特别是 1992 年以来，中国城市的用地规模迅速扩大。目前，北京、上海、广州等大城市建成区面积都已经是 20 年前的数倍，而随着城市行政区的调整，许多邻近郊县被归并为市辖区，城市建设用地相应地又进一步扩大。在这些增加的用地范围内，相当大的部分是用于居住功能的，使居住用地的区位在此间出现了明显的郊区化倾向。

① 选择郊区发展的原因

从土地的角度看，在郊区开发新的居住用地源自于市区内部用地的不足。由于旧城中人口密度太高，为改善这一部分居民的居住状况，必然需要比原有居住用地大得多的用地范围，为此仅凭结构调整中通过功能置换得来的城内土地很难解决问题，同时结构调整也使得有些区位的居住用地转换成了更高效益的职能(如金融、商贸等)，使原本就不够的居住用地又变得更少，为此只能从城市外围想办法。可见，郊区居住用地开发很大程度上是出于内城改建后带来的居住用地需求。

这种需求从人的角度看归根到底是由广大城市居民引起的。首先，由于城市相对于乡村仍有巨大的吸引力，因此城市人口不断增加，为安置这部分人口需要新建住宅和新增居住用地；其次，我国城市家庭已表现出明显的小型化趋势，即家庭人口的减少和核心家庭类型的增多。许多统计都表明，我国城市家庭的平均人口已从20世纪80年代的4人左右降到目前的3人多一点，这也带来住宅和土地的需求；再次，现有城市居民普遍希望改善他们的居住条件，其中最关键的是增加建筑面积，从目前的40~60 m^2/套(20世纪80年代所建小区的标准面积值)增大到80~120 m^2/套(国际上较多采用的公寓面积值)，为此相应地也必须大大增加用地，这构成了需求的最主要部分。

为满足居民的需求，政府和开发商都采取了行动。城市政府在新《土地管理法》出台之前仍具有将郊外农用地批准改为建设用地的权利，加上土地有偿使用制度改革使各地政府都尝到了财政收入大增的甜头，因而普遍对补偿费用极低的郊外农用地打起了主意，纵有国务院及各部委三令五申地发布各种意见、通知、批复、规定、办法等，但在巨大经济利益的诱惑下，城市政府仍止不住向郊区索要土地。另一方面，城市的土地价格始终表现出中心高边缘低的圈层式特点，且中心城区的拆迁费用远比郊区高，综合下来开发郊区的成本要低得多，这尤其适合于中国开发商多为小资本运营者的特点，使他们更愿意开发郊区(不是他们不愿意开发旧城区，而是他们没有启动开发的资金实力)，同样这是经济利益所致。

② 郊区居住用地的特点

首先，中国城市(此处指大中城市)郊区居住用地大多分布在距离城市中心10~15 km的范围内，这是由于我国市民普遍采用的自行车和公交车出行方式所致。自行车一般用在城区内，而郊外居民则以乘坐公交车者居多。目前各种研究显示城市居民的出行时耗在半小时左右是比较合理的，而对应中国公交车的时速和道路交通情况来看，半小时能走的距离也就是10~15 km，居民"腿短"的局限造成了其居住用地接近城市中心区的特点。

其次，郊外居住小区一般都只能称之为"卧城"，虽说有与城市相当的基础设施(甚至比市区还要好)，但公建等配套设施仍比较缺乏。此外，城市产业结构调整中外迁的企业并没有与居住区协同布局，造成该地就业岗位的配置也很不完善。总之，当前郊外的居住用地功能比较单纯，具有明显的独立分区特点。

再次，城郊居住用地的阶层分化虽存在但并不显著。1992 年之后的几年是我国房地产的“发烧期”，当时郊外开发了大量高档公寓区和别墅区，确实也吸引了不少“先富起来的人”购房安居，而再往后随着国家住房政策的调整，为满足大多数城市居民需求的经济适用房成为建设的主体，且选址也多放在郊外，与前些年建造的高级住宅区交相辉映，形成中低收入阶层与富裕阶层比邻而居的状态。虽然每个小区的居民都带有明显的同质阶层性，但小区之间则表现出更大范围内的异质多样性，从总体上看分化并不是很突出。

2.3 小　结

本章可简称为历史演变研究。

(1) 关于西方

通过对古代埃及、西亚、希腊和罗马城市的考察，总结出这些城市布局的特点为：规模小；以居住功能为主；形成比较明显的功能分区。另外，肖伯格将世界范围内前工业社会的城市居住区分布特点总结为：紧靠中心区是统治阶层和社会名流居住区，城市边缘以及城墙外侧是平民和下层社会阶层居住地域。

近代大工业的生产方式和社会的阶层分化使居住用地真正成为一项需要单独考虑区位选择的规划要素，其间出现了田园城市、带形成市、工业城市等理论模型，居住用地也在功能主义理论的基础上被安排进了新的土地利用结构中。

现代工业社会期间，居住用地布局理论出现了聚散、分合的争议，早期的现代主义大师之间存在集中主义（如柯布西耶）和分散主义（如翁温、沙里宁、赖特）的争议；其后，英、美各自发展出了新城建设思想和新城市主义的概念，从《雅典宪章》到《马丘比丘宪章》代表了城市规划思想从机械分划走向有机综合。从居住建设实践方面看，在聚散理论的影响下，政府与规划师自上而下行动的重心经历了从新城（如英国的三代新城）到旧城中心区（如东京、巴黎、纽约）的转变，同时居民自下而上的行动体现在郊区化到绅士化的过程中；而在分合理论指导下的实践最终都从绝对的分（如昌迪加尔和巴西利亚）走向了相对的合（如居住工作综合区和整体式居住区的出现）。

后工业社会中，由于通讯技术水平与经济效益的提高，交通与传统的聚集形式都会因此发生改变,人们的居住生活将重新回到工业化以前的职住一体化形态。由于工作的网络化,使工作的地点、形式、办公空间和出行结构都发生重大变化,由此对居住区位可能造成的影响有:用地分布的网络化;迁居频率略有减少;选择自由度提高。而在这样的社会中,地理因素不再具有决定作用,现实区位意义将会弱化,但电子世界中的比特之城仅能发挥社区功能,尚无法取代实体的城市。

(2) 关于中国

古代中国城市的总体用地布局呈现出中心突出、分划明确、方块居住、市场集中的特点。其中居住用地分布的特点为:全面铺开;中心区的居住性;内部分化明显。居住的坊里模式从隋唐长安到北宋汴梁发生了重大变化,表现在规划思想、建设方式、管理制度、建筑形态和发展前途等方面。

近代时期中国城市居住用地开始与其他功能用地相间布局,退出了城市中心区位,内部分化由居民的民族、经济和社会地位决定,总的来说是两极对立。本书选取了3个有代表性的城市即青岛、重庆和上海为例。

新中国成立后的30年间,城市的用地属性转变为国有制的法律属性(通过没收、赎买、有偿征用等手段完成)、无偿使用的经济属性(由当时财政司和内务部两份文件确定)、单位化的社会属性(受当时国际大环境、社会思潮和中国传统观念的影响所致)。城市的土地利用结构经历了3个发展时期:国民经济恢复和"一五"建设时期;"大跃进"和调整整顿时期;"文化大革命"时期。之后留下了两个特点:区位失真整体均质;比例失调欠账甚多。究其成因有三点:一是计划的信息缺陷导致划拨的不合理;二是无偿、无限期使用加之不准转让使缺陷无法调整;三是无再开发用途管制造成原规划失效,进一步加重了结构的不合理。此间居住用地区位从总体形态上看表现出职住接近、均衡散布、形式多样的特点,从城市核心区、中间区到边缘区都有建设。

改革开放后城市用地的发展有了新的制度背景,其中与本书研究最为相关的有:邓小平关于建筑业和住宅问题的讲话及其后多份住房制度改革的文件;修改宪法;制定和修改土地管理法以及相应的土地制度改革文件;制定城市规划法;制定房地产管理法。其间,居住用地区位的发展从城市内部结构调整方面看,既有新增的居住用地(主要来自于工业用地的置换),也有原有居住用地的改造(对此我们需要转变旧的社区观念和旧的就地平衡做法)。从向城市外部扩展方面看,选择郊区发展的原因主要有:市区内部用地不足、居民需求的压力、郊区用地开发成本低等。而郊区居住用地的特点为:距离市中心区10~15 km(对大中城市而言)、配套设施不完善、阶层分化并不严重。

注　　释：

① 陈秉钊编著. 城市规划系统工程学. 上海：同济大学出版社，1991

② 数据来源：沈玉麟. 外国城市建设史. 北京：中国建筑工业出版社，1989

③ 胡俊. 中国城市：模式与演进. 北京：中国建筑工业出版社，1995

④ 沈玉麟. 外国城市建设史. 北京：中国建筑工业出版社，1989

⑤ 数据来源：沈玉麟. 外国城市建设史. 北京：中国建筑工业出版社，1989

⑥ 数据来源：周一星，孟延春. 北京的郊区化及其对策. 北京：科学出版社，2000

⑦ 数据来源：沈玉麟. 外国城市建设史. 北京：中国建筑工业出版社，1989

⑧ [美] 托夫勒 A. 第三次浪潮. 朱志焱，潘琪等译. 北京：新华出版社，1996

⑨ 王雅临. 人类生活方式的前景. 北京：中国社会科学出版社，1997

⑩ 单小海，贺承军主编. 走向新住宅:明天我们住在哪里. 北京：中国建筑工业出版社，2001

⑪ [美] 米切尔 W J 著. 比特之城：空间·场所·信息高速公路. 范海燕，胡泳译. 北京：生活读书·新知三联书店，1999

⑫ 董鉴泓主编. 城市规划历史与理论研究. 上海：同济大学出版社，1999

⑬ 下文对这些城市的描述均摘自同济大学城市规划教研室编. 中国城市建设史. 北京：中国建筑工业出版社，1982

⑭ 崔太康主编. 土地经济学. 北京：中国广播电视出版社，1991

⑮ 张薰华主编. 土地与市场. 上海：上海远东出版社，1996

⑯ 柴彦威. 城市空间. 北京：科学出版社，2000

⑰ 原载人民日报. 1984-5-15. 第 1 版

⑱ 仇保兴. 从法治的原则来看城市规划法的缺陷. 城市规划，2002（4）

⑲ 桑荣林，钟永钧主编. 每户一套住宅：2000 年上海的居住目标. 上海：同济大学出版社，1991

3 当前我国城市居住用地区位生成的互动机制

居住区位的生成在于人与地之间的互动,归根到底是人与人之间的互动。人与地的互动机制即土地利用中客观存在的经济规律,主要就是土地价值规律和集聚效应规律。前者包含了价值、地租、地价、土地增值等诸多方面,构成了土地经济学的基础;后者则包含了空间集中性、利益外部性、要素规模性以及发展的门槛性等内容,构成了城市经济学的基础。本书在此并不想就人与土地作用机制展开讨论(这方面已有相当多的学者发表过见解),而是想对目前市场经济环境下作为不同经济实体代表的人进行分析,也就是作为消费者的居民、作为生产者的开发商以及作为管理者的政府之间的互动研究,下文即按此思路分类展开。

3.1 着眼消费者——居民

3.1.1 理性人的居住需求

亚当·斯密在创立经济学的《国富论》中提出了经济人(economic man)的概念,即经济决策充满智慧,既不会感情用事,也不会轻信盲从,而是精于计算和判断,其行为符合始终如一的偏好原则,主要是指资本家。后世的经济学家将经济人的概念扩展到理性人(rational man),包括了经济活动的所有参与者,既有资本家和消费者,也包括了政府,即理性人的假定把政府也人格化了;另外,理性人并不像经济人那样是完全自私自利的,公共利益也会同时得到考虑。需要注意的是,不管是理性人还是经济人,物质利益只是人类行为动机的一个方面,笔者在此虽然着重考察城市居民的经济行为,但并不否认诸如政治、文化、社会对他们的巨大影响。

1) 从需要到需求

A.马斯洛在研究人类行为动机时,提出了著名的需要层次理论。他认为人的低等级需要得到满足之后,高一级的需要就立刻出现,而当这些需要得到了满足,新的更高一级需要就又会出现,因此可以将人类需要组织在一个有相对优势的等级体系中,共

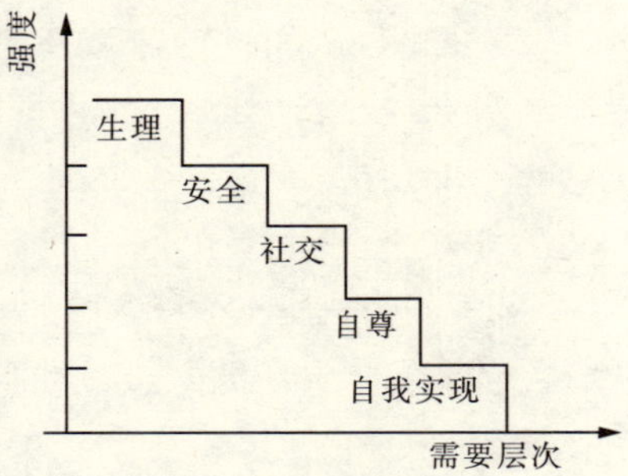

图 3-1　马斯洛的人类需要层次

（图片来源：杨贵庆编. 城市社会心理学.上海：同济大学出版社，2000）

划分为 5 个层次，即生理需要、安全需要、归属和爱的需要、尊重需要、自我实现的需要(图 3-1)。后来他将前 4 种需要归结为人的基本需要，后者自我实现的需要实际上还包含了多个方面，可一并归结为发展的需要。此外，马斯洛还认为，虽然我们社会中许多人的绝大多数基本需要都得到了满足，但是仍有几种基本需要还没有得到满足，而正是这些尚未得到满足的需要强烈地左右着个人的行为，那些已经得到满足的需要则无法成为影响其行为的动机了，即一旦某种需要被满足，它就不再成为需要。

从行为心理学的角度分析的人的需要，只能通过催生动机导致一般意义上人的行为，而人的消费行为是在一定的经济条件下产生的，对此必须再放在经济学的范畴中进一步考察，此时理性的经济人虽然仍然有其原始的需要，但只能称之为某种欲望或偏好。由于受到一定的价格与收入条件的限制，他必须根据他对物品所能提供的满足需要的程度(即效用)来做出比较，而这种比较用不着将主观评价形成的效用给予明确的数字量化来完成(即效用的基数化)，只需用第一、第二、第三等序数说明谁大谁小或相等就行(即效用的序数化)，从中选择确实能带来较大效用并且能支付得起的物品，由此构成了多层次的有效需求(这时已不再是原始的需要层次了)。只有购买意愿而无支付能力的只是心理上的需要而非经济上的需求，而消费行为最终是由经过现实的经济条件过滤后产生的需求引发的。

2）住房的有效需求

在过去的计划经济条件下，对住宅需求的预测一般采用标定需求的办法，即先根据社会经济的发展定出一个将来的标准，再用这个标准和现状进行比较，考虑到拆除、人口增加、家庭变小等因素，然后计算出将来一段时间住宅的需求量。这种靠“标准”来确定需求的办法在今天的市场经济条件下显然是行不通的。目前，我们预测城市居民对住房的需求应采用潜在需求和有效需求相结合的办法。其中，潜在需求即根据对地区人口、家庭数量、居住现状等因素的发展预测做出需求估计，而有效需求即在潜在需求的基础上再考虑住房的消费占居民支出的情况，结合住宅与土地开发费用后所作的需求估计。有效需求常常被我们所忽视，或被误认为等同于潜在需求，因而造成了住房与土地开发中不应有的“发烧”。

从潜在需求上看我国住房建设的前景很广阔，有学者曾计算出 2000—2010 年全国城镇住宅还需增加 100 亿 m^2，但从如下事实来看居民的有效需求并不令人乐观：首先，当前大城市居民的人均可支配收入一般也就在 8 000 元左右，若每户均按 2.5 人计，收入不过 2 万元左右，而目前的商品住宅均价一般都超过 2 000 元/m^2，总价在 20 万元以上，房价与收入比是 10∶1，不在国际通行的 6∶1 的合理范围内；其次，银行虽然连续 7 次降息，但居民的消费意愿仍不强。目前储蓄增长突破 8 万亿元，而 5%最富有的家庭占了其中的 50%以上；还有，由于各方面社会保障机制仍不成熟，使居民对医疗、子女教育、养老的重视程度不亚于住房，因此大大降低了可用于购房的支出。以上这些都使居民的有效需求严重不足。因此，我国住宅建设在逐年增长的同时，空置量也达到了惊人的程度，已接近上亿平方米，空置率约20%，远高于国际通行的10%的警戒标准①。

3）对居住区位的需求

人的基本需要的层次性可以从根本上说明人们为什么会选择不同的居住区位。本着满足生理和安全需要的低层次目的，人们只求把住所当做是一个遮风避雨的场所，因而对居住区位的条件要求很低，有许多劣势区位可以选择。但为了满足更高层次的需要，尤其是诸多自我实现方面的需要，那么他的住所也应当为满足这些需要提供必要的条件，此时只有具备这些条件的优势区位才能得到他们的青睐。由于居住区位条件多种多样，大多可以对应人的多种自我实现的需要，因而不同的人出于不同的需要层次就会倾向于选择具有不同条件层次的居住区位。

但在现实经济条件的制约下，理性的人不可能仅仅根据其需要就做出最后的择居决定，他会经过如前文所述的经济思考后得出一个居住需求层次，而其中总有一项占主导地位的需求。西方经济学家据此将理性人的择居分为工作优先型、学习优先型、购物与交际优先型、自然环境优先型等多个类别。不同类别的人出于自身的主导需求会选择最能满足这种需求的居住区位，如工作优先型的人会在靠近工作单位的区位择居，学习优先型的人会在学校附近租住，购物与交际优先型的人则愿意住在城市中心区，自然环境优先型的人更愿意选择在优美的风景地带落户，这些出于不同的主导需求而做出的选择最终构成了居住区位的多样性。

3.1.2 家庭的择居与迁居

家庭择居的过程比较复杂，对此社会学、经济学、地理学、心理学等方面的学者都有着不同的解释，而家庭所表现出来的迁居行为也多种多样，这方面的研究包括数量的统计与移动性、距离的量测与偏向性、迁居者属性与行为的相关分析、迁居机制等。总的说来，西方国家对择居与迁居的研究相对较多，而我国由于住所长期受到各种制约不能自由流动，因此也就无从谈到选择与迁移的问题，只是近年来随着土地、住房、人口等制度的市场化改革，这些方面的研究才刚刚起步②。

1）家庭择居的过程

一般说来，符合理性人定义的家庭在选择住房与区位的时候，会经历如下过程：内部压力（住户的需求与期望）—外部压力（住宅与环境特征）是否达到地方效用的门槛值？—作迁居决定—确定新宅理想区—收集住宅的有关信息—对可供选择的住宅检查—与理想中的住宅比较—新住宅是否提供了较高的地方效用？—经济上是否负担得起？—决定改变住宅位置。其后随着家庭本身的发展与居住条件的不适应，新的一轮择居过程将再次出现。下面分别对其中的环节逐项进行分析。

(1) 迁居压力的形成

行为主义学说认为居民的迁居需求是内外部压力作用的结果。内部压力是由于家庭收入增加和社会经济地位提高等变化所产生的对住房的新的需求与期望；外部压力主要是由住房本身的变化（如房屋年久失修、设备老化等）和居住环境变化及邻里社区关系的变化等所引起的居住变动压力。内部压力与外部压力共同形成一定的迁居压力水平，当这个压力水平达到一定的门槛值时，居民就会因忍受不了压力而采取各种对应措施，其中之一就是选择新的住房进行迁居。但如果迁居条件不成熟，居民只能积极采取措施改变现有的住房和环境，或者降低对住房的期望值而消极适应现有居住状况。

(2) 做出迁居决定

家庭在上述内外两种压力的作用下，导致了做出迁居的决定。内部压力为主要原因导致的决定可称为主动型，其理由可称为自发型，即居民是为了改善居住环境，适应新的生活方式的改变而主动迁居；而外部压力为主要因素导致的迁居决定可称为被动型，其理由可称为强制型，即居民是由于住房破坏、被占有、家庭成员死亡、工作地太远等不得已的因素而被动迁居。这种迁居在我国大城市旧城改造中占多数，不少居民迫于政府的拆迁令而只能迁往他处。

(3) 确定理想居住目标

家庭在做出迁居决定后总会对未来的住所有一定的设想，这种设想在考虑经济条件限制后会成为其理想的居住目标，即理想居住目标并非是完全根据需要得来的空想目标，而是建立在需求基础上的理性目标，该目标包括了住房和区位两方面因素，因此居民必须对住房本身的物理属性（如面积、采光、通风、朝向等）和区位属性（如相对于购物和娱乐设施的位置、自然环境质量和社区环境质量等）做出选择。这种选择因居民类型而异，比如选择机会少的居民更加看重得到住房的机会，而选择机会多的居民则强调社区的环境氛围等。另外，居民选择范围的下限由要搬迁的现有住房的状况而定，上限取决于理想的评价标准。在现实生活中，上、下限往往根据收入的多少来决定。

(4) 搜集新住所的信息

家庭在确定理想居住目标后总会在一定的地域空间范围内去寻找可能符合其目标的住所，也就是说要广泛地搜集住所的信息。一般说来，大多数家庭都只会在目前所在城市的有限片区内搜寻（小部分家庭可将择居范围扩大到其他城市甚至其他国家的城市），而这个特定地区往往是居民比较熟悉的且靠近现有的居住地，也就是说居民新住所的寻找范围是具有一定的空间偏向性的。究其原因有两方面：一是由于居民只能获得不完全的新住所信息而导致的信息偏向性；二是由于居民的认知范围及活动范围有限而导致的认知和活动偏向性。

居民对新住所的信息来源于新闻、广告和房地产商等正式渠道以及亲友、同事介绍和自己亲自考察等一些非正式渠道。但是，寻找住所的居民很难掌握到大量、全面的关于整个城市地域的住所信息，并且在实际情况中，居民属性的不同增加了住所信息的偏向性。比如从亲友和同事处获取的信息多少受到寻找住所者的社会地位与社会交往的影响，而个人的亲自考察则与其活动能力和活动空间密切相关。房地产商在扮演信息中介者角色时也有明显的空间偏向，他们一般不会全面、客观地向居民介绍整个城市的住房市场，而仅是推荐自己经营的楼盘。所以，居民搜集的新住所信息集中于城市地域中的某一特定区域，而居民在确定理想住宅选择范围时也自然而然地偏向于这一区域。

居民对城市地域的认知空间和活动空间的偏向性则表现为居民对居住地和工作地之间的城市地域比较熟悉，构成各自独特的认知空间和活动空间（对此可参见高里基的锚点理论）。对于居住在郊区的居民而言，这个空间是自市中心向外辐射的扇形区域（图 3–2），而对于居住在市中心的居民而言，这个空间更接近于圆形区域。居民的住房寻找范围大都是落在这样一些带有明显偏向性的活动空间之内。

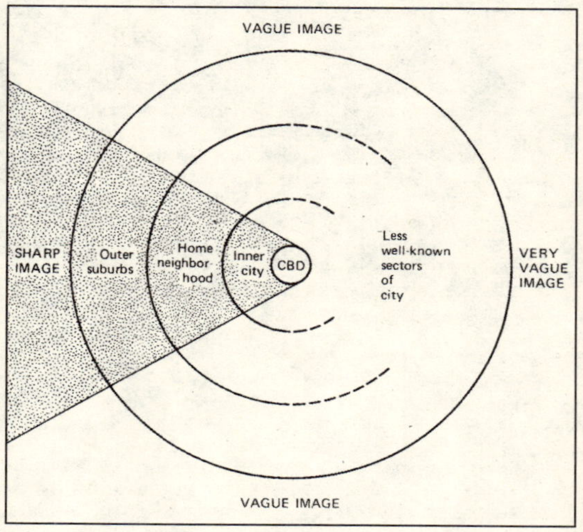

图 3–2　扇形的心智地图概念

（图片来源：Porteous J D. Environment & Behavior: Planning and Everyday Urban Life. Massachusetts: Addison-Wesley Publishing Company, 1977）

（5）对新住所的比较选择

在尽可能搜集较多新住所信息的基础上，家庭将对手头上这些可选择的住所进行筛选，当与心目中的理想住所相吻合时，他们会再根据自己拟定的（不论是有意还是无意）某些标准做出取舍，最终选定某一区位的某一住房。居民进行取舍的标准因人而异，不同社会属性的人有各不相同的住房偏好和标准，而价格与收入决定的经济标准将在其中发挥关键性的作用。

W. 阿隆索在考察城市家庭迁居的选择标准时提出了著名的经济平衡论（或称为互补论）。他在做出了一些基本假定后认为，在一定的收入水平和生活费用下，居民选择住房时就要在交通费和住房费之间寻求一种平衡，以达到效用的最大化（图 3–3）。显然，市中心区的房价高而交通费低，郊区的房价低但交通费高。交通与住房方面的开支呈此消彼长关系：对于低收入阶层来说，住房费较高，其住宅就必须靠近工作岗位；支付较高的交通费用时，就必须选择房价低的地方。因此，受经济能力制约较大的低收入阶层住宅的空间选择范围比较狭小，一般是靠近市中心区居住，但住房面积很小，且为多层或高层住宅，一定程度上导致了市中心区的人口高密度和环境质量较差。与此相反，高收入阶层能够支付高昂的交通费用及高房价，选择住房的自由度很大，可以选择郊区的宽敞独立式住宅。这种住房选择最终形成低收入者居住在市中心区而高收入者居住在郊区的城市居住用地结构。

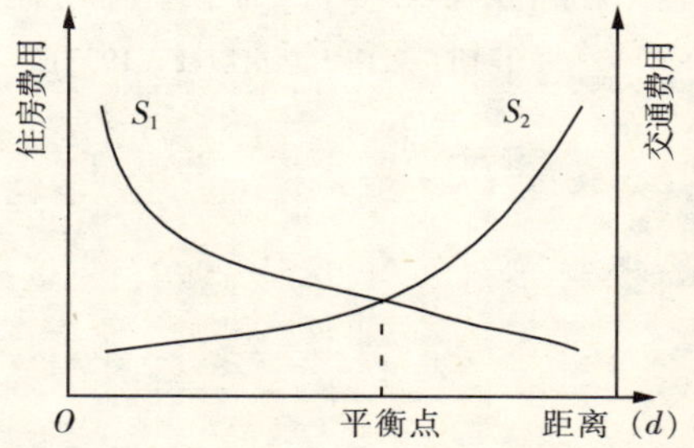

图 3–3　住房费用与交通费用的关系曲线

笔者认为阿隆索的理论对于解释居民择居标准仍存在如下一些不足：

① 阿隆索研究的只是一种理想状态下居民的择居标准，因为其中的许多假定过于理想化，如均质平原上的单一中心城市，所有工作岗位都位于市中心，地价总是由市中心向外逐渐递减，居民可以自由选择住宅，掌握住房市场中的完全信息，力图达到住房效用最大化，尽可能选择靠近就业岗位的地方居住等，这些离现实情况还是有很大差距的。

② 阿隆索的经济解释对于我国城市居住区位的形成而言并不完全适用，除了我国城市的实际情况与其假定条件相差甚远外(西方城市至少还是有些接近的)，就其讨论的交通费用一项来看就不会成为我国城市居民在权衡可选住所时的重要考虑因素，因为居民的日常支出中交通费用只占很小一部分(就如房改之前房租也只占很小一部分一样)，而人们的择居标准中一般会包括交通时间而非费用，居民至多也就是在房价和出行时间上做出权衡。当然，如果时间也可以折合成金钱的话，该理论还是有其应用意义的。

③ 阿隆索只是从房价和交通费这些主导费用的分析中推导居民已获得的最大效用(经济学中已证明理性人愿意接受的价格恒等于他能够得到的效用)，这种分析对于居民最后做出的住所选择具有间接的费用意义，而居民在比较可选住所的过程中对效用的考虑才是最直接的，为此我们的研究还必须关注住所的许多效用因素，包括住房本身的一组因素与区位相关的一组因素。居民会进而在费用与所获得的效用之间做出比较(这种比较实际上已牵涉复杂的价值分析过程，笔者将在后文深入讨论)，从而最终做出满意的选择(图 3–4)。

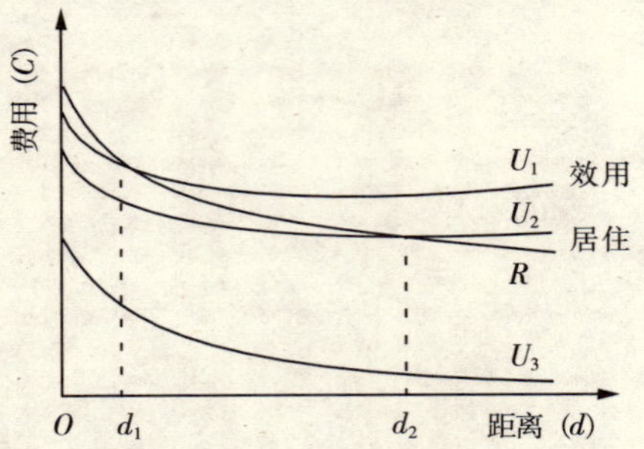

图 3–4 出价曲线与居住区位

(图片来源：郑荣禄．中国城市土地经济分析．昆明：云南大学出版社，1997)

2）家庭迁居的表现

(1) 随机性与偏向性

西方发达国家中，高低收入家庭之间、城市中心与郊区家庭之间的迁居结果都会有很大差异。高收入家庭一般是在从市中心向外至郊区居住区之间的较大范围扇面内移动，迁居距离远，选择自由度也高；低收入家庭是在市中心内部较小范围的圆形区内移动，迁居距离小，选择自由度也低。另外，市中心内部短距离的迁居方向性不明显，即居民在中心区内的迁居表现出一定的随机性，而向郊区的迁居则存在同一扇形区域内移动的方向偏向性，即向侧面移动少，内向和外向移动多。我国由于城市中心仍具有强大的吸引力而表现出相反的结果，即富裕家庭是在城市中心区内部呈现随机性的迁居，而中低收入家庭则迫于拆迁、地价等因素迁往郊区，表现出一定扇面内的偏向性。

(2) 住房链与过滤

在上述这些不同收入阶层家庭的迁居过程中，一部分居民迁向新的住房和居住区，他们腾出来的空房就会有其他居民迁入，如此延续下去，就会形成由迁向新住房引起的一系列连锁反应而产生的住房链，其链长就是指因新住房的建设所引起的迁居次数，这取决于住房市场的供给状况、城市人口和家庭户数的变化、经济发展水平和居民收入水平的变化、住房质量和环境变化等多项因素。与住房链相伴的则是居民的过滤现象，即由于最高收入阶层的搬迁而启动的所有住宅和所有邻里转移到较低收入阶层中的一个连续性过程，大部分发生在处于衰退中的老住宅区。这个过程的终端将是一批最低质量的住宅被放弃、被拆除或被转化为非住宅用途，前提是为富人建设的新住宅至少等于整个系统中对新住宅的总需求量。当新住宅都建在城市的边缘区时，过滤过程会像波浪一样指向城市中心，每一个收入阶层都向外迁居。过滤是一个持续的过程，任何时候都有一些邻里处于过滤状态，直到由一个阶层到另一个阶层的转移全部完成而达到暂时的稳定状态。

住房链与过滤是属于住房这种商品正常流通的表现，尽管我国长期以来缺乏市场机制，但实际上在住房分配中也存在这种过滤现象，通过对一套住房分配标准的操作，新住房建成后会导致一连串的搬家，而旧房多是留给那些社会经济地位相对较低的居民。现在实行了住房的完全货币化购买改革后，由于二级市场(即旧房市场)没有及时建立和完善，且国家对房改后出售给个人的公房有过高的上市限制(早期存在诸多门槛)，造成许多家庭希望购买新房改善目前的居住状况，但苦于无法将旧房出租或出售从而获得足够资金的尴尬局面，这部分被压抑的购买力是十分巨大的。因此国家要刺激住房市场的有效需求从而拉动经济发展，关键就是将二级市场这个流通环节理顺。

从符合住房链与过滤这种正常的经济规律来说，当前国家大力推行的经济适用房政策是相当成问题的(前文曾对其中土地划拨的做法提出质疑)。20 世纪 80 年代初我们的住房建设的确称得上是经济适用的安居房，因为当时大量居民家庭住房困难到了极点(只能达到国际公认的最低居住标准，即每人一床，人均居住面积 2 m^2)，但经过多年的“安居工程”之后，许多家庭的居住条件有了一定的改善(基本达到了文明标准，即每户一套、人均居住面积 8 m^2)，目前他们的住房随着经济与生活的快速发展又显得落伍了，渴望进一步改善居住条件(达到舒适标准，即每人一间、人均居住面积 10 m^2 以上)。如果我们仍在坚持建造大量低标准(一般即文明标准)的廉价住房，实际上在其落成之时就已成为新的旧房(廉价就不可能有好房子)，而这些住房与 20 世纪 80 年代建造的住房相比，住房本身质量并没有大幅度的提高，区位却大大远离了各方面条件都比较成熟的建成区，如何能吸引拆迁家庭迁居？为此，我们应将建设的重点放在标准高一些的商品房上(抓住住房链的高端)，当有人购买此新房时，就可以腾出自己的旧房，再出售给中低收入者，从而形成经济与社会的良性循环。

著名经济学家厉以宁对此曾撰文说道：“一个兴旺的社会，必定是每一个居民都想扩大自己的住房面积，改善自己的住房条件，并且有能力或有融资渠道可以实现这种愿望的社会。一个兴旺的城市，必定是居民纷纷搬家，以小房换大房，以城里收入较高者从城里迁往郊外的新区，附近农村和郊区收入较低者搬进城里安家的城市。城市中，天天有人搬家，一般人隔几年就改善一次居住条件，搬一次家，增添一次家庭设备，市场准会繁荣，就业率保证上升。因此，有远见的政府部门工作人员应当想尽办法让一切有条件的居民购房、换房、搬家。居民以小房换大房，以旧房换新房，要形成一种社会风气，都以换房和改善居住条件为目标。亲戚朋友、同事见面之后，相互询问房子选好没有，什么时候搬？如果能做到这一点，经济怎会不兴旺发达？"[3]

(3) 侵入与演替

伯吉斯对20世纪20年代美国芝加哥市进行大量实证考察后认为，在人口快速城市化的地域中，一方面，大量外来人口涌入城市，并且成群结队地居住在求职及生活便利的市中心区；另一方面，市中心区的原住人口由于忍受不了外来人口入侵而引起的住房拥挤和环境恶化等压力而纷纷向外迁移，市中心区的原有住宅逐渐地大部分或全部被外来人口所占据，并且形成不同种族的聚居地区。因此，随着城市化的进展和城市地域的向外拓展，在城市地域内就出现了一种类似于新陈代谢的人口迁移现象：新到的外来人口侵入城市，取代市中心区的原有人口；而他们又被更加后来的侵入人口所取代；原住居民和早期迁入的居民不断向外迁居，就好像一粒石子投在水中形成的波浪一样，从市中心向外不断扩散。正是在这种不断发展的侵入与演替过程中，不同社会群体出现居住区域的分化，形成一些专门化的隔离地带，从而决定了整体的城市居住空间结构。伯吉斯提出的这种侵入与演替学说是从人文生态学的角度来对人的移动行为做出的解释，而前文所说的住房链与过滤是从住宅经济学和社会学的角度来加以总结的，两者实际上都是城市居民家庭迁居后的不同表现，我们在认识这一现象时应对人（居民）和物（住房）都给予关注。

3) 家庭的周期性择居与迁居

城市中不同家庭之间的择居与迁居行为交错进行，往往是一个家庭刚刚定居，另一个家庭又开始了搬迁。而对于同一家庭而言，在其存在的整个生命周期内，一般也不会在一个地方住一辈子，而会随着以自身生命期的演变做出多次择居与迁居。随着一个家庭从开始建立到由于夫妇衰老死亡而导致家庭解体，当中大致可以划分为以下几个阶段：单身、结婚、生育、养育、离巢、空巢，而每一阶段都会对住所有不同的需求，进而表现出一系列的迁居，最后在整体上与其他有着类似情况的家庭共同形成独特的城市居住区位分布，这就是由家庭生命周期而引起的周期性择居与迁居。

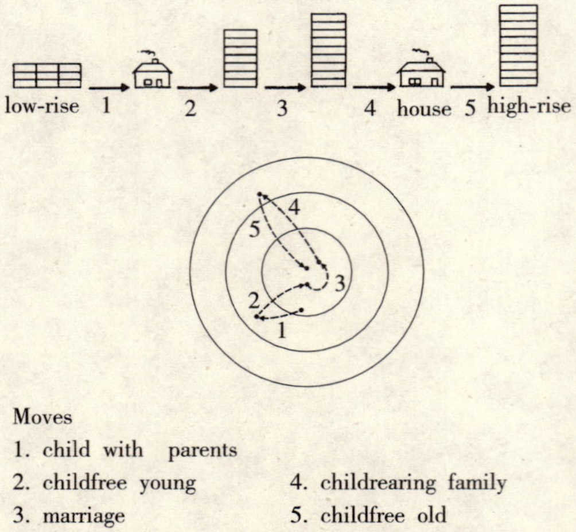

图3-5 北美城市中与生活周期有关的迁居

（图片来源：Porteous J D. Environment & Behavior: Planning and Everyday Urban Life. Massachusetts: Addison-Wesley Publishing Company, 1977）

西方学者据此论证了家庭生命周期与居住区位的对应关系（图3-5），即 ① 单身阶段：伴随升学或就业而离开父母，或单身或与朋友合住，一般偏好工作与生活较为便利的市中心区，选择比较便宜的公寓居住。② 结婚阶段：婚后没有小孩的一段时期，妻子照常工作，该时期可看做单身的延长。选择住宅时，仍以相对工作岗位与生活服务设施的可达性为主要考虑因子，对住宅面积考虑不多，因此仍然居住在市中心地区。③ 生育阶段：第一个孩子出生以后，对居住空间和居住环境的要求大大增加，可达性变为次要因素，但受家庭收入的限制，一般迁向市中心周围地区居住。④ 养育阶段：孩子上中学后，各种社会设施特别是学校的可达性变为择居最重要的方面，住宅大小也十分重要，因家庭收入此时达到顶点，所以迁向郊区的高级居住区居住。⑤ 离巢阶段：孩子离家，对居住空间的要求随之变小，但由于对近邻的眷恋和地域归属感等，许多家庭往往不进行迁居。⑥ 空巢阶段：进入晚年，或与子女同住，或进入老年人专用设施。因此，从整体上看，处于不同生命周期阶段的家庭，按照不同住房需求选择，就会形成城市的居住区位分布结构，城市中心多为年轻型和老年型无孩子家庭，郊区多为中年型有孩子家庭(图 3-6)。

(a) 城市住宅：适合无孩子家庭

(b) 郊区住宅：孩子们的空间

图 3-6 美国典型的城市中心与郊区住宅景象组图

(图片 (a) 来源：Wolf P. The Future of the City. New York:Whitney Library of Design, 1974；(b) 来源：Porteous J D. Environment and Behavior：Planning and Everyday Urban Life. Massachusetts :Addison-Wesley Publishing Company, 1977)

我国由于自身特有的一些问题，导致城市中居住区位分布与上述推论并不完全符合：① 单身和刚结婚阶段。购房者较小的年龄表明其仍有相当长的就业年限，因而考虑居住地与工作地的距离，争取在工作地点附近置业成为择居时的重要因素，由于目前我国大城市的建成区仍集中了大部分就业岗位，因而居民家庭也倾向于在此区内定居。② 生育和养育阶段。中国家庭出于对子女成长的考虑，比较偏爱有益于子女教育的区位，这时建成区完善的教育设施将对这部分居民构成极大的吸引力，但在有限的经济条件制约下，他们不得不在面积和区位之间做出权衡。一部分获得父母资助(或通过其他融资渠道)的家庭留了下来，而另一部分只能在无奈中迁往郊区落户。③ 离巢和空巢阶段。环境条件好、具有良好医疗设施和其他方便服务设施、靠近子女和亲朋好友的住地，成为老年人择居的主要考虑内容，加上老年人具有一定的支付能力(如果没有赞助给子女的话)，他们一般会选择各方面条件良好的城区，具体说就是区位条件好、自身熟悉且生活方便的地段。

3.1.3 市场调查与分析

我们从理论上分析了城市居民作为消费者而具有的迁居动机、决策过程及行为特点，在此基础上我们还必须从实践上做出有针对性的市场调查和分析，这样才能切实有效地掌握他们真实的消费意愿和有效需求。以下是笔者近年来从多种公开渠道获取的部分调查资料(这些数据大多来自比较科学的随机抽样调查方法，因此应该是可信的)，并对其中反映的一些市场信息做了简要的文案分析（相对于前者的实地调查 fields research，也可称之为文案调查 desk research)。

1）全国性的调查与分析

在“2000 年小康城乡住宅科技产业工程”课题研究中进行的全国 12 个大城市居

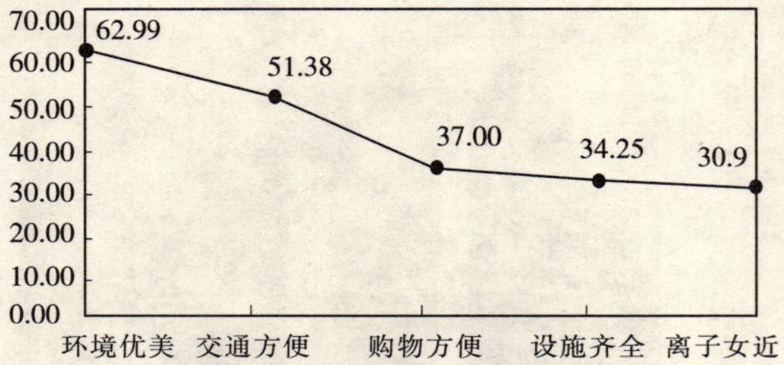

图 3-7　2000 年 12 城市调查中老年人对迁居条件的选择

（图片来源：李耀培主编．中国居住实态与小康住宅设计．南京：东南大学出版社，1999）

住实态调查表明，老年人关注的迁居条件依次为环境优美、交通方便、购物方便、设施齐全、离子女近（图 3-7）。其中，首选为环境优美说明了老年人特有的对社会环境的重视程度。该课题组认为，老年住宅的选址除了应遵循一般住宅的选址原则外，还要注意：既要交通方便，又要避免噪声干扰，要尽可能距主干道不太远，使老年人能方便地到达商店、医院和公共活动场所，最好靠近公园绿地布置，以方便老年人使用④。

1999 年 5 月至 8 月，建设部、中国质量管理协会和中国人民大学联合进行了全国 35 个大中城市住宅质量用户评价暨居住需求调查，结果表明：居住面积是影响居民对住房满意度的重要因素，购买商品房的原因主要是改善居住条件，而地理位置是购房时首先考虑的因素（可见区位的意义胜过房屋本身，笔者注，下同）；居民择居时对购物、就医、上学、入托等条件最为关心，对于娱乐和健身条件也有较高要求，对目前所处区位的交通、自然环境和就医条件最为满意，觉得迫切需要增加的是文体设施，如休闲广场（从中可见居民已将影响区位优势的因素都清楚地加以列出）；选房时的主要信息来源是熟人介绍和报纸广告，而最看重的信息渠道是实地考察（这些都将形成前文所说的择居空间偏向）⑤。

1999 年末，国家统计局中国经济景气监测中心在北京、上海、广州、成都、武汉、西安六城市对居民住房意向进行的调查表明：月收入 2000 元以上的人士有 69.8% 愿意买房，而月收入在 500 元以下的想买房的比例只有 35.4%（可见低收入制约了有效需求）；只有 33.3% 的淘房者知道住房二级市场，在经调查队员解释后有 66.7% 的人表示愿意购买旧房（可见二级市场的宣传力度还应该大力加强）；47.4% 的人表示无法接受当地经济适用房的价格，回答"能接受"的有 32.8%，另有 19.9% 未作回答（可见经济适用房由于仍属新房，即使各方面政策都给予优惠，但在价格上仍不为居民看好）⑥。

1999 年，中国社会调查事务所对北京、天津、上海、广州、武汉、哈尔滨六城市的居民进行的调查表明：54% 的家庭子女教育消费占家庭总收入的 30%，另有 19%的家庭此项支出的比例高达 50%（可见中国城市居民家庭对教育投入的重视程度）；89% 的被调查者表示，必须积攒一定的存款以防意外，另有 40.1%的人表示存款中有相当一部分是用于自己和配偶退休养老所用（可见家庭储蓄中仅有一部分可用于购房）；70.1% 的被调查者把购房作为奋斗目标，高于把购车作为奋斗目标的人的 54%（可见无论怎样中国人始终是想先有房后有车，而不像美国那样可以先有车后有房）；家庭储蓄的主要原因依次为子女教育、防病养老、攒钱买房，选择三者的比例为 29.9%、15.6% 和 8.8%（另有数据是 44%、38.4%和 24.3%，不论数据准确与否都不影响上述三者的位序排列）⑦。

1999 年，中国社会调查事务所对北京、上海、重庆、武汉、广州五城市居民进行的一次电话访问表明：几乎所有的购房者都知道经济适用房，但只有 21.4% 的人了解其中的一些规定；仅有 18.6% 的公众对经济适用房的区位表示满意，有 47.8% 的公众认为位置较远，会给自己的工作、生活带来很大不便，有 33.6% 的公众认为位置太远不能考虑（可见经济适用房不光在价格上不为居民看好，在区位上也得不到认同，使其陷入十分尴尬的境地）[8]。

2）各大城市的调查与分析

（1）北京市

清华大学谭英博士对近年北京 24 个集中外迁区居民的调查显示：除了其中 6 个外迁区离建成区较近外，其他 18 个均位于四环路以外，居民反映最大的问题就是离市中心远，交通不方便；对西城区部分改造地区居民工作地点的调查表明，有 2/3 的居民在离住地 5 km 的范围内工作，而外迁后不得不长途跋涉上班；对从西城区外迁到清河永泰西里的一百多户居民调查显示，需要上学、上班的 200 人每天人均交通时间增加了近 1 h，有超过 2/3 的家庭住房支出与交通费两项合计后增加了 100 元以上，占家庭总收入的 10%以上；有 65%的家庭减少了文化娱乐活动，53%的家庭减少了老人去医院的次数。从以上数据可以看出，外迁区的交通条件与相关配套设施都亟待完善，否则外迁居民普遍增加的支出不但没有回报反而更加得不偿失，必将引起比较严重的社会问题[9]。

北京大学周一星教授领导的课题组于 1996 年对北京千余新房迁居户进行了调查，结果显示：在以中心区和近郊区为目的的迁居中，各自的内部迁居都占了较大比重（再次证明了家庭一般会在其熟悉的邻近地区选择住房），而从中心区的迁出量远大于迁入量，近郊区则是人口的净流入区（可见北京的郊区化已经比较明显）；约 90%的居民靠自行车、公交车（含单位班车）上班，约 90%的居民通勤时间在 1 h 以内，约 90%的居民在 10 km 以内迁居（可见三者之间的对应关系）；中心区迁往郊区的居民的住宅面积增长的绝对量和相对幅度都是最大的，平均每户增加了 32.09 m^2（可见这是郊迁的基本动力）；近郊区迁往中心区的家庭平均年龄最低、文化程度最高、从事三产的比例最高，反映他们是有最高竞争力的人群，而中心区迁往近郊区的人群层次相对较低（可见，中国的郊区化只是工薪阶层的被动外迁，而中心区在高素质人才的集聚中仍欣欣向荣）；居民心目中最理想的居住区位依次为海淀区、西城区、朝阳区和东城区，选择的比例分别为 22.10%、21.8%、17.35%和 16.69%，其中海淀区和朝阳区属于近郊区，东城区和西城区属于中心区（可见近郊区如果确有与中心城区相竞争的优势同样能吸引居民）[10]。

（2）上海市

20 世纪 80 年代一项对上海市区人口迁居意愿的调查表明：住房条件是影响迁居意愿的首要因素（可见当时居民的住房处于极度紧缺状态，因而将住房的位序排在了

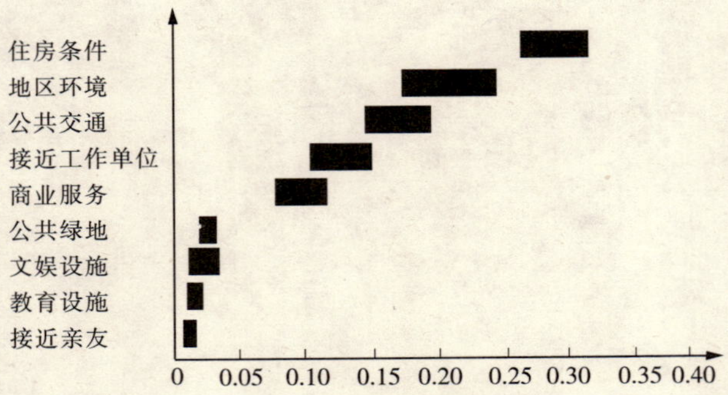

图 3-8　20 世纪 80 年代上海居民迁居意愿影响因素的权重分布

（图片来源：阮仪三主编．城市建设与规划基础理论．天津：天津科学技术出版社，1992）

区位之前)；其次是比较主要的因素，包括地区环境、公共交通、接近工作单位和商业服务设施；再次为比较次要的因素，包括公共绿地、文娱设施、教育设施和接近亲友，图 3-8 清楚地量度了当时影响家庭迁居因素的权重分布情况(权重在第四章所论述的综合价值分析中起到关键性作用)[11]。

20 世纪 90 年代一项对上海城市高层住宅居住环境与社会心理状况的调查表明，居民最为满意的一项是地段，包括交通方便、上下班(学)方便等；而最不满意的是房型，如厅小、厨卫面积小、有些房间无直接通风采光等(可见居民择居时宁可牺牲住房本身因素也要求得到一个好的区位)。另外，1996 年末进行的上海大都市居住社会调查显示，所调查的 5 处居住地中居民最为自豪的前四位因素实际上都可归结为区位因素：第一位是公共设施齐全，生活、购物方便；第二位是交通方便，上班、上学方便；第三位是绿化环境好；第四位是地段好(笔者认为地段好的原因一部分在于以上几方面，另一部分原因与市中心区的相对距离有关)。再有，1990 年对上海南市区王家码头地区进行的旧城中心传统住区的社会调查表明(当时国务院关于"开发浦东、开放浦东"的文件还未公布)，几乎所有的居民在回答"如果拆迁您怎么办"的问题时都选择留在南市区或到附近其他区(进一步证明了居民在迁居上的就近偏向性)[12]。

(3) 广州及周边城市

广东省房地产信息中心在 1996 年广东春季房展会上对前来选房的广州市民所作的调查表明：84%的家庭月收入在 2 000 元以上，更有 13%的家庭在 10 000 元以上，74%的人可以接受 3 000 元/m² 的价格（可见广州人由于收入较高而使其选择的自由度较大)。大多数广州居民仍倾向于在中心城区择居，其中 48%首选天河区，认为这里是新的城市中心，配套设施完善，具有较大的升值潜力；其次是东山区、越秀区和海珠区，认为这里地处闹市，商业繁华，生活方便(可见都市副中心区如果确有优势，就能改变富裕阶层都拥挤在主中心区的局面)[13]。

广东省房地产信息中心在 1997 年 5 月举办的广东春季房展会期间又做了一次调查，结果表明：45.4%的淘房者认为地段最重要，44.8%的受访者认为价格最重要(可见地段在收入较高的广州人心目中的地位已经排在价格的制约之前)；在地区选择上，44.3%的人仍看好天河区，海珠区和东山区其次(与上年的调查结果无异)；人们在选择购房区位时首先是考虑原居住区，然后才是跨区选择(可见前文所述的空间偏向确实存在)[14]。

广东省房地产信息中心在 1996 年借佛山市举办房产会的机会对佛山市淘房者进行的调查表明：居民挑选住宅时考虑的主要因素依次为公共设施齐全、环境绿化好、价格合理、交通便利、物业管理好、便于子女上学(可见居民择居首先考虑的大都是区位因素)；青睐佛山新区的居民占 72.5%，而选择旧区的只占 19.7%(可见新区建设如果确有成效将更胜于旧区)[15]。

珠海市房管局在 1996 年珠海冬季房展会上所做的调查显示：在参加展销会的居民中，本市居民占 84.5%，而广东省其他城市和内地居民也有 6.3%和 7.4%(可见，由于珠海自身有曾获得联合国大奖的人居环境优势，使居民的择居范围已超出了其所在城市的边界，有朝着类似于美国 100 km 择居圈模式发展的趋势)；人们在购房时最关注生活配套设施，占 54%，其次才是建筑质量，占 44.1%(这进一步说明了住房的区位因素胜过房屋本身)[16]。

深圳市对私营企业中低收入职工居住状况及住房需求调查表明：近 200 万无深圳户籍的打工群体在选择住房时最看重的因素是价格、上下班距离、周围环境和安全性。其中月收入在 500 元以下的人将安全性置于首位(可见马斯洛所划分的最基本的需要对于他们来说都还没得到满足)；收入在 500~2 000 元的人最看重价格；而当收入提高到 2 000 元以上时对周围环境的重视程度才有所上升(可见要满足马斯洛需要层次中的高位需要必须有相应的收入基础才行)。另外，只有相当小部分的职工首选上下班距离(可见大部分人都愿意以辛苦奔波来换取较低的价格支付，这也是收入效应所致)[17]。

(4) 其他城市

2000 年武汉德信物业顾问有限公司对武汉市居民的调查表明：市民认为最重要的购房因素分别为房屋质量好、价格适中、居住环境好、交通便利等。而对房地产企业营销经理的调查显示：开发商认为客户购房最看重的因素也是这几项(可见择居归根到底可以归结为区位、住房与价格三者之间的比较)[18]。

2000 年一季度西安市商品房市场购买意向调查报告表明：50.7%的居民认为城南是理想的居住地，16.3%的居民计划在城北购房，而倾向于城内、城东、城西的居民分别为 13.1%、12.5%和 7.3%(可见城南由于众多高等院校与国家级高新开发区创造的区位优势使其具有相当大的吸引力，而城北由于环境的改善、交通的日益通畅、旅游娱乐场所的相继开发，加上廉价的土地因素，也使其地位在居民心目中进一步提高)；居民购房时考虑的因素首先是地理位置，其次才是价格(再次证明了购房主要是买区位，且居民愿意在区位上多花钱)；被调查者对开发商和开发小区的了解程度不太理想，漏填者高达 48%(可见居民所获取的住房信息十分有限，从而造成一定的选择偏向)[19]。

3.2 着眼生产者——开发商

俗话说商场如战场，因此许多房地产开发商都对一些古代军事格言推崇备至，如“天时、地利、人和”的说法在房地产界就广为流传。天时，即房地产开发的时机；

地利，即开发的地段要好；人和，即所谓的人气兴旺。之所以说“天时不如地利、地利不如人和”，是因为开发的成功归根到底要让消费者来评判，即“人和”；在具备一定的有效消费群体的条件下，选择合适的地段就上升为最重要的因素，即“地利”；一旦瞄上了某一地块，下一步就是要在最佳时间内进行开发，即把握“天时”。上节中笔者已经从消费者的角度对居民进行了“人和”方面的分析（下文还将关注政府的“人和”），本节将从开发商的角度进一步分析“地利”与“天时”。

3.2.1 “地利”的经济分析

1）总揽全局选择地段

城市土地除具有基地属性来承担内部活动之外，还具有区位属性来联系外部的活动，这种联系是通过交通的可达性（accessibility）和多种活动的聚集性来完成的。可达性是指空间联系的便利程度，主要与城市的道路系统与交通网络有关。城市活动对可达性的需求取决于其外部功能的特征，对于居住活动而言，涉及就业、购物和其他相关场所。聚集性包括互补性和排斥性两方面，前者是指功能上具有互补性的活动聚在一起，使土地利用整体效益上升；后者则是指功能上具有排斥性的活动聚在一起，使土地利用的整体效益下降，属于聚集的负效应，或称为聚集不经济。

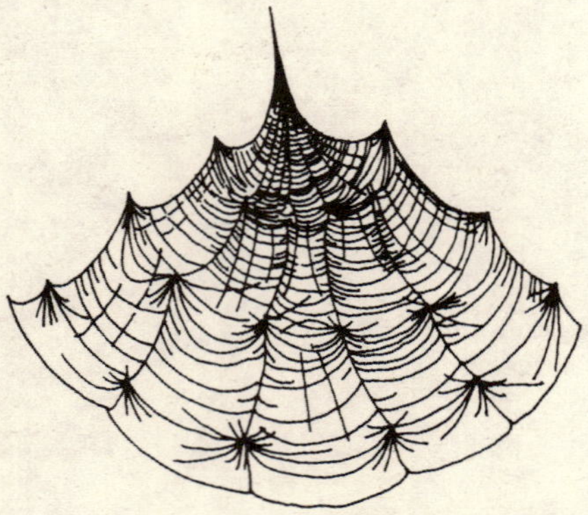

图 3-9　城市地价结构模型

（图片来源：胡俊．中国城市：模式与演进．北京：中国建筑工业出版社，1995）

城市土地的区位也正是通过其可达性与聚集性影响了该区位土地的价格。一般说来，区位可达性较高、条件较好的地区将引起各种活动的集聚，在此开发能获得的收益也较高，地价相应也比较高，由此形成了土地价格分布的一般规律：总体上呈同心圆级差式分布，从中心区到边缘区逐渐下降；沿着城市主要道路两边的地价明显提升；被江河、山脉等难以克服的自然条件阻隔的地区会发生地价跌落；某些城市新中心会出现地价峰值，但原有的 CBD 仍维持地价最高所在（图 3-9）。

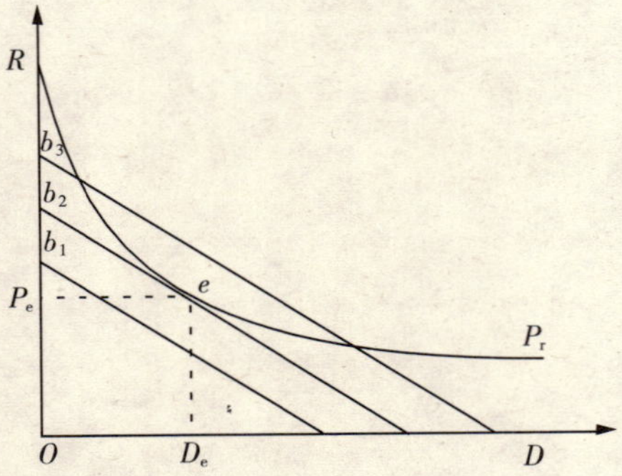

图 3-10　竞标地租函数与区位均衡曲线

（图片来源：李植斌．城市土地可持续利用理论与评价．合肥：中国科技大学出版社，1999）

土地的利用方式因为受到地价的影响，进而形成有一定规律的土地利用结构。通常对于任一特定的经济活动来说，人们都存在着一种地域偏好的选址模式，即从事该活动的主体愿意为使用不同的地点支付不同的租金，土地在市场竞争机制作用下将分配给那些出最高价格的使用者。阿隆索曾按此思路提出用竞标地租（bid rent）来求取个别企业的区位平衡点（图 3-10），并以此来解释各种土地利用类型在城市空间内的分布模式，包括为什么金融、商贸等高收益活动都愿意集中在城市中心区以及为什么企业一般都把工厂放在城市边缘区。

城市土地区位的经济利用不仅表现为水平向的，而且反映在垂直向上。一般来说，接近地面的几层（特别是地面层）的可达性最高，能够获得较高的收益，因而有能力支付最高的租金，适合于零售活动。另一方面，零售活动的收益对垂直区位的可达性的变化也是相当敏感的，在 4 层以上还有零售活动是很少见的。与水平的区位一样，垂直的区位也有互补性和排斥性，因而在零售活动之上，往往是办公用途，然后可能是居住用途，租金也随之降低。这种垂直的土地利用模式就是我们通常所称的综合楼。

综上所述，城市开发的空间经济特征表现为土地区位、土地利用和土地价格之间的作用，这种作用在水平向和垂直向都具有本质上一致的特征(图 3-11)。房地产开发商只有对城市土地利用的全局有一个清楚的认识，才能从中选择一个确实有利的地块来投资。

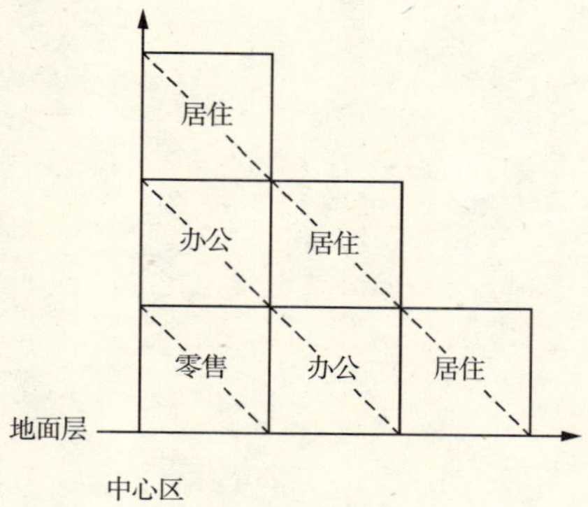

图 3-11　城市空间利用在水平向和垂直向的一致性

（图片来源：阮仪三. 城市建设与规划基础理论. 天津：天津科学技术出版社，1992）

2）选择有升值潜力的地段

成功的房地产开发必然是针对有升值潜力的地块进行的。城市土地价值增加的原因可以从宏观、中观、微观 3 个层次来进行分析。有人把宏观类型的土地增值称为宏观级差地租，形成条件是城市天然的优越地理位置和国家的宏观政策。在中观层次上，城市基础设施的改善，城市人口的增加进而对土地面积需求的增加，地方政府的税收政策以及其他许多因素都会影响土地的价格水平。在微观层次上，具体考察城市内某一特定区位的土地价值增值因素可能有：土地使用者对土地进行资金和劳动的投入，地方政府的投入，城市规划的作用，土地效益的整体关联使得对某块土地的开发利用会对周围的土地产生影响。开发商对这些增值因素的把握对其形成正确的决策是十分关键的。

由于房地产开发总是落实在城市具体地域中的某一地块上，因而对地块的微观环境需要更为留心。微观层次上的土地增值原因又可进一步分为两类，一类是对某个具体地块的直接投入导致的增值，包括土地使用者和开发商的直接投资，也包括政府进行的各类基础设施投资；另一类是由于这个地块周围的外部效应引起，即生产者或消费者在自己的活动中产生了一种有利影响或不利影响，这种有利影响带来的利益或有害影响带来的损失都不是消费者和生产者本人所获得或承担的。外部效应存在的根本原因在于由于人类活动空间的连续性，使得各个土地区位间具有高度的相依性，因而普遍存在着地块之间相互“搭便车”的现象。美国城市经济学家沃纳·赫希认为：“把城市看做外在化因素众多、地价高度影响选址决策的地方，这种观点应当成为分析许多城市问题的基础。”[20]

城市中的任何功能项目的投资，不仅需要考虑可以直接计量的人、财、物的投入，还需要考虑依托诸多不可计量的外部条件（包括商业、工业、交通、游憩等多方面的功能因素），从中选择有利因素集聚的地块开发才能有较高的成功率。相反，在外部条件极为欠缺的地区，如果自身再不具备独到的竞争力，那么就很难保证建成后会有良好的收益。当然，外部条件好的地区一般也多是现在的城市建成区，在此开发需要有一定的经济实力作后盾，非一般投资者所能承受；而外部条件不好的地区一般也多为城郊的新区，在此开发所需要的资金不多，很适合我国大量的中小开发商涉足，但需要有灵敏的信息和准确的判断，需要承担较大的风险(图 3-12)。

图 3-12　开发商在售楼广告中阐述了他们对区位的认识

（图片来源：现代快报. 2000-11-22）

3）通俗的地段选择理论

房地产界流行着种种通俗的投资地段选择理论[21]:① 上风口发展理论是指市场将主要向上风口方向发展,上风口地段是好的投资地段。由于城市烟尘污染严重,为免受其害,人们必然涌向城市的上风口,从而使得上风口地段成为好的投资地段。② 近水发展理论是指城市将主要向河、湖、海的方向发展,从市区到水边的地段是好的投资地段。有水的地方景色美好、空气清新,而且水有财意,近水有便于发财之希望,所以人们很愿意离水较近。离水较近的地块,应是投资地段的主要所在。③ 沿边发展理论是指城市将主要沿着铁路或公路道边、江河岸边、境界边发展,沿边地段是好的投资地段。沿边的交通使货物运进运出、人员走进走出都很方便,特别是地铁沿线更是好的投资地段。④ 高走理论的涵义是市场将主要向地势高处发展,明显高于周围地区的地段是好的投资地段。地势高的地段受周围环境干扰小,有居高临下的感觉。⑤ 见绿理论是指尽可能在城市绿地周边的地段开发,能看到绿色的地段是好的投资地段。城市以人工建筑环境为主,拥有小片自然生态环境的地段并不多,也必将成为好的投资地段。

3.2.2 "天时"的经济分析

1）土地的机会成本

经济评价中广泛用到机会成本的概念,即对于一定数量的某种资源,把它用于某一用途,就不能再用于其他用途,这种不能在其他用途中获得效益的损失就称为机会成本。对于城市土地资源来说,它可用于工业、商业、居住等各项活动类型的各种目的,每一项目的用途都有相应的投入和效益。在一般情况下，只把对土地的有形投入(如征地拆迁和基建等)看成是换取使用效益的成本。但在城市土地这种资源高度稀缺的条件下,作了这一用途就得放弃另一种用途,所以在评估土地现实用途的成本费用时,还应加上这一资源移作他用时可获得的收益,也就是机会成本的评价方法。该方法通常用于城市经济活动的个量分析,是一种微观经济分析方法。

由于我国在相当长的时间内取消了土地市场,所以因土地使用不合理而造成的损失主要就是非财务性的机会成本损失。多年来，一些城市的传统金融贸易区位被工厂、机关、住房等挤占了,一些优良的河岸和海岸线地段被作为城市的一般工业和居住用途。所有这些经济活动,其本身的经济效益可能是好的,但这并不是对城市土地资源的最佳利用,考虑到其中被占用的机会成本,所耗费的整体代价是很高的。然而这种不利的局面却为房地产开发商提供了大好机遇,他们可以通过与占据优良区位的单位协商,为其提供一定的拆迁转让费用而迁往他处,转而开发收益更高的其他用途的建筑物。开发商既从中获取了巨额差价带来的利润,原先单位也获得了进一步发展的资金，城市由于土地利用结构趋于合理也使得整体效益提高，而达到这种各方利好的局面首先就是要对土地中隐含的机会成本做出正确的分析。

2）建筑物的经济寿命

城市房地产开发可以分为新开发和再开发。一般说来，新开发只存在将土地转换用途的问题，不存在建筑物的经济评价；而再开发则同时牵涉到土地与房屋两方面的问题。前文已经对土地的机会成本作了简要分析，在此还将对建筑物的经济寿命略加讨论。建筑物的经济寿命和物质寿命是不相同的。建筑物的经济寿命的终结并不意味着建筑物在物质上已经“报废”，而是地块本身具有更为经济的用途，这是由建筑物、地块和房地产价值之间的关系决定的。

建筑物一旦落成就决定了既成用途下的房地产价值，往往表现为建筑物的租金收入，通常称为（既成的）建筑物的价值（e_B）。就地块而言，随着外部条件的变更，可能出现更佳的开发用途，存在着潜在用途下的房地产价值，也就是既成用途下的机会成本，通常称为（潜在的）地块的价值（n_S）。这种地块的价值等于新建筑物的收益（n_y）减去新建筑物的建造费用（n_c）、维护管理费用（n_o）和老建筑物的拆除费用（e_D），即：$n_S=n_y-n_c-n_o-e_D$；为此，建筑物的经济寿命可以定义为一个时间长度，在该时间长度内，（既成的）建筑物的价值（e_B）始终大于（潜在的）地块的价值（n_S），即：$e_B>n_S$[22]。

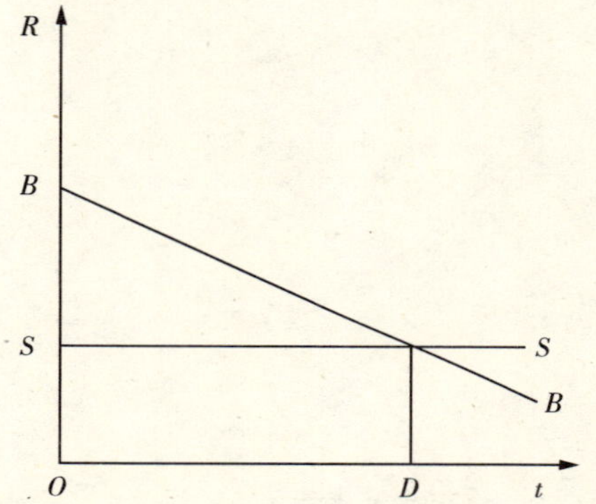

图 3-13　建筑物的使用寿命曲线

（图片来源：李植斌. 城市土地可持续利用理论与评价. 合肥：中国科技大学出版社，1999）

如图 3-13 所示：当一座公寓在 O 年竣工后，建筑物的价值 R 随着建筑物的功能失调和物质老化而递减（BB），假定地块的居住用途保持不变，则地块的价值是一条水平线（SS），在 OD 时间内，建筑物的价值始终大于地块的价值，这就是建筑物的经济寿命，过了时间点 D，建筑物的价值开始越来越小于地块的价值。在经济上，公寓已经没有存在的意义，为了充分体现土地的价值，地块的重新开发随时可能发生。具体地说，只要开发商支付的地价高于公寓的租金收入，业主就会愿意出让地块。

3）把握再开发时机

通过前文的分析可见，再开发是对土地利用的机会成本的反映，其时机取决于（既成的）建筑物价值和（潜在的）地块价值之间的相对变化关系。如果地块的价值相对上升，则再开发时机趋前；反之，则再开发时机滞后（图 3-14）。影响这种关系的外界条件主要包括：① 社会总体发展状况。例如当城市人口减少，相应地对公寓的需求量也减少，其价值下降，导致再开发时机趋前；相反，当城市人口迅速增长时导致其再开发的时机滞后。② 周围的道路和交通条件的变化。如区位的可达性有明显的改善，使地块具有更为经济的用途，其价值随之上升，导致再开发的时机趋前。但同时，区位可达性的改善也有可能提高建筑物的价值，从而导致再开发的时机滞后。③ 建筑物改变用途的可能性。许多建筑物改造和更新后，往往能够适合新的用途，同样可以提高其价值，导致再开发的时间滞后。国外一些学者将建筑物经更新后转变用途或经整修后提高

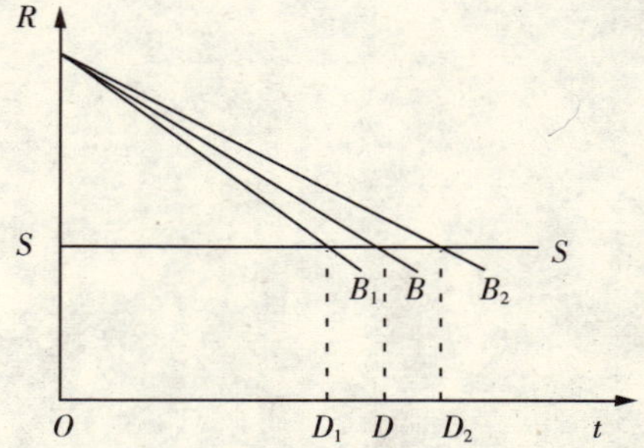

图 3-14　土地再开发时机的变化曲线

（图片来源：李植斌. 城市土地可持续利用理论与评价. 合肥：中国科技大学出版社，1999）

效用也作为城市开发的一种类型，以区别于推土机式的再开发。④ 技术的发展。例如现代建筑技术使建筑物向空中发展成为可能，土地价值随之上升，为再开发提供了良机。

3.2.3 开发商的思考与实践

1）王石对万科房产的选址

以王石为总裁的万科企业股份有限公司自 1988 年成立至今，已在深圳、厦门、上海、天津、北京、沈阳和武汉等经济发达、人口众多的区域经济中心城市开发了多种类型的房地产项目，其中最引人注目的则是该公司开发的以"万科城市花园"命名的大众住宅系列（图 3-15），由于其定位始终牢牢把握市场需求、坚持以人为本和关注客户的居住行为而获得了市场的认同，使万科房产始终走在住宅开发产业的前列。考察其十余年来成功的开发之路可以发现，万科住宅的区位已从城市中心区走向近郊区。

万科早期开发的住宅是针对当时"先富起来的一部分人"，即海外华侨、港澳同胞以及游离于体制之外的三资企业白领、民营工商业主、自由职业者等。这些人的主要特征是：人数只占城市人口的少数，而收入与消费能力却远高于城市的平均水平。对这样一个特殊的消费群体而言，开发商的产品只能是高档住宅，即环境、配套设施周全而优良的精品组成型社区，其区位相应地也选在外部条件相当成熟而地价也比较高的市中心地带。由于这种开发只能占有整个住宅市场的高端，因此并不利于万科自身扩大经营和可持续发展。

20 世纪 90 年代中期之后，我国商品住宅从面向少数群体的"奢侈消费"转向普通老百姓的"大众消费"已成为不可逆转的趋势。但许多开发商并没有注意到这一趋势，仍盲目地开发高档住宅，从而造成大量空置。万科公司则适时地调整了经营战略，在保持少量高档产品的同时，将重点放在为大众消费者服务，注意开发 20 hm^2 以上的大型社区项目。当然，万科的这种大众型住宅，并不是档次低到等同于经济适用房，而是具有中等价格的中档商品房。为使客户能接受这一售价和档次，万科公司在开发前首先选择了城市，进而选择了城市中的区位。

图 3-15 万科四季花城已成为知名品牌

万科将发展大型社区项目定位在北京、上海、天津、沈阳等大都市型城市（近来南京也受到青睐），原因是这些城市都具有如下特点[23]：城市中心区日益因为人口密度高、环境差等因素，已不适宜居住，而副中心区的发展较为迅速，各项配套设施齐全，大多数现代高科技产业办公区均选择此处；另外，城市总体经济水平处于全国前列，居民收入与生活水准也比较高，具有一定的购买力，特别是在副中心区有一批具有中等收入的知识型白领阶层，这个阶层比较容易接受一些新的生活方式。

在上述这些城市中，万科房产普遍定位在城郊结合部，车程在城市副中心区大约 10 km 半径内，如上海的万科城市花园位于闵行区的莘庄，沈阳的万科花园城则位于和平区的五里河地带。具体说来，万科房产在城市近郊的选址上依据如下：

① 因远离市中心区，地价较低，适中的售价客户接受度高。

② 社区与快速干道相连接，以满足社区至城市中心区、副中心区的交通可达性，一般应控制在20分钟车程范围内。

③ 客户虽花费了适度的交通费用与时间，但享受了与市中心区不可比拟的优良环境质量：空气洁净度高，水质良好，噪音度低。

④ 由于在近郊选址多属未开发地块，能提供低密度、低容积率的规划设计，从而创造舒适的社区居住环境和宽松的室外绿地。

⑤ 达到规模开发的效应，节省了开发成本，对社会、住户、开发公司都有好处。

⑥ 创造新型的居住模式，符合现代生活的居住行为。

⑦ 项目规划具有显著的区域特色，促进近郊大社区的形成，最终影响城市与近郊结合部的整体经济发展与地域文化水平的提高，为当地社会发展做出贡献。

⑧ 大规模的住宅开发带动了相关产业的发展，加快了住宅产业化的进程，符合国家所倡导的以提高住宅产业化带动经济增长点的住宅产业政策。

2）潘石屹对北京现代城的选址

北京的开发商潘石屹是近年来北京乃至全国房地产界的红人，因为他开发的北京现代城获得空前的成功，曾创下9 000元/m^2的高价且月销售额300套的纪录（图3-16）。谈到现代城的成功，潘石屹认为主要是地段选得好，对此他说："在现代城的价值量里，建筑安装成本只占35%，65%的成本是地价、拆迁和市政配套费，这65%都是由现代城的地段和环境决定的。所以做房地产，最重要的还是选择一个好的地段，地段选择好了，这个项目就成功了65%。"[29] 潘石屹的地段论可分为两个层次来理解：一是为什么他会从海南跑回北京来做项目；二是为什么会选在北京东三环路口的地段做现代城。以下笔者结合其言论略作评析。

图3-16 潘石屹的SOHO现代城

（图片来源：潘石屹等. SOHO现代城概念. 天津：天津社会科学院出版社，2000）

潘石屹从海南撤退而立足于北京的原因主要有两点：① 北京有巨大的住房需求而海南没有。对此潘石屹曾说过："90年代初海南房地产如火如荼，我就告诉我的朋友们赶快撤离，因为我看到一份材料：海口市每人平均住房面积五十多平方米，而北京人均面积却只有7平方米，遇到这种情况，就是海南的天上下金子，你也得跑回北京来。"② 北京有无与伦比的城市基础设施。潘认为，地段的好坏在于其升值潜力如何，而升值与否与基础设施紧密相关，自己之所以一直在北京作项目，正是因为看到了这一点。"当年做完万通广场，手上有点钱了，也曾经头脑发热，要全国化，要去别的城市搞开发。但是当我回到北京，一上机场高速公路，我就决定，就窝在北京，别的什么地方都不去了。因为北京市政府已经把市政基础提前做上去了，作为发展商，你好好盖房子就是了。"

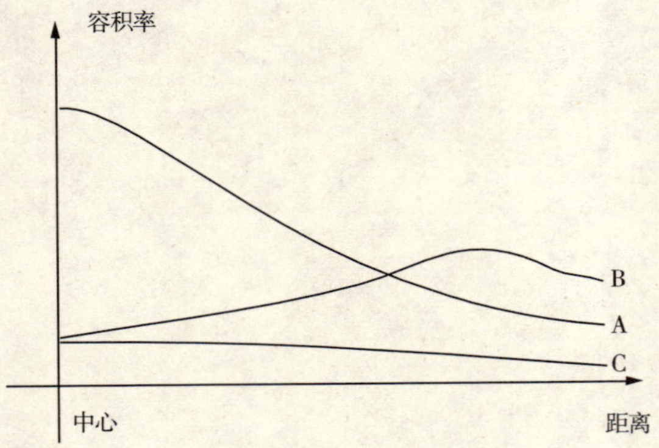

A. 一般城市的建筑高度随距离的变化曲线
B. 北京城市规划要求的建筑高度变化曲线
C. 老北京的建筑高度变化曲线

图 3–17　北京市建筑高度与城市中心距离关系曲线

（图片来源：周一星，孟延春. 北京的郊区化及其对策. 北京：科学出版社，2000）

潘石屹之所以选择北京东三环路口做现代城，很大原因是他对北京城市整体结构和发展方向有深刻的认识。① 对北京城市结构的认识。潘石屹认为，北京城的结构是一个“桃子”，而不是一个“橘子”。故宫和中南海是北京城的桃核，从建筑和历史的角度来看它是一块瑰宝，价值无限，但从交通和商业角度来看，它是一个禁区（故宫又叫紫禁城，这个禁就是禁区的禁）。正是这个核心的存在，使王府井与西单的客流隔断。为此，在靠近前门的二环内地段是房地产开发的危险区，因为地价极高而限制过多，包括如同一个锅形的建筑高度和容积率的规划控制（图 3–17）、拆迁密度和难度大、交通拥挤、市政设施差等限制因素。与此同时，北京外围的交通节点正常发展成为新的繁华地段，如国贸周围，公主坟周围，双安商场和当代商城周围。② 对北京城市发展方向的认识。潘石屹认为，解放前北京的发展是南北方向，中心线是传统中轴线，解放后则旋转了 90°，呈东西向发展，中心线是长安街，正好与中轴线构成了一个直角坐标系，天安门广场成了坐标系的原点。改革开放以前主要是向西发展，国务院各部委、部队、大型工业企业都分布在那一带，地铁一号线带来的交通方便更促进了这种发展；而 20 世纪 80 年代以来，受改革开放的影响，东部成为了北京开放的窗口，绝大部分涉外饭店、写字楼、使馆都汇集在东部。在东二环、东三环之间的小扇面中，汇集了北京近 70%的四星、五星级宾馆。

基于以上认识，潘石屹在看了十几块地后相中了北京东三环路口的地段。潘石屹认定此处虽然现在环境很差，但将来必有大的发展。“我曾经在 Internet 上下载过一张世界地图（见图 3–18，笔者注），是在傍晚从卫星上看地球，地图上灯光的亮度与人均

图 3–18　从太空拍摄的地球夜晚灯光亮度分布

（美国国家航空航天局发布）

GDP 高度吻合……受此启发，我晚上开车横穿北京城：西边一片黑暗，国务院部委的办公室没有亮灯的房间；东边灯火通明，有在办公室加班的、有饭店的灯光、有酒吧一条街的灯光……所以在做完万通新世界广场后，我把所有的项目都选择在东边。”而当时这片地属于北京红星二锅头酒厂，酒糟的臭味熏人，是市政府强令拆迁的对象。周围是一大片泥地，后面是淤泥腐臭的通惠河，门前正在修桥修路，乱哄哄的。以后的事实肯定了潘石屹的选择。今天的现代城，左边的国贸立交桥正在改造，门前的京通高速公路业已开通，脚下的地铁复八线国庆前后也将正式运营。更让潘石屹兴奋的是，经国务院批准，北京的中央商务区(CBD)从 2 km 扩大为 4 km，现代城又给圈进去了。对此潘石屹说：“别人说潘石屹是现代城的建设者，我说这话不确切，应该说是和政府两个在建现代城。我承担的工作量是 35%，政府承担的工作量是 65%。为什么这么说，你看，政府投资 100 亿修地铁复八线，这 100 亿的投资是谁受益了，还不是现代城这样的地铁上盖物业；还有现代城后面的通惠河，世界银行贷款投了好几十个亿，眼看又要变成整个京杭大运河的上端，要变成一条旅游观光河了。这些都直接使我的现代城升值啊。”(笔者注：已有众多学者质疑国家一次性收取地价，而听任开发商坐享其后由于政府投入带来的升值，建议改为年地租的收取方式)。

潘石屹的地段论仅是其整个开发理念的一部分，而在潘石屹看来做房地产开发实际上很简单：“是否选择一个项目，问三个问题就可以决定：一、产品质量是不是上乘；二、对于用户是不是方便舒适；三、是不是符合未来的发展趋势。”让多少发展商为之头疼的事情，在潘石屹的眼里却远没有那么复杂。“你对人的需求有了一个基本的了解和把握，你去查一下这城市的规划，再去跑一遍市场，看一下有多少资源可以让你用，就够了。”而他也正是这么做的。“1992 年，我连北京那几座大立交桥的名字都叫不上，就到处去找地。后来有人介绍块地，一看，也不错，是个地铁上盖地块，就拿下这块地，开始做万通新世界广场。”潘石屹用最直接简单的手段来适应市场的千变万化，因此他反而获得一份从容。

3.3 着眼管理者——政府

3.3.1 政府干预市场的一般理论

1) 市场与政府

自从西方经济学的开山鼻祖亚当·斯密以来，在长达 2 个世纪的时间里，西方经济学家对市场能力的信赖一直是十分强烈的。斯密用“看不见的手”作比喻，认为市场就像一只看不见的手，在市场的引导调节下，每个个体单独追求私有利益的行动会自动地、有效地促进社会公共利益的增加。在这种信念的支撑下，古典经济学崇尚理想的、完全的市场作用，特别是法国古典经济学家萨伊(J. B. Say)在此基础上总结出“萨伊定律”，认为经济中的生产活动总是能创造出足够的需求来吸收掉所生产出的商品，因此政府的作用仅限于政治领域。

然而，在现实生活中，市场对经济的调节作用并不像理论上说的那样完美，“看不见的手”产生了许多副作用，使市场不能发挥其作用而出现市场失灵。20 世纪 30 年代资本主义世界的经济大萧条使人们清醒地认识到某些问题是市场无法解决的。在此背景下，凯恩斯(J. M. Keynes)彻底否定了作为古典经济学理论基础的萨伊定律，认为有效需求不足是市场机制自发作用的产物，由此导致了失业、破产等经济危机，而由于市场本身不能扩大有效需求并实现充分就业，那么就必须动用政府的力量对经济实施干预，用扩张政府需求的办法来弥补私人有效需求的不足，以促使总需求和总供给在充分就业的水平上实现均衡，这就是经济史上的“凯恩斯革命”。

2) 市场失灵的原因

市场之所以失灵是因为市场本身存在着固有缺陷，主要表现在以下几个方面：① 市场经济活动经常受到经济波动(失业和通货膨胀)的影响，使稀有资源不能得到充分利用；② 市场不能提供公共物品；③ 市场中垄断因素的存在，阻碍了生产要素的自由流动，降低了资源配置的效率；④ 市场本身无法正常地解决外部效应对经济带来的各种影响；⑤ 信息不完全也会阻碍市场经济的有效运转；⑥ 市场经济中的价格机制无法兼顾社会的非市场目标，缩小贫富差别。市场的固有缺陷使其自动调节并不能最优化利用社会经济资源，因而不得不借助政府活动来加以补救。

在这些缺陷中，经济活动的外在性是导致市场失灵的根本原因。由于市场价格并不能反映外在性的成本和收益，如果没有政府干预，那么经济实体就可以对其行为的后果不负任何责任，因为该行为的影响对其自身来说是“外部”的。长此以往将严重影响市场竞争的公平和效率，因此政府的主要经济职能就是纠正外在性所导致的无效率，减少消极的外在性(如对环境的污染)引起的供给过量和更加积极的外在性(如道路和公共绿地的建设)引起的供给不足。由于城市生产与生活的高度集聚和社会化，产生了大量的外在因素，使外在性在城市中体现得最为突出，因而城市政府对市场的干预最为需要。

3) 政府的有限干预

凯恩斯针对市场的不足开出的政府干预药方一度在西方世界中取得显著成果。但自从 20 世纪 60 年代以来，政府干预也越来越表现出其有限性，究其原因主要有两点：首先，政府干预为寻租活动(如贿赂)提供了土壤。因为政府一旦干预市场，那么各经济实体就会自发地通过寻租活动对其加以利用，假借政府的手段来追求自身的经济利益，这就会使市场机制失去作用，有学者称之为“看不见的脚”，将寻租活动形象地比作“看不见的脚”踩住了“看不见的手”；另外，政府并不能完全保持价值中立，因为政府只是一个抽象的概念，它最终是由人组成的，而这些人首先都是经济人，有这样或那样的私欲，尽管出于某些约束或觉悟使之能上升为考虑公共利益的理性人，但仍具有人类固有的一切弱点，也会犯这样或那样的错误。因此，如果说市场机制并非完美无缺，那么政府干预也并不一定能解决所有问题。

然而，市场干预的有限性并不否认其干预的必要性。今天的西方世界以及我国本身都走上了类似于瑞典混合经济模式的道路，政府对市场的干预一般也表现为两种方式，即直接地参与市场与间接地规范市场。前者是政府自身通过直接的企业行为来调控市场，我国在计划经济时代将这种方式发挥到了政企不分的极端，政府把所有的生产活动都揽到自己身上；而市场经济的改革要求政府应更多地通过间接手段（一般都可归结为各种制度管理）来规范市场，而将大部分自主经营权还给各个企业，仅保留个别企业所不能提供的公共物品的经营权，即间接的制度性调控中仍保持直接的公共物品控制。下文将对这两个方面分别加以论述。

3.3.2　间接的制度建设

制度在西方古典经济学中曾长期作为一个不变量而被忽视，后来在凯恩斯主义之后独立兴起了研究制度对经济活动影响的制度学派。经济学家眼中的制度被定义为约束人类特定行为模式的一套社会规则，其内涵十分广泛，有些是成文的，如法律、政策等，有些则是人们在长期交往中以“文化”的形式积淀下来的非正规约束，如伦理道德、传统习惯、意识形态等。因此，本书在此强调通过制度进行间接管理，实际上还包括了舆论导向的意义，只是笔者认为这种办法效果并不显著，而强制性的规范才是从根本上解决问题的办法，对此将从经济和规划两方面加以讨论。

1）经济制度

经济因素对城市居住用地区位的形成起到了较为深层的促动作用，这当中包括市场主体因素和运行制度因素两方面，前者构成了市场运行的内部变量，而后者则构成了外部变量，内部变量在外部变量的激励和约束下产生作用，其活动将按照制度拟定者（即政府）的意志行事。如果政府拟定的经济制度确实合理的话，居住用地区位分布必将在各经济主体的积极活动中趋于合理，反之则趋于混乱。目前我国城市土地市场运行制度中仍存在着诸多弊端，成为许多土地问题的内在原因之一，在此有必要进行深刻分析。

（1）“两权”问题

长期以来我国在城市建设中实行了以土地公有制为基础的计划模式。在这种制度下，国家（政府）享有对土地的一切权力，各项权力集中在一起而不存在分权的问题，因此土地所有权之外的其他权力就无从谈起。改革开放以后，我国先从法律上明确了土地权力可以分为所有权和使用权，国家享有城市土地所有权，而用地单位和个人享有使用权。但由于此后商品经济的发展，使仅具有法律意义的土地使用权越来越暴露出诸多限制，于是国家又再次明确了土地使用权可以有偿出让和转让，权力与利益的结合使之真正成为了“权利”。这些改革在一定程度上理顺了土地使用制度与经济发展的关系。

然而，自1992年以来，土地市场的发展使社会中各种土地利用关系日趋复杂，迫切需要建立许多与之相关的法律来约束各权利人的经济行为。各项土地权利虽然都因为土地利用而发生，但如果一概用土地使用权涵盖，则不仅带来表述上的困难，而且会引起各种权利的纠纷。例如，我国城市中普遍出现了许多占地单位不履行批准手续，自行出租房屋和场地；也有些单位表面遵循用地规划，背地里却在本单位用地上自行其是，对此仅仅用“两权”及其配套制度来管理是很难奏效的。

“两权”论仅仅是适应当时有计划商品经济的过渡概念，而与当今市场经济发展模式相配套的则是产权（property rights）这一复杂的法律经济概念。所有权只是产权中一项十分重要的权利，它决定产权的性质，即是私有产权、公有产权（国有制只是其中的一种形式）还是混合产权。除所有权外，产权还包含其他诸多独立的权利，如占有、享用、管理、处置、收益等权利，这些独立权利大都可以在不丧失所有权的情况下予以转让。对于产权中的各项权利关系，西方学者一般用“权力束”和“权杖”来描述，即产权中包含的各项权利聚集在一起时代表一个“权力束”，而其中每一项权利则成为一根“权杖”。

对于土地而言，土地产权是有关土地财产一切权利的总和，土地所有权是各项权利的核心，而改革我国的土地使用制度，不仅指土地国家所有权的完全实现，更多的是要完善从所有权中分离出来的其他权利。实践中土地各项权利可以分别组成3个权利束，即土地所有者权利束、使用者权利束和管理者权利束（图3-19）。我国城市土地属于国有，因此国家“一身二任”，既是所有者又是管理者，行使双重权力，而使用者权利束又可根据土地使用权取得的方式分为划拨土地权利束和出让土地权利束。这几种权利束共同作用于土地市场，形成相互间复杂的结构关系。

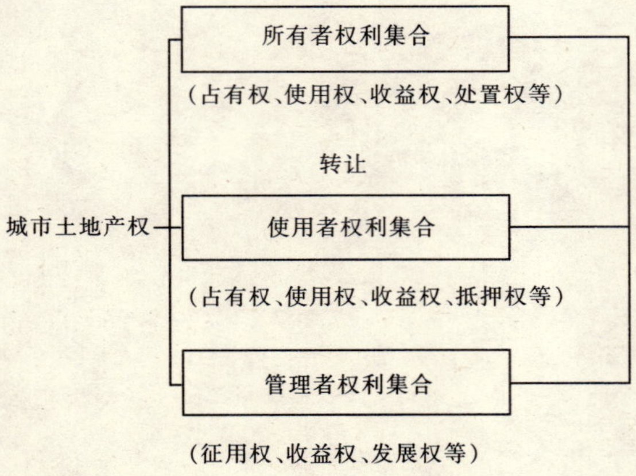

图3-19　城市土地产权关系结构
（图片来源：郑荣禄．中国城市土地经济分析．昆明：云南大学出版社，1997）

当前，建立符合市场经济模式的现代产权制度是我国继土地使用权有偿出让之后面临的新的改革任务。我国在20世纪90年代出现的城市土地批租热、开发区热和农村自搞房地产开发等现象很大程度上都是出于产权关系不明的缘故。在城市国有土地上的批租，由于没有严格规定政府本身的管理权限而导致领导意志横行，官员腐败也大都与此有关；政府大搞圈地开发主要是因为政府将农民手里的集体用地转为国有用地“极为容易”，低廉的补偿费用根本不足以影响政府的征地决策；而农民自行开发集体用地则是由于我国并没有对其集体所有权做出开发权归国有的限制，因而严重冲击了城市的房地产市场。美国经济学家科斯(R. H. Coase)认为,如果忽略交易费用,只要明确界定产权,那么自由的市场机制就能导出最有效率的结果(经济学界称为科斯定理),这一理论对我国纠正以上土地市场中的失误颇有借鉴意义。

(2)"双轨"问题

我国各城市土地使用制度普遍采用"双轨"制,也就是一部分用地单位有偿交费,一部分单位仍享受无偿划拨(图 3-20)。后者一般包括:各级财政全额拨款的国家机关事业单位办公用地、军事用地;城市基础设施和公益事业用地;国家重点扶持的能源、交通、水利等项目用地;法律、行政法规规定的其他用地,如安居工程等带有社会保障性质的住宅建设用地。由于土地双轨制对这些单位网开一面,因此并无法改变单位用地割据的局面,不仅使土地浪费等弊端仍然存在,更促使这些单位对土地的投机和非法买卖,而只要仍然存在免费这一缺口,土地需求者就会想方设法挤进来,从而严重冲击有偿制度的实施。

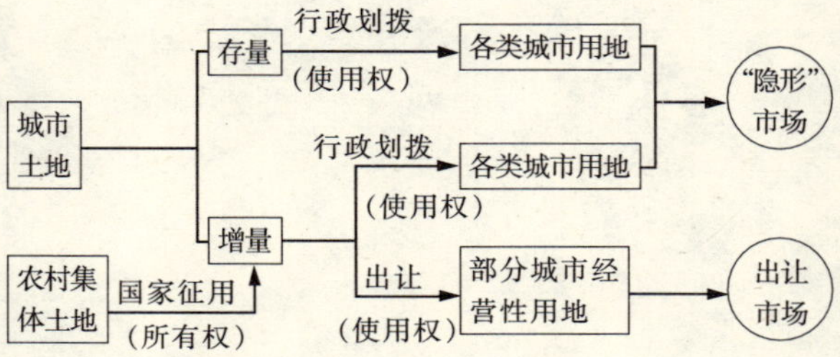

图 3-20　我国城市土地双轨制流转现状示意图

(图片来源:毕宝德编著. 中国地产市场研究. 北京:中国人民大学出版社,1994)

应该说"双轨"制只是当前不得已而为之的做法,因为许多单位由于改制的原因而面临暂时的困难,根本无力承担有偿使用费用,如果强迫征收必然导致单位解体而引发严重问题。但"双轨"制是没有办法与国际接轨的,因为其中一"轨"并不符合国际通行的"轨道"标准,这就与我们今天的发展目标相悖。如果现在并轨确有难处,那么可以给单位规定一定的期限。比如许多工厂是解放初就得到划拨用地,如果允许其免费(或近于免费)用地 50 年的话(按照现行的土地使用权出让期限来类比),今天也快到按市场要求全面征收土地有偿使用费的时候了。

对目前无偿(或近于无偿)用地的单位,不论其偿付能力如何,都应向国家交付足额地租,这是国家作为土地所有者在经济上的必然要求(马克思对此有过专门论述)。而用地单位不具备偿付的能力,正说明了该地块不是属于用地单位应有的地块,应当让位于偿付能力更高的其他经济实体。如果国家对其免征地租(或象征性征收),说不定该单位还会用其占有的优势地块转租给付租能力强的商家经营,使国家白白蒙受损失。对企业如此,对事业单位和其他靠国家财政拨款维持的单位(如军事单位)也应如此,让这些单位和企业一样平等地参与土地区位竞争,促使其主动或被迫寻求合适的区位进行置换,这是必须用经济杠杆才能达到的目标。

可以说,全面有偿有限期用地制度势在必行,而随之需配套的是土地的二级市场必须及时建立,即单位从国家手中获得土地使用权(一级市场交易)后相互之间进行使用权转让,使土地的流动成为可能。目前,对于历史上由于无偿划拨形成的单位用地进入二级市场流通都还处于试验摸索阶段。一种做法是让这些用地在转让前必须先办土地使用权的出让手续并补足出让金,可称为"先出让后转让";另一种做法是允许其直接进行转让，只要将转让所得在国家与转让者之间按一定比例分成，可称为“先转让后分成”。前者虽然在理论上讲得通，但并不切合实际。因为如果不补交出让金就不准其转让，那么实际用地单位由于缺乏利益动力，宁可将土地闲置，造成本来就不合理的土地利用结构得不到改善；或者这些单位背着政府与其他单位进行灰色交易，使国家根本得不到任何收入。因此，从操作的可行性来说，后者的办法比较可取。当然，这样做会使一部分本应属于国家所得的土地收益流入用地单位的腰包，但这是规范城市土地市场必须付出的代价，而这个代价很快就会从规范化的土地市场中产生的收益中得到补偿，因此还是利大于弊的。为实现“先转让后分成”，政府必须切实建立两项制度：首先是用地要按质有偿缴费，其次要使转让有实得好处，这样单位就会自行比较如何运作划算。

(3) 地价杠杆

地价是政府引导经济个体向规划区位靠拢的重要工具。正因为有土地价格的存在，土地使用者在利用土地时，必须把自己在该土地上获得的区位收益与所支付的地价进行比较，选择与其经济水平相适应的平衡区位。而从城市的发展历程看，经济个体取得的区位平衡是暂时的、短期的，其不断地进行区位选择是必然的。这种平衡本身属于一种动态平衡，当区位主体不能从这一区位获得收益时，就会自动退出对该区位的占有，而去寻找一个新的平衡区位，这就是地价杠杆调节企业区位布局的过程，城市土地利用在此经济杠杆作用下不断地进行用途置换，最终形成结构的优化。

政府在运用地价杠杆对土地市场进行管理的过程中最根本的措施应是建立基准地价制度。基准地价是一定时期、一定区域内不同用途和等级的平均价格。西方国家的基准地价制度最初是为政府征税而设立的，作为计税的依据，在当代则已发展成为政府进行宏观调控的重要杠杆。它可以为各级政府确定土地使用权出让金、增收增补地价、各种土地税费、土地折价入股、银行抵押贷款、土地转让等提供依据。目前我国部分城市对这项制度已开始试行，姑且不论其价格制定是否合理，就其不公开的做法就难以令人赞同。我国规划部门已逐步建立了重大规划向市民公示征询意见的制度，而土地部门却仍躲在暗箱中进行操作，并不能起到为市场主体提供充分信息，从而避免市场欺诈与风险的约束作用，今后有待改变。

在基准地价基础上政府可以进一步求得宗地(标定)地价。基准地价对应的是区域的概念，而宗地地价则对应着区位。经多种方法测算后得出的宗地地价一般不会与实际交易中达成的市场价格完全吻合，其上下浮动取决于采用何种交易方式。一般说来，投标是对买卖双方都比较公平的做法，适合于正常发展中的地块出让；协商往往使政府吃亏，但适合于鼓励发展的地块出让；拍卖则对开发商不利，适合于限制发展的地块出让。为此，政府可依据不同的规划意图采取不同的方式来引导地价，进而调控土地市场。我国目前在土地交易中普遍存在的问题是协商方式过多，虽然鼓励了土地市场的成长,却导致了大量的政府权力寻租行为,今后亟待改进。

(4) 税收与补贴

除地价杠杆外，税收也是政府干预土地市场的一种常见方式。在西方国家城市中,对土地利用影响较大的税种有地产税、增值税和空地税等。地产税是以房地产的市场价格也就是根据土地利用在市场机制下的机会成本来估算的,这就迫使土地利用者对其不经济的方式做出改变。我国虽然也实行了类似的税制,但出于积极培育市场主体的目的,对许多单位采取了减免措施,因此很难对其有促动作用。增值税是政府每隔一段时间对土地价值进行一次评估后对增加的价值课税,这不仅有利于政府将由于公共投入引起的土地增值部分收回,而且还可以刺激那些在土地效益提高后不适合继续在该区位发展的用地单位改变土地用途。我国的增值税仅仅在土地使用权的转让交易中一次性收取,然后任凭地块由各种外部效应而增值,这种做法显然不妥。空地税的征收可以减少土地的闲置,我国似乎更喜欢用行政指令强行收回的办法,而不是通过税收间接引导,这未免对市场干预过于直接。

财政补贴是政府又一种干预土地市场的方式,其作用与优惠税收政策相似,而实施的关键是要补对市场环节。拿住房市场来类比,我国过去对住房的补贴是补在建房阶段,国家建造的公房以低租金向居民出租,与应收回的投资差额形成补贴,这种补在生产环节上的"砖头补贴"很难从根本上解决住房问题。现在我国虽仍对住房实施补贴,但已转变到消费环节的"人头补贴"上,其作用是扩大低收入家庭的住房支出,使其住房消费不至于离国家最低标准差距过大,真正起到了帮助低收入家庭的作用。同样,政府对城市土地开发的补贴也应该补在消费环节上,即将补贴直接发到企业或居民手上，让他们以实际行动支持政府对新区或旧城的开发,20 世纪 60 年代英国新城的成功开发就有这个因素;而如果将补贴用在政府自身对土地开发的前期投入上,自己为自己补贴的做法是很难获得市场的响应的。

2) 规划制度

规划作为政府对土地利用进行物质性控制的一种制度手段,往往比经济制度对居住用地区位生成的作用来得更为直接,因为在缺乏规划条件下靠经济力量自动生成的过程是极为缓慢的。不论是通过经济制度还是规划制度,市场经济中政府对市场的干预更应体现出法治原则，而不是靠领导随意拟定指令的人治。为达到依法治理的目标，必须首先有可以上升为法律层次的制度,因此规划制度的完善远比具体的操作执行来得重要。目前我国的城市规划制度在市场经济日益发展的条件下已暴露出诸多弊端,许多土地问题的根源也可归结于此,在此有必要进行深刻分析。

(1) 现有审批制的弊端

我国 1990 年确立的《城市规划法》规定了以"一书两证"为核心的城市规划管理制

度。“一书”即选址意见书：“……设计任务书报请批准时，必须附有城市规划行政主管部门的选址意见。”(第三十条)“两证”即建设用地规划许可证和建筑工程规划许可证：“在城市规划区内进行建设需要申请用地的，必须持国家批准建设项目的相关文件，向城市规划行政主管部门申请定点，由城市规划行政主管部门核定其用地位置和界限，提供规划设计条件，核发建设用地规划许可证……。”(第三十一条)“在城市规划区内新建、扩建和改建建筑物、构筑物、道路、管线和其他工程设施，必须持有关批准文件向城市规划行政主管部门提出申请，由城市规划行政主管部门根据城市规划提出的规划设计要求，核发建设工程规划许可证件……。”(第三十二条)笔者认为，这项沿用至今的“一书两证”审批制度(图 3-21)至少存在以下三方面的弊端：

① 其他行业管理部门的审批制约规划部门的权限

规划部门的审批制实际上只是整个政府部门审批制中的一个分项，而各政府部门之间的相互审批则构成了环环相扣、多处交叉的嵌套式结构。这种审批结构归根到底

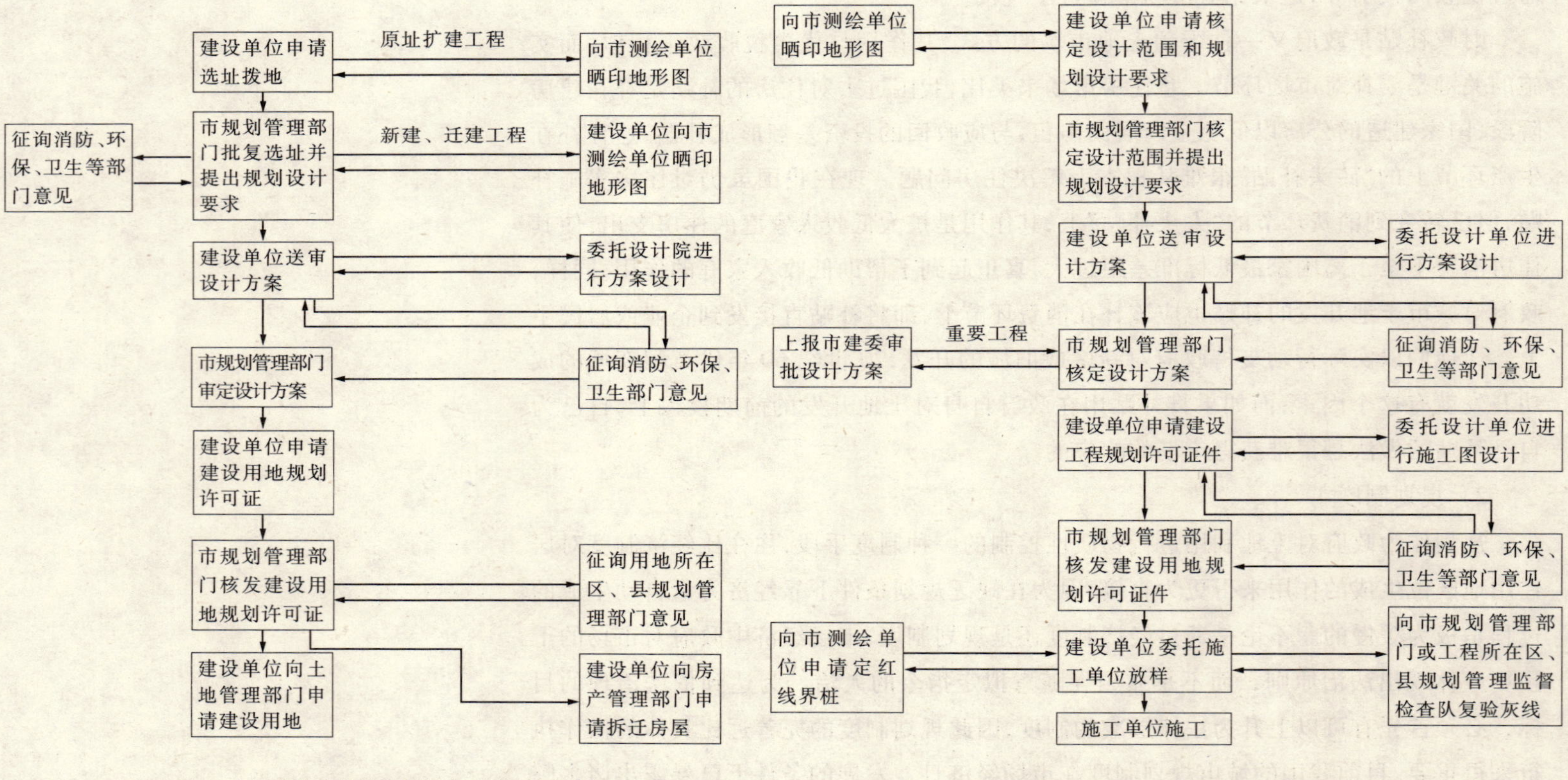

图 3-21　申请建设用地与工程规划许可证工作程序图

(图片来源：江景波，叶伯初等主编. 城市建设管理. 上海：上海科学技术出版社，1993)

还是为计划经济时代政府指令的顺利下达服务的，而今天仍加以沿用就使得规划部门在审批建设项目时受到该项目所在行业主管部门审批权的挑战(城市规划法规定在审批“两证”前先得有相关的批准文件)。对此笔者认为,在现行的政府机构设置下,规划局与其他行业管理局都是平级的部门,如果行业主管局批准,规划局是不是就该遵照执行?如果发现有违总体规划予以否决,那么行业主管部门的批文还有没有意义?这种职能间相互掣肘的结果往往造成政府部门本身意见不一,最后又常常因为规划局没有更高层次的权利而不得不妥协。如果建设单位申请的项目一开始就是由市领导或更高级别的主管部门批准,那么规划局更是只能服从了。这就是规划失控的先期制度根源。

对此我们身边有很多典型的例子,被媒体炒得沸沸扬扬的南京中山陵园观景台终于在市长的干预下被炸掉了,老百姓在寻找绿地被蚕食的原因时大都会将矛头指向规划局,殊不知最应当承担责任的是中山陵园管理局,但老百姓通常只知道是规划失误,因此规划局背黑锅是免不了的[25]。前不久又看到有关报道:南京雨花台烈士陵园要利用现有一片水塘修建鳄鱼表演池搞创收。“让烈士与鳄鱼为邻”,想必这是出自雨花台陵园管理部门的手笔。一位经常在此锻炼身体的老人直言不讳地说:“有关部门在这里建‘鳄鱼馆’图的是什么?有没有经过审批?如果审批过了，又是谁审批的?”[26]

② 规划部门由于自身权利的集中而具有较大的审批自由度

在过去规划部门的“一书”得到严格执行的情况下,城市建设活动的选址是完全由规划部门包办的,仍带有权利高度集中的计划经济色彩。后来随着市场主体独立自主决策地位的逐渐增强,规划部门的“一书”仅仅起到了参考作用,而选址最初阶段的比较选择权实际上已经交到了各类市场主体手中,但选址最后阶段的审批权即决定权仍以“两证”的形式保留着,并且规划部门仍保留有其他诸多决定性的权利如规划的编制、审查、修改、解释等,审批权与这些权利一起构成了封闭的自循环权利体系。在这种集权式决策与执行合一的制度下,规划部门的审批实际上是在执行自身制定的规划,因而量裁的自由幅度很大(大到可以修改自己制定的规划),在缺乏有力的外部监督条件下,很难保证其决策的科学与公正,这是规划失控的中期制度根源。

对此我们身边也有典型的例子。南京市沈举人巷后街数十位建筑业的老专家近日向报界反映,市规划局审批开工的一幢高层建筑经他们测算将侵犯到他们的阳光权,而规划局抛出的一句“解释权在我们”顿时使其哑口无言。对此老专家们针对《南京市城市规划条例》上规定的由“规划局解释具体应用”一条提出质疑:“如果解释权也归他们,岂不是既是运动员,又是裁判员?”可见,规划部门由于权利集中而使其能自由审批将产生很大问题,就是本身是建筑行业人士也无可奈何,更不用说普通市民了[27]。

③ 规划部门缺乏有力的审批后实施保障制度

现行的“两证”审批制度只规定了规划部门审查到建筑施工图的层次，只要图纸上的内容符合规划就予以放行。建设单位凭图纸就可申请到以上两证，进而向土地管理局、建设局申请土地使用证与施工许可证就可开工建设，至于实际建设的与图纸的不一致则规划部门并未深究，项目完成后也很少见规划局派人去核查(城市规划法中只用了“有权检查”、“可以参与竣工验收”等字眼)。另外，由于规划部门缺乏比较严厉的处罚权（城市规划法赋予规划部门的仅是一些无关痛痒的“责令停止建设”、“限期拆除”和“给责任人行政处分”的权利)，使一些建设单位根本不在乎规划部门是否会对其处罚，依然自行其是违章建设，这是规划失控的后期制度根源。

对此我们身边仍有典型的例子。南京市锁金五村附近工地上的开发商无视规划局规定仍擅自施工，对此市规划局负责同志也很无奈。他们说虽然对开发商下达了责令停工的通知并召开了协调会，明确表示在建项目是违章建筑，要求其停工接受处罚，但开发商不听，他们也没办法，因为“规划局也就这么大的权限”，而当记者追问违规施工应怎么处罚，市规划局同志并未作答[29]。

(2) 对审批制的改良

所谓改良即仍保留审批方式而将其权利的内涵做出必要调整，其中有些权利需要添加进去，而有些权利必须抽出来交给别的部门去执行，还有些权利必须在相关的配套制度得到完善后才能正常发挥作用，这都需要我们对审批这项集中了若干“权杖”的“权利束”做出仔细分析，根据其中不同权杖造成的不同弊端进行相应的调整。对照以上列举的现有规划审批制的弊端，笔者尝试提出以下改良建议：

① 扩大规划部门执行权限

规划部门由于没有更大的权利而对来自平行机构或上级领导的批示无能为力，对此笔者认为有必要扩大规划部门的执行权限，赋予其大于其他行业主管部门的否决权，且立法明确其在业务管理范围内不受上级领导制约，只在人事上服从上级领导的安排。因为按理来说我国宪法规定国家的一切权利归人民，那么规划部门真正负责的对象应该是城市人民代表大会及其常务委员会，这一点似乎在当前的体制下很难做到，因为权大于法不是个别现象，但从社会向民主化与法制化发展的趋势来看，行政管理的独立性将得到加强。

② 缩小规划部门的决策权限

规划部门对规划的编制与审查实际上是一种决策过程(但还不是立法)，加上对落实规划的审批监督等执行权利，使规划部门的权利过于集中，并不符合现代法治的主要权利分设原则，也不符合规划编制朝向民主与科学化决策的发展趋势，为此有必要缩小规划部门现有的决策权限，最终将其交给人民代表大会及其常务委员会或专门的委员会(如北京等地成立的规划委员会)，而规划部门只承担落实规划的执行职能，这样才能防止原有规划被规划部门自身随意更改、放宽限制等不正当现象。

③ 健全审批后实施的相关制度保障

为保障建设项目在审批后能确实符合原规划，必须从法律上明确规定规划部门的定期监察制度，尤其是新建项目竣工后的核查制度，而对于规划部门做出的处罚，必须有切实的强制措施保证其力度。例如在《刑法》中增加相关的罪名，使责任人不至于仅受到对其根本利益关系不大的行政处分。另外，为保证规划部门尽责，还必须建立起有效的监督制度，其中比较核心的应当是官员的责任追究制度。

(3) 引进吸收区划制

采用审批方式的规划管理的最大特点就是规划图纸和文本并不决定开发的许可性，而审批者才是开发许可的关键，这种制度的实质仍是过多地突出了人的作用。美国首创的区划制度(zoning)则与此有很大不同，在大多数情况下开发商可以根据区划规定的许可与不许可直接行事，而不需要经过审批者这一关，当然区划也规定了在某些情况下仍需要获得政府审批的土地开发类型。因此，尽管这种制度是为配合土地私有制条件下政府运用警察权(police right)干预私人开发服务的，但其核心突出了法的作用，笔者认为这对改良我国现行的规划审批制具有方向性的参考价值（如我国的土地使用制度就借鉴了英联邦国家的政府垄断竞争市场模式）。

① 区划的基本内容

区划的基本内容类似于我国的控制性详规，主要是针对土地利用做出了相应的规定，一般说来包括土地使用性质、范围和开发强度三部分。首先，土地使用的性质即地块的功能用途，这是区划管理的核心，一般都在功能分区的基础上进一步考虑几种用途的临近混合性。另外，针对某些特殊需要规定了一些特殊功能区（如公共用地、保留用地等）。其次，划定土地使用范围即明确土地的适用性范围、兼容性和排斥性范围，本质上是为了有效地控制城市中外部效应的相互影响，典型的如环境保护区范围和历史文化保护区范围。再次，土地开发强度主要是控制土地的有效利用率，使其具有一定的规模效益，通过建筑覆盖率、容积率、绿地率、建筑高度等一系列指标来保证。除以上三部分外，区划的基本内容还包括建筑定位、室外环境以及基础设施等多项约束条件，而这些在我国的控制性详细规划中也都有相应的体现。

② 区划的特别内容

区划从本质上说是一种法律制度，在具有法的权威性、确定性、公开性、程序性、约束性等特点的同时，也体现了法律操作过程中的有限性。为此，美国在区划基本内容的基础上增加了一些特别内容，作为区划制度的改良，使其有效地适应了土地开发的实践管理，这些都是我国任何一级规划和相应的执行制度中所没有的，总的来说有以下几个方面[29]：

首先是区划奖励。这是政府引导开发商进行公益性投资的手段，即开发商如果提供了住宅建设的投资、公共空间、交通设施等各种公共服务，就可以获得区划提供的奖励，主要体现在建筑容积率和高度上。政府利用区划奖励来谋求公共利益是很有必要的，但容积率的提高显然是有限度的，过高的容积率会给社会造成新的外部不经济或负效益。同时，为了兼顾区划奖励的需要，在区划编制中要故意压低规划容积率，这就造成了区划的合理性准则问题。

其次是规划单元开发。传统的区划方式为了适应单独地块的开发活动，往往将开发基地划分为较小的格子状地块，从而不可避免地会产生单调刻板的环境面貌。规划单元开发允许将数块基地作为一个整体来考虑，如果开发基地的总平面规划获得批准，可以取代原有的区划而成为约束开发的法定条件。这种方式有利于成片成组的开发，开发者可有更多的选择余地，设计师也可以较充分地发挥其创造性。

再次是开发权转让。对于需要控制开发的空地、农田以及需要限制再开发的历史文化性建筑物等，可以允许有关业主将其基地上受规划控制而不能实现的那部分虚拟的开发权，以有偿的方式转让给那些欲提高开发强度，且为规划局所允许的地块上去。这种方式使得那些受规划限制的基地的业主获得其他开发商的经济补偿，从而使规划控制、历史文化的保护等变得经济可行。

从以上对区划的两方面内容分析可见，区划是建立在类似于我国控制性详规基础上，进而加入了一些改良规则的制度。如果我们承认其对于管理的有效性而加以引进吸收的话，那么实现从审批制到区划制转变的关键是控制性详规能否成为法律的问题（这对我国规划部门的审批方式无异于是一场革命），如果可以则辅以相应的改良措施就可以达到比较成熟的地步。深圳市作为改革开放的试验基地，已率先实行了“法定图则”的规划管理制度，很类似于美国的区划制，从目前的反映情况看效果还是好的，我国其他城市也可以根据自身情况决定是否引用。

（4）相应的机构改革

以上笔者提出要调整规划部门的权限，进而设想能否过渡到以区划制为主。顺着这一思路进一步思考，就带来规划部门及相应机构的改革问题。我国自 20 世纪 80 年代以来的政府机构改革一直在进行，目前基本解决的只是党政不分、政企不分、政社不分等问题，而政府机构本身之间的关系仍存在分散多头、权限不清、相互制约等问题。对于我们所处的城市建设行业，各地政府大多将规划、土地、房管部门分别设立，实际运行中暴露出房籍与地籍管理分家，土地利用规划与城市规划打架，规划部门不管现有房地产的利用情况等弊病，很难起到有效调控的作用。对此笔者设想能否将土地、规划、房管三部门进行整合，理由如下：

目前，规划局在土地和房管部门存在的条件下对规划的执行并无特别有效的手段，因为落实规划归根到底要靠对土地和房产的管理，也就是说土地和房管部门对规划的落实作用远大于规划局本身。特别是土地管理局享有土地的用途管制权，这是落实规划的关键。而现在规划局之所以仍能在政府中作为一个组成部门存在，主要还是因为规划编制及决策的权利仍掌握在该部门手里，如果能将其决策权剥离，那么规划局的存在价值就有限了，因为执行权基本上可以交由土地和房管部门来发挥，规划部门就有可能将被拆并到土地和房管部门中去，对此笔者建议在将来的政府机构改革中撤销规划局，相应地成立独立于政府部门之外的具有决策地位的规划委员会。

当然，在目前规划部门仍享有决策权的条件下，作为过渡办法可以不动规划局而先将土地与房管部门合并，因为对土地的管理权原本就是属于房管一块的，只是《土地管理法》颁布后由于考虑我国人多地少带来的土地问题的严重性才与房管分开，但随着住房货币化制度的改革，由于房地产一体化的固有属性使这样的分割管理操作缺点也很明显，为此有必要将其重新合并、统一管理，如广州市就采用了这种模式。而规划局与土地（或房管）部门合并的模式笔者并不欣赏，因为一方面这实际上进一步巩固了从决策到执行的封闭循环权利系统，另一方面规划编制的滞后性也会影响日常的房地管理，常州市在上述两部门合并后又重新分开就说明在目前的条件下规划局还是以暂时独立设置为好。

图 3-22 为香港土地管理（实际上还包括房屋、规划）机构与服务组织设置情况，笔

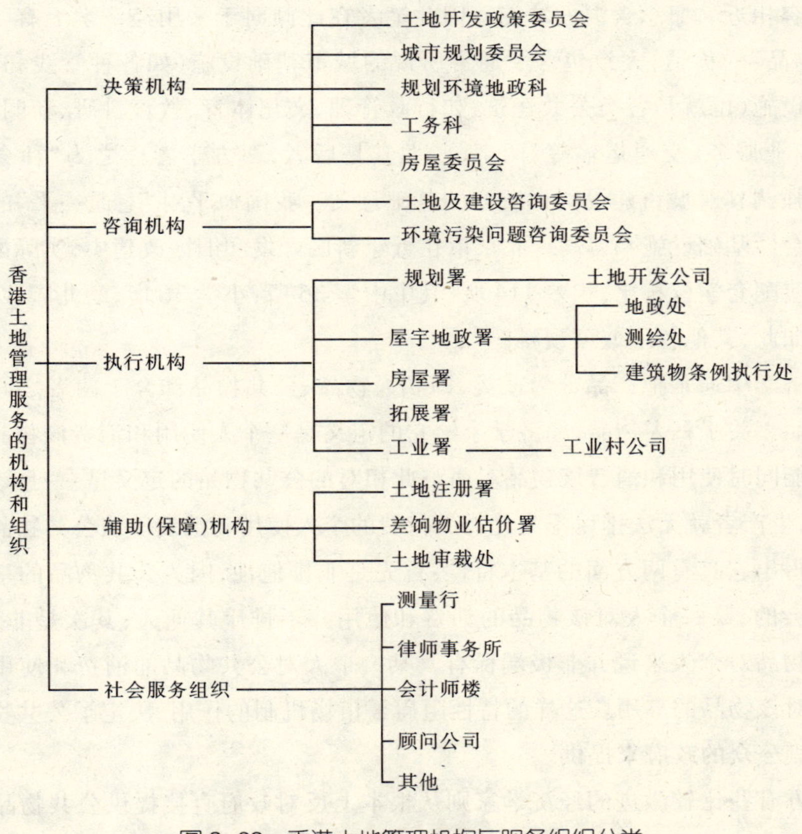

图 3-22　香港土地管理机构与服务组织分类

（图片来源：郑荣禄. 中国城市土地经济分析. 昆明：云南大学出版社，1997）

者在此并不认为这种模式适用于所有内地城市，但笔者赞赏其土地、房屋、规划机构相互整合且决策、执行机构分设的做法，可为今后的政府机构改革提供参考。

3.3.3 直接的公共物品建设

控制城市中公共物品的建设是城市政府调控土地市场、引导居住用地区位生成的另一重要手段。在20世纪30年代，西方城市政府和规划师关心的主要是居民工作地与居住地之间的通勤交通问题，致力于就近配置居住与工作地点。然而，由于许多市民对居住地点的选择并不以紧邻就业地为重要条件，使这类努力在实践中难以奏效。20世纪50年代，人们的兴趣逐渐转移到了公共物品以及它们在城市中的区位等问题上来。通过建设公共物品吸引了居民迁居，从而达到了合理配置居住地的良好效果[30]（图3-23）。

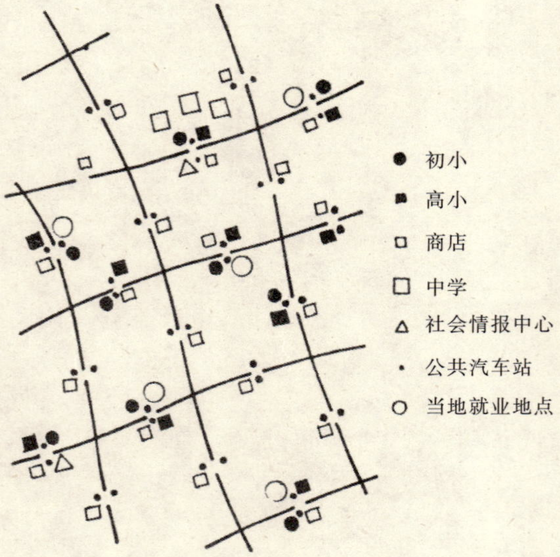

图3-23 建设公共设施引导居住用地进入市场

（图片来源：胡俊. 中国城市：模式与演进. 北京：中国建筑工业出版社，1995）

1）公共物品的内涵

(1) 公共物品

在城市中广泛存在着一些为市民提供公共服务的物质性设施，一般我们多称之为基础设施、公共建筑、市政设施、公用事业、生活服务设施等。由于这些名词存在着所指内容相近、概念含混的缺点，因此笔者在此倾向于采用经济学上有明确定义的"公共物品"的称谓，大致包含了通常所说的城市基础设施（如各种管线和道路）和公共服务设施（也就是各类公共建筑，如行政管理、文化体育、教育科研、新闻出版、医疗卫生、商业服务、交通运输等）两部分，尤其是后者，西方学者称之为"社会性基础设施"，以强调其对城市建设同样重要的基础意义。我国似乎对"七通一平"的热情远比建设社会性基础设施来得高。北京市在近年新区开发和旧区改建中，实际配套学校与按规定应配套学校相比，相差114所（其中中学36所，小学36所，幼儿园42所）[31]。北京尚且如此，其他各地似可预料。

经济学中通常把产品分为三类，即私人物品、公共物品和介于两者之间的所谓俱乐部产品。关于私人物品，经济学家给它的定义是一个人使用和消费该物品即意味着他人不能同时使用和消费该物品。而与此相对的公共物品的定义是：一旦该物品被生产出来，生产者就无法排斥不为此物品付费的个人使用和消费。从公共物品的定义我们可以得出它具有两方面的基本特性：首先是非排他性，因为公共物品的享有权是属于全社会的，某一个人对该物品的消费和使用并不排斥其他人；其次是非竞争性，因为公共物品对个人来说并非极端稀有，某一个人对公共物品的消费和使用并不会减少他人对该物品的享用。这样的特性阻碍了市场机制的作用，决定了公共物品一般只能由代表公众的政府来提供。

西方有些比较激进的经济学家则从根本上反对政府直接提供公共物品，他们声称不论何种物品都应该完全放到自由竞争的市场中去生成。他们认为,人们迁居或不迁居就代表了通常表示愿意或不愿意购买某种货物的市场测验,或者说表达出选民对公共货物的需要,地区空间的移动犹如去市场购货一样表达了对公共货物的购买。简言之,人们是“用他们的脚投票”,人们居留的地区就是地方当局介入经济的水平和组合形式最接近于他们理想的地区。当然,这种主张的前提是迁移费用很低,对于人们“用脚来投票”阻碍不大(用物理学来比喻就是“无摩擦运动”)。然而现实有时恰好相反,居民们可能宁愿住在地方当局介入水平不太理想的老地方而不愿支付迁移的费用,因此这一学派的观点并未得到广泛认同。

(2) 城市公共物品

从空间经济学的角度来说,公共物品还存在着明显的地域性。除少量为全国或全球服务的公共物品之外,多数公共物品的作用都被限制在一定的范围之内。城市公共物品就是一种典型的地方性公共物品,它由城市政府提供,作用仅限于该城市或城市内的某一区域内(这时可称为社区公共物品)。另外,除少量具有完全的非排他性和非竞争性的城市公共物品(例如救灾、防病、气象等公共服务)外,大多数城市公共物品只具有有限的非排他性和非竞争性,也就是说排斥他人免费使用尽管存在一定成本,但在技术上还是可行的,而消费者如果数量过多也会使单个消费者所能享有的公共物品的数量和质量都受到影响,因而只能称之为准城市公共物品。

为了满足城市发展的需要,世界各国由城市政府提供的城市公共物品像私人物品一样在城市中随处可见。一位美国评论家为此说道:“现代城市居民出生在公共医院,在公立的学校和大学受教育,生活中的不少时间用在搭乘公共交通工具上,通过邮局和半公营的电话系统通讯,饮用公营的水,经由公共的污物处理系统消除垃圾,读公立图书馆里的书,在公园里野餐,受公安消防、卫生机构的保护,最后死在公立医院,可能还安葬在公墓里。”[⑳]当然,公共物品主要由城市政府提供并不等于排除市场机制的作用,要提高公共物品的供给效率,仍然取决于公共物品生产经营的制度安排与竞争程度。

我国在计划经济年代,城市公共物品完全是由政府提供的,因为运行制度不合理而造成财政入不敷出,只好一再压低建设标准,给今天的发展带来严重瓶颈。目前,随着市场化运营的意识逐渐深入,医院、公交等社会性基础设施已从政府垄断性经营转变为多元化共同经营的模式,这些具有中国特色的事业单位正逐步走向企业化的运作(当然仍在政府的直接控制之下),而水、电、气等基础设施也逐步通过调价等经济制度改革来取得资金回收,部分城市已准备采用国外通用的 BOT(build-operate-transfer)的做法对基础设施的经营进行深层次的调整。这些措施实际上都是对公共物品的建设引入了适量的市场机制,而不仅仅是单纯靠政府来解决。

2）公共物品的作用

（1）对地——居住用地结构

对城市基础设施和社会性基础设施的安排，将成为政府对土地利用结构控制和引导的关键手段，对居住用地而言也是如此。随着城市经济的发展，尤其是在当前经济快速增长的时期，产业结构的调整使得公共物品的数量、类型和布局都达到了更高的水平，其配置情况对城市居住用地的整体结构将产生重要的影响，分别体现在以下 3 个方面：

① 公共物品的供给量将影响居住用地的利用率。一般说来，城市居民会根据其在城市中所能获得的最大效用决定其住所的位置，而公共物品的增加将提高居民的福利和收益，改善其生活状况和质量，同时又由于是“免费”获得的而不需要付出额外成本，因此居民总是会向公共物品聚集的地方迁移，进而形成人口的聚集效应，使该地区土地集约性增强，利用率提高。可以说，城市公共物品在本质上能控制城市土地利用率。由此结论出发，政府要想改变某些土地低效利用的局面，可以通过对公共物品的投入来带动。

② 公共物品的类型将导致居住的地域分化。不同的居民对公共物品的供给有不同的要求，不同公共物品对居民的意义也不同。居民择居时出于不同的序数性偏好，对教育、医疗、绿化等公共物品的重要程度评价也都不同，进而集中到不同类型的公共物品周围。例如老年人家庭居住处会考虑临近于医院，有学龄子女的家庭则倾向于临近于学校，使城市内部的居住产生地域性分化。

③ 公共物品的布局将决定居住用地的发展方向。正效应的公共物品聚集地必将吸引居民前来定居，进而吸引寻找劳动力的企业，使该地区形成新的发展热点；而负效应的公共物品所在地将对该地区的发展构成严重障碍，典型的例子就是城市近郊的飞机场，由于其影响范围之大成为城市在此方向发展的“门槛”约束。

（2）对人——政府、开发商与居民

在城市居住用地结构的形成中，政府、开发商与居民之间存在着相互关联、相互作用的关系。其中，居民实际上是这一过程中最为活跃的因素，是最终结果的主宰者——开发商与政府本质上都是为居民服务的，并无最终的决定作用。在传统的微观选址经济分析中，居民往往是作为单独的个体来对待的，没有考察居民与开发商之间的关系，更没有考察居民、开发商与政府三者之间的关系。

一般说来，开发商选择开发用地时多会青睐“熟地”，即基础设施到位的用地。如果该地块周围还有比较成熟或正在完善的社会性设施那就更好，因为开发商必将从其散发的外部效应中受益；而居民大多也会希望居住在城市基础设施（这是起码的要求）和各种社会性基础设施（这将更方便其生活）周全的地区。因此，从表面上看，开发商与居民是通过住房产生关联，实际上，与住房所处区位的外部环境条件（城市基础设施和社会性基础设施，即公共物品）的关联更为重要，这就是开发商搞开发和居民择居时信奉的“区位第一”原则的真正含义。

进一步说，联系开发商与居民的公共物品是由城市政府来提供的。政府的决策确定了公共物品的供给量、种类和布局，通过其外部效应引导开发商和居民的行动，形成居住用地的不同利用率、地域分异和发展热点。这样，开发商和居民都由政府直接建设的公共物品控制起来，作为政府意志的规划就能通过这种手段得到逐步落实。

反过来说，城市政府对公共物品的投资根本上是来源于城市中企业和个人上缴的税收，因此公共物品的供给能力归根到底是由城市整体经济效益决定的，这当中房地产行业尤其起到支柱作用，开发商与居民的市场交易将影响到整个经济的发展水平，进而影响到政府对公共物品的供给能力。于是，居民、开发商和政府所进行的居住、开发、公共物品的建设活动相互交织，共同促进了居住用地的区位生成。

3）公共物品的配置

（1）效率与公平的配置准则

对任何经济物品的配置都会有经济效率的问题，而公共物品具有的公共性又增添了社会公平一项。严格说来，公平本是属于伦理学、政治学甚至是哲学的研究范畴，传统经济学一向只研究发挥有限资源的最大利用效率，直到庇古创立福利经济学才将其作为经济分析的重要内容。福利经济学既考虑构成社会福利最大必要条件的经济效率问题，又考虑作为最大充分条件的合理分配（即公平）问题，指出单纯追求经济效率的最大化并不能保证最终社会福利的增加，但同时又指出公平与效率处在“鱼和熊掌不可兼得”的状态，追求一方必然会对另一方有所损害，人们只能在两者之间采取比较折中的方案，当前可持续发展的共识实际上也是基于这种考虑而达成的。

新福利经济学以意大利经济学家帕雷托（V. Pareto）为代表人物，他认为如果将某种配置状态下的资源重新组合分配，并不能做到使一个人或个人的福利增加而同时不使其他人的福利减少，那么这种配置就达到了经济效率最优状态（虽然不一定是最公平的）。帕雷托最优的概念在经济学中有重要应用意义，因为无论是生产还是消费的目标都不会是单一的，我们不可能只求一种产品的数量最大而不顾及其他的产品，也不可能只照顾一部分人的需求而置他人于不顾，而应尽量接近这种最优状态（虽然只是个理论值）。另外，这一概念还逐渐深入到其他领域，因为人们已感到经济利益并非生存的惟一目标，优劣的评价需要采用众多性质不同的指标，因而出现了多目标规划问题，成为多目标规划理论中的一个最基本概念。

回到对公共物品配置准则讨论上，同样也存在着公平与效率难以取舍的问题。例如在各类社会性基础设施的空间分布安排上，按人口均匀分布可以使人们都得到平等和方便的服务，但事实上由于使用者存在不同的消费需求，这种布局的后果势必造成一部分设施超负荷运转而另一部分设施得不到充分利用，使用效率受到影响，其结果是不经济；反之，又可能在某种程度上给一部分使用者带来不便。因此，必须根据居民群体的主导性质具体分析。我国经历了多年极端“公平”的城市建设之后，效率低是城市各类公共物品的通病。今后的建设似应在能取得良好经济效益的区域优先设置(尽管服务对象可能是少量高收入群体)，通过市场化运营后回收的资金来补贴给其他弱势地区，正是既符合效率原则又能解决公平问题的根本办法。

(2) 社会性基础设施的规划要点

在城市公共物品中，社会性基础设施对居民生活的影响最为显著，因而也更需要城市政府部门从规划上加以明确，其规划除了考虑城市交通、城市环境、景观组织、建设时序和现有设施的利用等一般原则之外，在当前的条件下还应注意以下几个要点：

① 项目配置。首先要在城市居住用地区域内，根据具体要求规划好周全的社区性公共设施，并努力创造条件落实。为此，除了市政府直接投资外，还可以制定多种优惠措施来吸引民间资本共同参与开发，切实解决好人们的基本生活问题。其次，要使城市性公共设施配套齐全，有些设施虽然目前并无经济实力建设，但一定要在规划上预留用地，为此可以保留一部分工业、仓库、居住甚至农业用地，在规划期内不进行调整和改造，以用做土地储备。

② 建设标准。社区性和城市性公共设施的建设不能过度迷信目前通行的国家标准(许多带有计划经济色彩的标准亟待重新评估)，因为各类设施的“门槛人口”与“千人指标”随着居民经济能力的提高也会相应地发生变化。对此需要切实做好对社区和城市居民的需求调查工作，求得比较符合实际情况的数据，并根据其有效需求和消费层次划分出高、中、低几个档次，而不是笼统地以居民的平均情况(也就是过去制定标准时对“人”的理解)来概括。在具体执行过程中需要严格遵循的只是带有社会保障性质的最低标准，而在此以上的中高档标准则可根据市场要求上下浮动。

③ 组合模式。社区性公共设施可以比较均匀地分布在城市居住用地上，并不一定要布置成社区中心的形式，尤其不需要将这些设施都布置在社区内部(甚至是几何中心)；另外，社区性公共设施并不一定要按照过去我们习惯的三级划分模式来设置，有些情况下中间层次的设施完全可以省去(许多迹象表明社区性设施的利用率正朝向两极发展)。而城市性公共设施则一般需要根据不同的公共生活内容组成若干个有明显主导功能的公共中心，如商业中心、文化中心、体育中心等，以发挥其增长极的作用。

另外，在德国建筑师学会出版的《设计手册》当中，社会性基础设施的布局是与人们从住宅出发到达这些设施的时间距离(最多不超过 35 分钟)相关联的，一切都围绕着居住用地区位来设置(图 3-24),而美国的社区规划中也运用了类似的原则和方法(图 3-25),充分体现出以人为本、为城市居民服务的思想,这些都可以作为我国政府部门规划社会性基础设施时的重要参考。

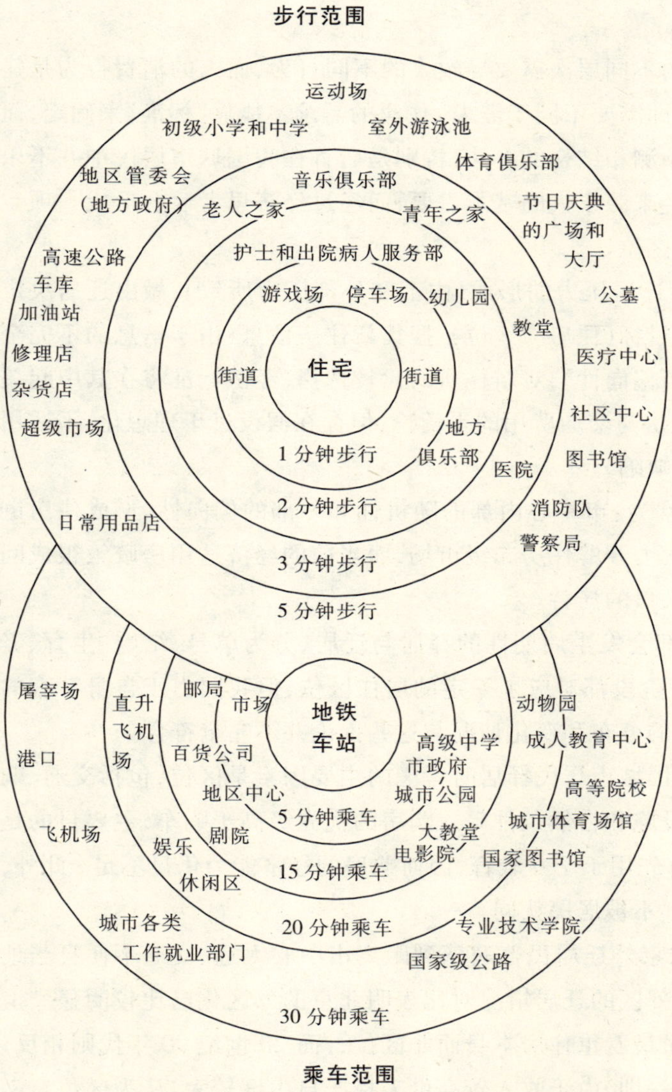

图 3-24 与住宅区位相关的城市基础设施分布

(图片来源:清华大学建筑与城市研究所编. 城市规划理论·方法·实践. 北京:地震出版社,1992)

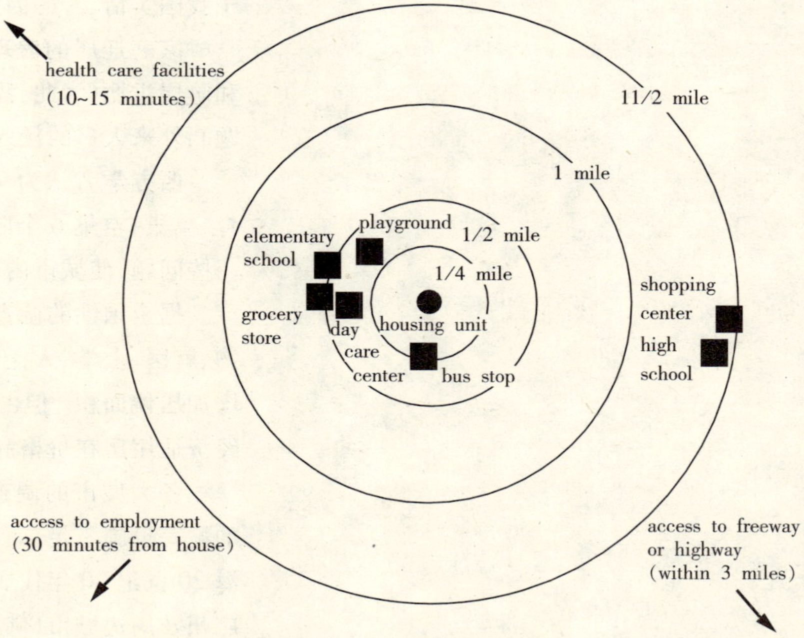

图 3-25 在住宅开发规划中需要考虑社区服务设施与工作机会的临近

(图片来源:Kouskoulas V, Lytle R B. Urban Housing & Transportation. Detroit, Michigan: Wagne State University, 1975)

3.4 小　结

本章可简称为互动机制研究。

(1) 关于居民

理性人并非经济人。人的不同层次需要导致人的不同行为,而人的消费行为是建立在有购买力的需求之上的,即需要不同于需求。住房的需求不能靠“标准”来确定,而应采用潜在需求和有效需求预测相结合的办法,特别是后者在我国城市居民中并不乐观。居住区位的需求从根本上来源于人的基本需要,而经过经济思考后会形成一项主导需求,从而决定最终的居住区位。

家庭择居的过程通常为:迁居压力的形成(内部和外部压力所致),做出迁居决定(主动和被动),确定理想居住目标(住房与区位),搜集新住房信息(由于信息的不完全和认知活动范围的局限导致了偏向性),对新住所的比较选择(经济标准将在其中起关键作用。阿隆索为此提出了住房与交通费用的平衡论,但存在假设过于理想化、不适用于我国实情、考虑因素过少等缺陷)。

家庭迁居的表现特征通常为:市中心内部的随机性和外部的偏向性,形成住房链和阶层过滤(为此,我国需要大力开辟住房二级市场,而当前的经济适用房政策很成问题)、外来人口的侵入和内部人口的演替。

西方学者认为一般家庭都会发生周期性的择居与迁居,分为单身、结婚、生育、养育、离巢、空巢6个阶段,每一阶段都对应了一定的居住区位,但我国由于自身特有的一些问题,使城市内居住区位的分布和变化情况与这些推论并不完全符合。

据全国性的调查显示:我国城市居民择居时考虑的主要因素是区位,包括交通、购物、就医、上学、入托、文体等设施和自然条件等。购房的优先级高于购车,主要目的是增加居住面积。但由于储蓄首先用于子女教育,因而购房的经济能力仍显不足。此外,经济适用房在价格和区位上都不被居民认同。

各大城市的调查表明:北京外迁居民普遍感到距离市中心太远、交通不便且当地的配套设施不足,而中心区与郊区的迁居情况对比表明北京的郊区化已比较明显。上海20世纪80年代居民择居时最看重住房本身而非区位,而20世纪90年代则相反。广州及周边城市(佛山、珠海、深圳)由于收入较高带来择居自由度较大,认为区位意义胜过住房本身;而低收入群体则只能满足低层次的需要。其他城市(武汉、西安)的调查情况和此相类似。

(2) 关于开发商

城市土地开发需进行空间经济分析,为此需把握全局(这个“局”是由土地区位的通达性与聚集性影响了地块的价格进而形成的总体土地利用结构,在水平和垂直方向都有表现)，要明确地段的升值潜力(土地升值有宏观、中观、微观3个层次的原因。微观地块的升值原因中除直接投入外，还有外部效应的作用，为此需要选择外部条件好的地方)。此外，还要了解一些通俗的地段选择理论，如上风口、近水、沿边、高走、见绿等。

城市土地开发还需进行时间经济分析，为此必须对土地中隐含的机会成本(即不能在其他用途中获得的效益损失)有清楚的认识，而地上建筑物的经济寿命(在该时间段内现有的建筑物价值始终大于潜在的地块价值)也需进行合理评估，从而在明确外部影响条件(如社会经济状况、交通条件、建筑改造的可能性、技术条件等)的基础上把握再开发时机。

王石对万科房产的选址早期位于城市中心区，针对少数“先富起来的人”；近年则一般都在城郊结合部，车程在城市副中心区10 km左右半径内，针对的是普通人。潘石屹开发房产时最看重地段，他对海南以及北京的总体城市发展认识符合实际情况，对现代城的选址更有其独到的微观环境理解，从而获得了成功。

(3) 关于政府

自斯密以来，西方国家对市场自动调节能力的信赖被凯恩斯的革命性理论所推翻，因为市场本身存在固有缺陷，最根本的是经济活动的外在性，对此政府必须加以干预，但程度是有限的。

政府干预市场的间接手段是建立制度。在经济制度方面，目前我国土地市场运行制度仍存在“两权”问题，需要改革为现代产权制度；还有“双轨”问题，需要及早并轨，建立全面有偿有限期的用地制度；此外，政府在运用地价杠杆中存在“暗箱”操作、协议过多的问题，在运用税收与补贴手段时也存在一次性收取、对象不明等问题，亟待解决。在规划制度方面，目前“一书两证”审批制存在三点弊端：其他行业管理部门的审批制约规划部门的权限，规划部门由于自身权利的集中而具有较大的审批自由度，规划部门缺乏有力的审批后实施保障制度。为此提出三点改革建议：扩大规划部门执行权限，缩小规划部门的决策权限，健全审批后实施的相关制度保障。而根本的改革目标则是建立符合法治原则的区划制度，其中的基本内容在我国的控制性详规中已有体现，但一些特别内容(如区划奖励、规划单元开发、开发权转让)尚有待引进吸收，为此必须进行相应的机构改革，建议整合土地、规划与房管三部门。

政府干预市场的直接手段是进行公共物品的建设。公共物品具有非排他性、非竞争性以及地域性的特点。城市公共物品主要包括基础设施和社会性基础设施，其建设也需引入适当的市场机制。城市公共物品的作用表现为其供给量、类型与布局，其将影响居住用地的利用率、地域分化和发展方向，同时会吸引开发商与居民聚集，使政府能从中调控。城市公共物品的配置需遵循效率与公平兼顾的原则(目前更应注重效率)，在实际规划中需注意项目配置、建设标准和组合模式等问题。

注　释：

① 数据均来自于近年来的房地产网络新闻报道。
② 柴彦威. 城市空间. 北京：科学出版社，2000
③ 厉以宁. 当前的住房市场. 城市开发，1999（7）
④ 资料来源：李耀培主编. 中国居住实态与小康住宅设计. 南京：东南大学出版社，1999
⑤ 资料来源：深圳市规划国土信息中心 2000 年 4—5 月间消息。
⑥ 资料来源：深圳市规划国土信息中心 2000 年 4—5 月间消息。
⑦ 资料来源：武汉市房地产网 2000 年 4—5 月间消息。
⑧ 资料来源：南京市房地产网 2000 年 4—5 月间消息。
⑨ 谭英. 由居民搬迁问题引发的对北京旧城改造的思考. 建筑师，1998（10）
⑩ 周一星，王榕勋等. 北京千户迁居户问卷调查报告. 规划师，2000（3）
⑪ 阮仪三主编. 城市建设与规划基础理论. 天津：天津科学技术出版社，1992
⑫ 杨贵庆编. 城市社会心理学. 上海：同济大学出版社，2000
⑬ 在展销会上向参观者的问卷调查. 南方房地产，1996（7）
⑭ 广州市住宅消费者的购房意愿和选择. 南方房地产，1997（8）
⑮ 佛山房地产市场问卷调查分析. 南方房地产，1996（9）
⑯ 珠海市房管局在展销会上的问卷调查资料. 南方房地产，1996（12）
⑰ 资料来源：深圳市规划国土信息中心 2000 年 4—5 月间消息。
⑱ 资料来源：武汉市房地产信息网 2000 年 4—5 月间消息。
⑲ 资料来源：西安房地产信息网 2000 年 4—5 月间消息。
⑳ [美] 沃纳·赫希著. 城市经济学. 刘世庆，李泽民等译. 北京：中国社会科学出版社，1990
㉑ 陈放主编. 房地产策划. 北京：知识产权出版社，2000
㉒ 阮仪三主编. 城市建设与规划基础理论. 天津：天津科学技术出版社，1992
㉓ 夏南. 把握市场需求坚持以人为本：万科地产开发城市近郊大型社区的几点思考. 建筑学报，1999（12）
㉔ 潘石屹，张欣等. 茶满了. 天津：天津社会科学院出版社，2000
㉕ 此事在 2001 年 10 月间的南京各大报纸均有报道。
㉖ 雨花台烈士要和鳄鱼为邻？现代快报. 2002-3-31
㉗ 数十位老专家较真规划局. 现代快报. 2002-11-4
㉘ 开发商目无规划局. 现代快报. 2002-6-23
㉙ 阮仪三主编. 城市建设与规划基础理论. 天津：天津科学技术出版社，1992
㉚ [德] 阿尔伯斯著. 城市规划理论与实践概论. 吴唯佳译. 北京：科学出版社，2000
㉛ 中国城市规划学会主编. 资源短缺条件下的城市规划探索. 上海：同济大学出版社，1998
㉜ [美] 巴顿 K 著. 城市经济学：理论与政策. 上海社会科学院部门经济研究所城市经济研究室译. 北京：商务印书馆，1984

4 城市居住用地区位的科学规划

具有相当程度科学性与可信度的规划成果是规划落实和管理顺利进行的前提,也是城市整体建设实践取得良性发展的保证,城市居住用地区位在此基础上才能达到合理配置。为取得这样的规划成果,我们首先要有比较科学的理论指导;其次要运用比较科学的设计方法。国内对当前条件下规划理论的研究大有人在,本书在前面几章也进行了一些这方面的铺垫并表达了一些自己的看法,而对设计方法的探讨则鲜见有学者涉足,这也就造成了许多规划有明确且比较科学的理论指导,但实际操作中却很难深入应用的局面,也就很难保证最终规划成果的科学性。为此本章将对此展开研究,并对城市居住用地区位规划操作过程中的某些环节做出理性的思考。

4.1 区位研究的科学手段

4.1.1 规划设计方法的科学化

1）思维方法的科学化

设计方法包括思维方法、工作方法和表现方法,而表现方法与工作方法又取决于思维方法。规划设计方法迈向科学化的变革首先是从思维方法开始的。传统的规划设计思维方法类似于建筑设计的思维方法,一般是运用人脑中储存的知识和经验,通过主观的想像、简单而约略的推论,对所认识的对象——城市和城市局部地区进行判断。由于这种推论过程的粗略,往往失去很多重要的作用因素,而且对因果关系的逻辑分析也较差,这样判断的结果必然带有一定的主观片面性或模糊性。另外,建筑设计思维方法中还特别强调一种被称为“灵感”的方法(也就是依靠触发性的灵感思维活动,用“悟”的方法设想与判断建筑设计方案)。随着建筑师进入城市规划领域,这种“灵感”的方法也被移植到了规划设计的思维方法中。虽然这种思考方式常能获得独创性见解,但对“悟”的推理程序不甚明了,因此讲不清道理也难以再次模仿。总之,无论是依靠经验,还是依靠灵感,所思考和设计问题的方式皆侧重于“究其然”的感性和定性认识,较少“究其所以然”的理性和定量认识①。

今天,建筑设计面临的问题比以往任何时候都更加复杂,已迫切需要将传统的以经验和灵感为本质的形象和图式思维方法引入比较清晰的逻辑思维,运用分析、抽象、概括、比较、推理、综合等手段研究建筑设计的内在规律性,从而形成情感与理性交织的创造性思维方法。城市作为一个复杂的巨系统,其中包含的问题虽与建筑有分形般的自相似性,但问题的数量要比建筑多出千万倍,因而远比建筑个体甚至群体来得复杂，更需要用严谨的逻辑思维方法来认识。随着计算机技术在各设计领域的广泛应用，规划设计思维也在随着工具的改变而改变,因为计算机的主要工作方法和内容是逻辑推理和数据运算,为了能与其进行联系和对话,就必然要使规划设计方法,首先是思维方法逻辑化、数据化,也就是说要运用逻辑分析和定量分析的方法进行思考。

2）规划方案的科学化

运用现代理性思维的规划设计方法,并非否定来源于传统建筑设计方法中的经验和灵感作用，而是在充分掌握丰富经验的基础上按逻辑推理程序进行综合性数据分析,由量到质地设想方案与判断方案。显然,用这种方法得出的设计方案具有较大的客观性和可靠性，因为结果的背后有大量令人信服的依据。如果用这种方法的评价方案，可以用综合性的数量分析得出最终的决策,从而避免传统的方案讨论会上经常出现的“各执一词”、“难以定案”的局面。而如果对外举行公示和听证,也会因为有较多的事实说服力而易于取得公众的认可，从而保证规划成为社会共同遵循的约束。当然，更重要的是规划设计方案的精确度提高了,将为城市建设带来巨大的技术、经济效益。所有这些都是规划设计方法走向科学化的根本原因。

西方 20 世纪 60 年代兴起的计量革命,使得经济学、社会学等人文学科都走向了定量分析。特别是经济学,由于定量分析方法在经济学中的广泛应用,计量经济学已成为经济学中的主流学科。城市规划作为一门比较年轻的学科,仍在为自身的专业特色而定位,定量分析方法也正在积极探索之中。目前规划设计中逐步采用的有数学模型方法和地理信息系统方法等，在此笔者还推荐来自经济管理中常用的价值分析方法。这些方法虽来自于其他学科,但本质上都具有通用工具的属性,引进到规划设计过程中对方案的优化大有帮助。因为任何设计都只能追求在各种现实条件基础上的最优目标(而非理想目标),在设计过程中如果能有秩序地采用一系列合乎逻辑的、科学的思考与工作方法,那么设计者的最初设想在方案中就能得到最大限度的满足,这样得出的方案就可称得上是“最优设计方案”。下面将对这几种常用方法加以简述。

4.1.2 数学模型方法

1）数学模型概述

数学是各学科可以共同使用的一种科学语言,成功的数学应用能使我们更加理性和科学地解决我们所面临的实际问题,而数学模型正是将数学和实际问题紧密联系在一起的桥梁。通过数学模型的组建把数学语言引入到实际问题中,而对实际问题的模型分析又对数学本身提出了新的要求。如果用一条鱼来比喻,那么数学本身的理论结构和它们之间的逻辑关系仅仅是鱼身,而从实际问题中提出数学问题(鱼头)和如何使用数学来解决实际问题(鱼尾)更为重要,数学模型在其中充当了鱼骨的中介角色②。作为一名将数学作为应用工具的非数学专业人士，并不需要精通数学内部理论和方法,但必须清楚如何将数学恰如其分地安排到解决实际问题的过程中去,也就是说要负责搭建能应用数学的模型。

所谓数学模型就是通过抽象和简化,使用数学语言对实际问题所表露出来的现象的一个近似刻画。这里的模型是针对原型而言的,即人们所研究和关心的实际对象(在科技领域常常使用系统来称谓,如城市交通、土地利用系统等)。系统往往带有人们对其考察对象尚未认识清楚的混沌含义，而模型则是人们为剖析系统而作的抽象和升华,有了它说明人们对考察对象的认识和理解已经达到比较高的层次。因此,数学模型虽然来自于现实对象，但并不是简单的模拟，而是使用数学语言对现实对象提炼、归纳、翻译的结果,表现了对象的内在规律和特征。通过数学上的演绎推理和分析求解,使我们能深化对所研究问题的认识。

科学研究中的对象往往非常复杂,因此像中学生解应用题那样只要靠套公式就能解决的问题在实际的数学模型中是很少见到的,绝大多数情况下要解决的问题根本没有现成的公式可套,因此不能认为数学模型就像解应用题那样简单。学数学和用数学是根本不同的,在用数学来解决实际问题的过程中需要一些特殊的技能,这当中研究者对问题本身的理解比掌握相应的数学语言更为重要。因此一个好的数学模型并不在于它使用了多么高深的数学语言,相反只要它确实是针对某个实际问题,用尽可能简单的数学语言来分析和解决,从而使非数学工作者能易于理解才是最成功的,过多、过深的数学语言反而会降低该模型的应用意义。一般说来,运用数学模型解决实际问题包括以下几个步骤:分析问题建立模型,代入数据运算求解,将所得解返回到实际问题中加以解释(图 4–1)。下文即按此线索进行剖析。

2）模型的建立

运用数学模型解决实际问题的第一步就是建立数学模型,也就是数学建模。与数学本身的研究不同,数学建模的过程不仅要进行演绎和推理,还要对复杂的现象进行归纳、总结和提炼,这是一个归纳总结与演绎推理相结合的过程,此间必须对现实问题进行去粗取精、去伪存真的加工处理,但至于究竟保留什么因素、忽略什么因素并没有一定的范式,这要根据研究者研究的目的、对问题的理解及其数学背景来决定。应该说这是一个创造性的过程,为此不同的研究者针对同一个问题也可能得出不同的数学

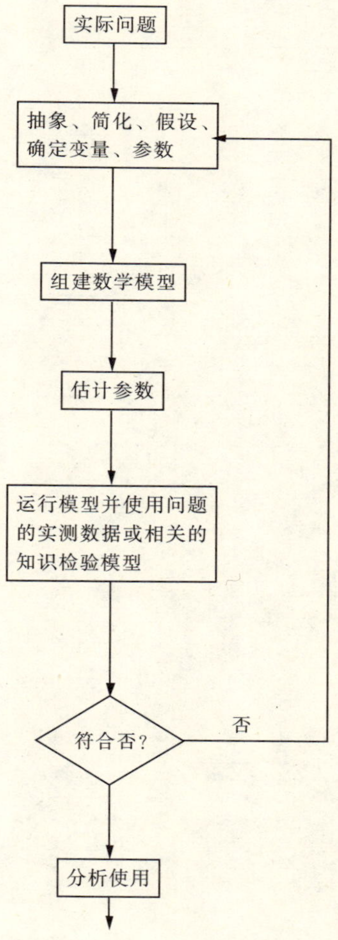

图 4–1　数学建模过程流程图
（图片来源：刘来福，曾文艺编著. 数学模型与数学建模. 北京：北京师范大学出版社，1997）

模型。但无论结果怎样其建模的过程都是相同的,研究者都必须通过辨析问题中变量之间的关系而把实际问题转化为数学语言描述的形式,也就是说建模也有一个程序化的过程。

首先必须仔细分析所要解决的实际问题。为此要从许多看起来杂乱无章的现象中明确要加以研究的对象和研究的目的,问题所依据的事实是什么,它们是否真实,与问题有关的背景知识以及问题本身的类型（科学研究中常见的问题可分为3种类型:第一种是确定性的,即对问题的条件给出恰当的分析就能得到所需的模型,利用数学求解就可得出确定的结论;第二种是问题条件尚未明确,有待于在建模过程中通过假设来明确;第三类问题更为复杂,涉及一些随机性的因素,属于不确定性的)。

然后要从问题中辨识与其本质相关的因素。这可以通过预先假设对所研究的问题进行简化，从而比较清晰地找出其中需要考虑的因素以及它们在问题中的角色和作用,并用变量和参数的形式来表示这些因素。通常在建模最初总是需要把问题尽量简化,在最简单的情形下组建模型,以降低工作难度,然后通过不断调整假设使模型尽可能地接近实际(这是科学研究中很常用的一种工作方法)。

最后给出问题中变量的数学关系。这需要运用数学中的知识和技能技巧,一般都可以用数学表达式来描述,如比例关系、指数关系、矩阵、概率等(此时如果研究者自身缺乏这方面的能力,可请数学专业人士协助),从而得出数学模型,完成运用数学模型解决实际问题的第一步。

3）数据的获取

利用数学模型解决实际问题的第二步是将数据代入模型并运算求解,其中最关键的是数据获取的问题。这里所说的数据是指从实际问题中收集的实际观测和调查值。由于实际问题的复杂性,得到的数据资料很可能是不精确的或不完善的。为提高数据的准确性并相应地提高模型及其结果的可靠性,正确处理所得数据的误差也是运用数学模型的过程中不可回避的重要课题。概括说来常见的误差可以是来自随机因素导致的随机误差,也可以是来自观测与调查过程中固有缺陷而导致的系统误差。前者可以通过多次测量的平均值来消除，后者则必须通过改进数据获取的实验方法来降低。对于应用数学模型的研究者而言,明确如何控制数据的误差有助于其对所得数据进行分析和选用。

在通常情况下,支撑数学模型所需要的数据都比较多,研究者总会感到有资料缺乏的困窘,为此在模型初步建立后(也可在建模之前和过程中)需要费心搜集。这种工作往往是非常困难的,所耗费的精力在运用数学模型解决实际问题的全过程中也常常占最大比例。特别是在我国,由于许多信息(尤其是政府部门掌握的一些公共信息)不公开,使研究者要么只能自行从实际问题中直接获取数据(这样取得的数据是极其有限的)，要么为了间接地从有关机构获取数据而费尽周折(为此的付出往往使研究者难以承受)。如何能让学术研究顺利进行？又如何能产生富有实际应用意义的研究成果？而政府部门具有公开信息的责任早在1945年发表的联合国教科文组织宪章中就确认了[3]。相比起来美国学者就幸运多了，由于美国公共信息法规定凡使用纳税人交的税款而收集的数据，除国家机密外，一般都应免费公布[4]，使得研究者可以在互联网上轻松查到各种所需要的数据，大大便利了其研究工作。

一般说来，研究者在搜集数据的过程中都会面对以下两个问题：一是模型需要什么样的数据资料？这是在建模过程中就应当考虑的问题，包括需要什么样的数据代入变量，需要什么样的数据来给出数据模型中的参数，需要什么样的数据来检验模型的合理性等，而模型初步完成时应该对此有一个比较明确的看法。当然，研究者完全有可能在建模之前就已掌握了一些数据，这时就需要以这个看法为准则判断所得数据对所建模型是否有用。在删除了那些无关的数据后如果还缺乏必要的数据，就必须考虑第二个问题，即怎样得到相关的数据？这时研究者可以寻求课题委托者(即提出问题的人)的帮助，向其索要可以方便提供的数据；如果不行就只能通过自己去查询，去图书馆、档案馆翻阅已发表的资料(如各种年鉴、手册和专业书刊等)，或上网访问相关网站，从这些信息中心得到数据；如果还不行，研究者就只能亲自动手设计观测和调查方法，从实际问题中获取直接数据。一旦所需数据准备妥当，下面的运算求解可以说是极其简单的事情，得出解后即完成了运用数学模型解决实际问题的第二步。

4）在规划领域的应用

运用数学模型解决实际问题的第三步就是要将所得解返回到实际问题中解释其意义，对于我们来说就是要在规划实践中加以解释，这需要根据具体的规划研究课题进行具体说明。在此姑且不讨论模型所得结果的应用意义，而将着眼点放到整个数据模型方法在规划领域的应用层次上，可以发现美国城市规划界对此表现出很高的兴趣。早在20世纪60年代计量革命时期，规划师就以物理学的引力原理为基础建立了人口、交通和土地利用等方面的引力模型，当时不少人对这种采用模型进行定量分析以提高规划的科学性的方法都抱有很高的期望，但由于理论、数据及计算技术等方面的缺乏，使规划模型所得到的预测结果并不十分准确。进入20世纪90年代以后，随着IT产业的迅猛发展，数学模型方法重新受到规划师的重视，因为计算机技术与数据的可获得性都提高了，而人们对数学模型方法所能起到的作用也有了比较客观的认识，不再过高地期望它能完全正确地预测城市发展中的一切问题[5]。

由于城市问题的极其复杂性，要建立描述全部问题的成套数学模型是不可能的，为此完全正确地解决所有问题也是不可能的。原因有两个方面：一是难以找出全部作用因素及其组合变化的数量关系，并采用一个或一组相应的多变量函数式加以模拟；

二是许多关于人的主观性因素无法直接按定量分析的方法进行严密推导和叙述，而只能大致地比较和权衡各种因素的作用大小，间接地做出相对定量，即采用加权方法量化，而这种方法是近似和粗略的，与数学模型的精确要求是有区别的。采用定量及加权相结合的方法对城市问题进行分析和模拟与一般的数学模型相比，具有精确度低但简便可行的特点。因此，在城市规划中，应用数学模型主要是为了理解城市发展过程中各种因素作用的机制而不是精确计量影响到何种程度，也是为了使城市发展的决策更有依据、更加透明，便于促进政府与公众的沟通和交流。

目前，我国的城市规划界对数学模型的应用还并不普及，对规划设计方案和政策的拟订都还带有很大的主观随意性。今后如有可能，应首先在方案决策过程中引入数学模型方法，对采用该方案会造成的影响做出大致估计，从而也可根据其影响及时调整设计方案，增加方案的科学含量，而随着对数学模型方法掌握程度的加深，还可进一步用来评估规划政策的影响，避免政府决策出现重大失误。

4.1.3 地理信息系统方法

1）地理信息系统概述

地理信息系统(geographic information system，简称 GIS)是利用计算机存储和处理与地理空间分布有关信息的系统。由于其信息处理的数字化，可以使定性的地理资料转变为定量的地理数据。通常 GIS 中要处理的信息分为两类，一类是反映事物地理空间位置的信息，可称为空间位置数据或地图数据、图形数据，可以用点、线、面和三维表面来表示；另一类是与事物的地理位置有关，反映事物其他特征的信息，可称为专题属性数据或文字数据、非图形数据，如各种监测资料，水井的水质、取水量，道路的交通量、路面质量，地下管线的用途、管径、埋深，河流的径流量，行政区的常住人口、人均收入，房屋的产权人、质量、层数、居住人口等，都是和点、线、面的位置即空间(地图)数据相对应的属性(文字)数据。

GIS 最基本的功能是将分散收集到的各种空间属性信息输入到计算机中，建立起有相互联系的数据库，其目的是为使用者提供数据查询和分析服务。空间数据可以用与手工绘制的地图相类似的表达方式显示在计算机屏幕上，指定任意空间位置就可以知道有关事物的属性。更复杂一些，还可以从空间位置的相互关系进行综合分析。空间信息的查询和分析是 GIS 与其他数据处理系统的主要区别，而迅速及时地更新数据并可以大规模、综合性地管理与地理分布有关的信息则是其与手工操作方式的根本区别。由于 GIS 具有这样一些功能和特点，无疑会给需要大量地理数据支持其研究的使用者提供极大的方便。

GIS 与计算机图形学、计算机地图制图、航空摄影与遥感、数字图像处理、数据库管理等技术的发展有密切关系。实用性的 GIS 要受计算机硬件、计算机软件、数据、应用、人才、组织管理等 6 种因素的制约，缺一不可。自 1960 年加拿大政府率先编制出世界上第一个具有实用价值的 GIS 并应用在该国农业用地规划中之后，GIS 的应用已扩展到和地理空间分布有关的各个领域，如国家层次上的土地和水资源规划、矿产调查、环境保护、军事和国防等，城市建设层次上的大型工程项目的前期准备、市政公用设施管理、交通运输管理、治安和紧急事故救援以及城市规划等。

2）信息的查询与分析

作为 GIS 的使用者，一般并不需要清楚地了解它是如何建立的，包括信息搜集、数据编码、建立数据库等工作，这应当交由专门的机构和人员去完成。就如我们学习 AutoCAD 绘图，也无需知道软件内部的逻辑构成，只要掌握该软件表现出的外部功能和特点，并结合到自己的研究和设计中去即可，在这一点上 CAD 与 GIS 有共同之处（虽然二者也存在着本质不同）。当然，我们的角色也有可能转变为 GIS 的建立者，但这时也只能当配角，配合计算机专业的工程师来进行，而反过来从应用的角度来说，GIS 终究只是辅助管理与决策的数据库和工具箱而已，这时我们是主角，为此更重要的是学会查询与分析其中所包含的信息。

信息的查询包含 3 种方式：第一类是按属性信息的要求来查询空间位置，即“文查图”，典型的如地址匹配查询；第二类是按空间位置来查询属性信息，俗称“图查文”；第三类是点、线、面相互关系的查询，即“图查图”。信息的分析则要根据 GIS 提供的功能深度而定，但一般都可以满足简单的量算、叠合分析、分类分析、网络分析和邻近区域分析等 5 种要求[6]：简单的量算如统计某个区域内点状要素的数量，点与点之间的距离，区域的周长和面积等；叠合分析是根据 GIS 分层存储不同专题信息的特点，将不同层上的属性信息按相同的空间位置叠加到一起，作集合的交、并、差、余运算，使用户知道有关该点属性之间的相关情况；分类分析是用户向 GIS 提出分类条件（可以根据空间区域分类，也可以根据属性分类），看其中的信息究竟落到哪一类中，从而将复杂的事物进行简化，便于人脑的观察和思考；网络分析是针对某些可以称得上是系统的对象而言的，如道路、河流、水、电系统等，其中可以做出如时间、距离量算、线路选择的分析；邻近区域分析是基于很多软件都提供的一种叫 Buffer 的分析方法，也就是在空间物体周围做等距离的线圈，线圈围合成的区域即邻近区域。用这种方法用户可以分析点或线的作用半径和范围，是对面域事物进行综合性研究的极好工具（图 4-2）。

由于其信息产业的高度发达，目前我国台湾地区的各种城市 GIS 发展日趋完备，以上提到的信息查询与分析功能基本上都具备（图 4-3）。因此一般性的基础研究仅靠该系统就可完成，特殊性的研究也可在该系统提供的数据基础上进一步建立起专题数学模型，用特殊的分析与计算方法来完成。相比起来大陆地区在此方面就差得多了，许

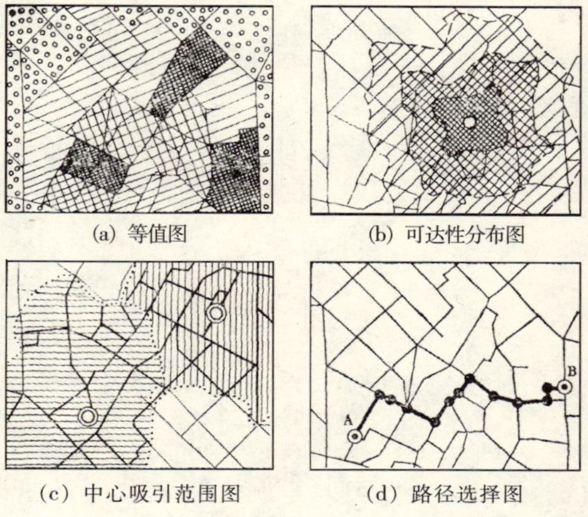

(a) 等值图　(b) 可达性分布图

(c) 中心吸引范围图　(d) 路径选择图

图 4-2　利用 GIS 进行区位分析组图

（图片来源：陆大道编著. 区位论及区域研究方法. 北京：科学出版社，1988）

（a）高雄市地理信息系统起始页面

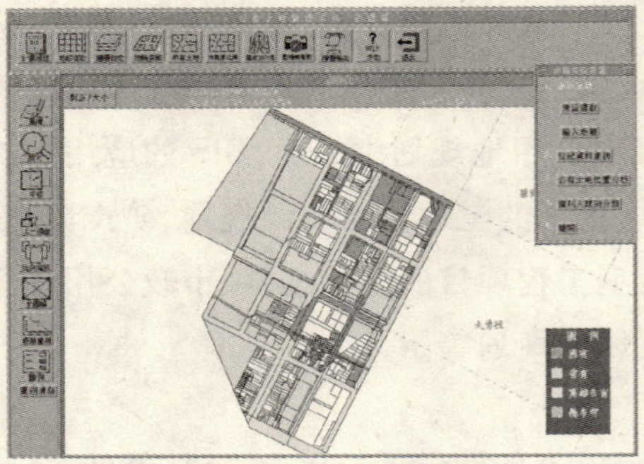

（b）GIS 可分析不同权属土地分布情形

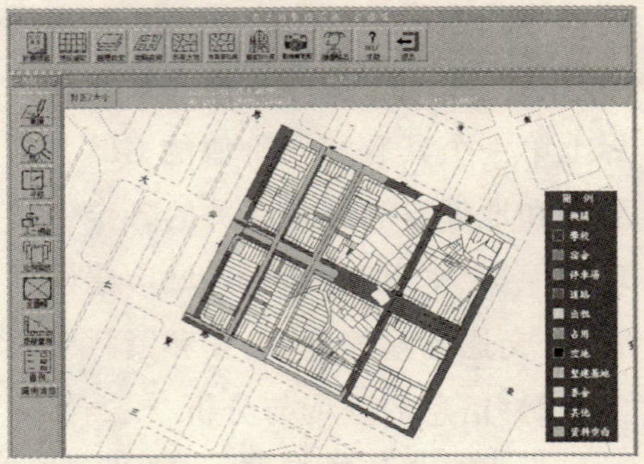

（c）GIS 可协助掌握土地利用之情形

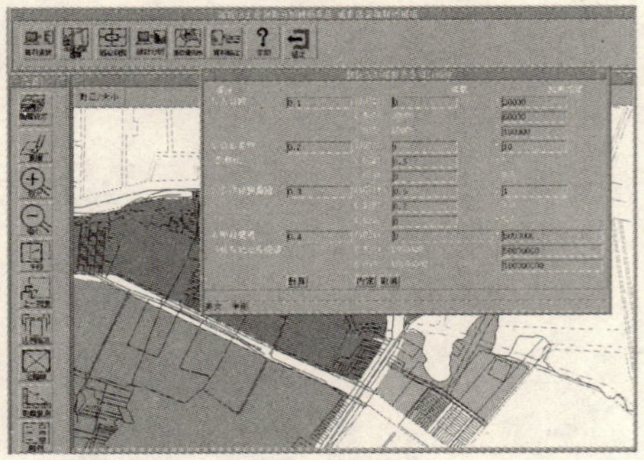

（d）设定规划区条件以分析出合适区位

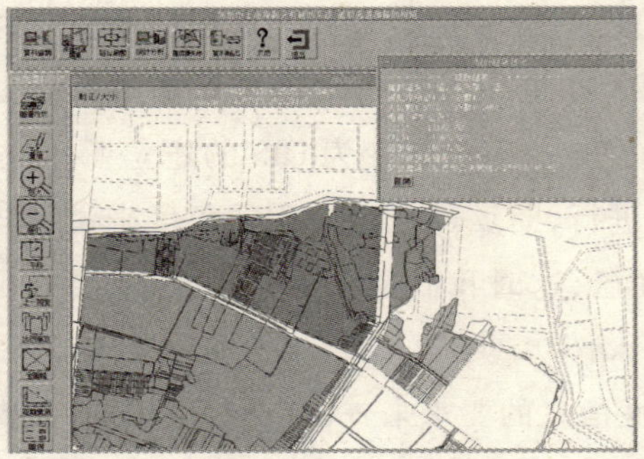

（e）区位选择统计结果可辅助决策

图 4–3 高雄市 GIS 的部分查询与分析功能组图

（下载自台湾土地基本资料库网站）

多城市根本无此类系统，即使有的也只是处于“初级阶段”，使研究者为获取基本的数据而大伤脑筋，迫切希望能有相关专业人士加入来改变这种局面。

3）在规划领域的应用

伴随着数学模型在城市规划领域应用的深入，结合 GIS 的数学模型也越来越多。这种结合大致有 3 种：一种是通用的 GIS 软件基本不变，有关的模型在 GIS 之外独立运行，所需的数据在 GIS 数据库中取得，模型的运行结果可以再存入 GIS 的数据库中；第二种是把一些常用的模型嵌入通用的 GIS 软件中，使这种通用的 GIS 软件功能得到扩充；第三种是在某个规划专业使用的模型中加入 GIS 功能，使这种模型也带有一定的空间数据查询与分析能力，相当于专用的 GIS。在上述 3 种方法中，第一种是松散的方法，使用起来比较繁琐，但灵活性大，技术难度低，适合规划人员广泛学习和采用；第二和第三种办法需要先由数学和计算机专业人员编制 GIS 与数学模型相结合的软件，但一旦编制成功使用起来将更为方便。

GIS 对规划的编制和管理都极有应用意义。在规划编制的过程中，规划人员可以用其方便地选择各项用地的区位。在具体操作时，可以按预先建立的目标与指标体系一项一项选。例如选择居住区时，可先确定“附近有工作区”作为一个指标，以适当的程序，计算机可告之显示哪些区域能满足这个要求；第二个指标，可能是“交通方便”，计算机可告之哪些地区“可达性”和“方便程度”高；第三、第四个指标可能是“有购物中心”、“有配套教育设施”、“环境优美”等。最后，将显示符合这些条件的图拼在一起，可以看出哪些小区可同时满足这些要求。如果存在着多个小区适合要求而本身又只要求确定一个小区时，就要结合其他条件分析，特别是要求进行各部门、各行业、各个设施在空间和资源利用上的冲突分析来最后选定。20 世纪 80 年代中期荷兰中央政府曾成功运用 GIS 选择兰斯塔德区域居住用地区位，其操作过程可以为我国规划人员在进行类似工作时提供切实参考[7]（图 4–4）。

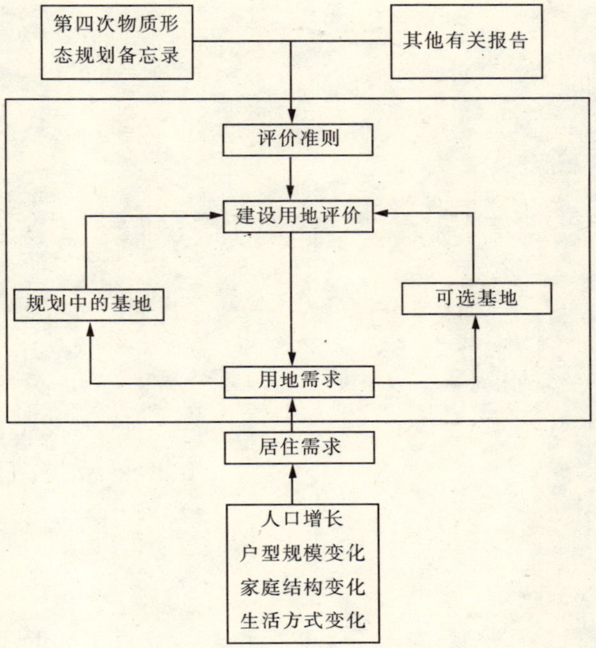

图 4–4　荷兰兰斯塔德地区居住用地选择模型示意图

（图片来源：宋小冬，叶嘉安. 地理信息系统及其在城市规划与管理中的应用. 北京：科学出版社，1995）

在规划的实施和控制（即管理）方面，GIS 也可以用于协调各个建设部门的关系。事实上，有关规划实施管理工作要超出直接的城市规划行政部门的范围，如土地管理、房产管理、基础设施管理、环境管理、投资管理、开发管理等等，都可认为是城市规划实施管理工作的延伸。这些间接的规划管理部门如能应用 GIS（一般都需要在通用系统的基础上进一步编制符合其行业特点的专用系统，如地籍管理信息系统、房地产开发管理信息系统等），可以促进其更加紧密地依靠城市规划来开展其管理工作。

4.1.4　价值分析方法

1）价值分析概述

价值分析（value analysis，简称 VA）方法最早产生于第二次世界大战时期的美国。当时由于战争导致许多战略物资短缺，给企业生产造成很大困难，就产生了合理利用资源的迫切需要。通用电气公司的工程师迈尔斯（L. D. Miles）为此经常开动脑筋思考：人们采购某种材料的目的究竟是什么？结论是为了使用材料的功能，而不在于这种材料本身。如果能找到具有同等功能的其他材料来代替，那么它们的效果是同样的。迈尔斯按此思路开展工作，在难以采购到防火用的石棉板的情况下，用一种货源充足、价格低廉的阻燃纸来代替，最终获得了消防和其他部门的认可。后来迈尔斯在此基础上进一步思考，逐渐总结出一套系统的利益比较方法，并以“价值分析”为题发表了论文，受到美国企业与政府的高度重视，认为这并非是简单地选择物美价廉的原材料的问题，还可以深入应用到工程设计开发阶段，因此价值分析也可被称作价值工程（value engineering，简称 VE），美国为此也相应成立了价值工程师学会（Society of American Value Engineers，简称 SAVE）。

价值分析中价值的概念与人们日常生活中的价值概念“值不值得、合不合算”有些相似，例如同样功能的商品价格低的价值就高，而经济学中价值的概念则与此有本质不同。亚当·斯密最早提出了经济学价值的两分法，即使用价值和交换价值，被马克思加以继承并发展出了劳动价值论，即商品的价值是凝结在其中所耗费的社会必要劳动量。然而斯密的两分法在解释经济现象时存在严重的逻辑冲突，马克思的劳动商品价值也无法解释诸如土地等自然资源的价值，因此后来的经济学家在引入了数学的边际分析之后才弄清价值实际上并不是一个常量，而是取决于人们主观评价的效用（边际效用）。今天，我国的经济学研究实际上也已接纳了以效用为基础的价值论，因为这一理论更加适用于今天丰富多彩的经济现实。在此姑且不论经济学中对价值的内涵做何认识，我们应用价值分析的方法时只需明确此价值并非彼价值，更多的是 valuable 的意义，或更确切地说是目标价值 worthy 的意义。

价值分析中的价值被具体定义为功能与成本的综合反映，即价值=功能/成本（$V=F/C$）。这里的功能是指产品所具有的能够满足某种需求的属性，从消费者角度来说就是得到的效用满足；成本对生产商而言就是产品的成本，对消费者而言就是产品的价格。按此定义如果一件产品功能最大而成本最小那么无疑其价值也达到最大。但价值分析并非是片面追求降低成本，也非片面追求提高功能，而是要寻求它们之间最佳的比例。因为降低成本必然导致功能水平下降，损害消费者利益，而提高成本增加功能又可能使消费者买不起（此时是功能过剩），因此在产品设计时应当研究功能和成本的最佳匹配。从这一概念可见，价值分析是一种将技术与经济相结合的分析方法，值得任何一个专业设计人员学习，以改变其只懂技术不懂经济的知识结构。

2）实施程序

价值分析的过程就是发现问题和解决问题的过程。在其过程中要逐步深入地提出一系列问题，通过回答问题得出价值更高的方案。这些问题依次是：价值工程的对象是什么？它是做什么用的（也就是它的功能是什么）？它的成本是多少？它的价值是多少？有无其他办法实现同样的功能？新方案的成本是多少？新方案能满足要求吗（也就是最终采纳与否）？具体实施过程主要包括选择分析对象、功能分析与评价、新方案的提出与评价 3 个阶段，下面分开来略加说明。

首先是价值分析对象的选择。这种选择过程实际上是研究范围的收缩过程，其根本目的是为了挑选出那些对产品价值有决定性影响的要素，对此可以使用多种方法来加以确定。从研究者自行确定的角度来看，可以先用经验分析法大致地定性粗选一些要素，然后进一步用定量方法进行比较。例如 ABC 分析法（这种方法因意大利经济学家帕雷托曾说过一个国家 80% 的财富掌握在 20% 的人手里而来），即将产品中要素数量占全部要素数量的 10%~20%，而成本却占 70%~80% 的产品作为 A 类；把要素数量占全部要素数量的 70%~80%，而成本却只占到 10%~20% 的作为 C 类；其余的作为 B 类。其中，A 类是价值工程重点分析的对象，B 类可分析可不分析，C 类一般不分析。如果产品的 A、B、C 关系一时很难看清，还可以用一些强制性确定方法，也就是对产品的重要性进行评判（这也需要有专门的方法，后文对此有所论述），据此和产品的成本的对比情况来确定。这种对比可以用比值法，其步骤如表4–1所示。但这种方法反映不出成本和评分值的高低(因为只有比值)，因而有可能选择了成本低而重要程度又不高的产品，对此可用积值法进一步比较，其步骤如表4–2所示。积值法的前三步同比值法，只是积值的算法与比值不同(为此有专门的数学证明)。一般说来，用以上方法就可以确定要分析的对象了，如不行则可进一步运用其他方法(如进行社会调查交由消费者来确定)，具体的可参阅专门论述价值工程的有关书籍。

表4–1 用比值法选择价值分析对象的步骤

步骤	完成目标	具体方法
1	用评分法求出评分数值	可以用事先约定、集体讨论、特尔菲法等多种方法
2	算出每个产品的重要程度百分比	重要程度百分比=(单件评分值/全部评分值总和)×100%
3	算出单个产品的成本百分比	成本百分比=(单件成本/总成本)×100%
4	算出比值	比值=重要程度百分比/成本百分比
5	根据比值确定选择顺序	比值<1表明产品重要程度较小，但成本却高，应优先作为价值工程对象 比值>1也宜作为价值工程对象，以达到适当增加一点成本，使功能有较大的提高 比值=1则一般不作为价值工程对象

(资料来源：杨劲编著. 价值工程. 北京：中国建筑工业出版社，1989，经笔者整理成表)

表4–2 用积值法选择价值分析对象的步骤

步骤	完成目标	具体方法
1	用评分法求出评分数值	可以用事先约定、集体讨论、特尔菲法等多种方法
2	算出每个产品的重要程度百分比	重要程度百分比=(单件评分值/全部评分值总和)×100%
3	算出单个产品的成本百分比	成本百分比=(单件成本/总成本)×100%
4	算出积值	积值=$\left|(\text{重要程度百分比})^2-(\text{成本百分比})^2\right|/2$
5	根据积值确定选择顺序	积值越大越易作为价值工程对象

(资料来源：杨劲编著. 价值工程. 北京：中国建筑工业出版社，1989)

再次是功能分析与评价。功能分析的前提就是要把产品整体和各项要素的功能从其实体中总结出来，用定义的形式加以明确，具体而言可用动宾词组来表示，如住宅的功能就是“提供居住空间”，其要素如厨房的功能就是“加工饭菜”。当然，任何一件产品及其组成要素的功能都不可能是单一的，因此要根据不同的标准来进行区分，然后按其相互间的关系加以系统化整理。明确了对功能的认识并分类整理后，接下来就是对功能进行评价。为了能与成本相比较，可以将功能进行成本化评价，即将功能定量化地表示为实现这一目标所需的金额，这里功能的单位是货币；也可将功能进行评分法评价，为此成本也必须相应地进行评分化评价，因为只有统一单位（或全部无量纲）才有可比性。这样，可以求出产品和要素的价值系数 $V=F/C$、现实成本与目标成本的差值 $\Delta=C-F$，明确其性价比，也就是通常所说的物美价廉程度。

最后是新方案的提出与评价。根据上一步计算的结果，将其中认为不合适的要素和产品列出来，思考能否用其他要素和产品代替，并回到上述步骤中进行功能、成本与价值分析，形成几个备选方案。这时迈尔斯认为应当以"我是这样花钱的"作为评价标准，也就是站在消费者的角度上去思考问题。我们在日常买东西时，总是想用手头有限的钱去买最好的东西，实现最大的功能，因此对改进方案也需用最小成本最大功能的原则来判断。这实际上需要在技术评价、经济评价和社会评价的基础上进行综合评价（因为功能的含义是多方面的）。可采用优缺点列举法、加分评分法和加权评分法，其中加权评分法就是先求出各评价特性的重要系数，然后求出各方案对评价特性的满足系数，再把求得的各种评价特性的重要系数同每个方案的满足系数相乘，得出优越系数（即优越系数=重要系数×满足系数），数值大的方案就是最佳方案。

3）在规划领域的应用

价值分析是一种通用的分析方法，可以在需要进行效益比较研究的各个领域中得到应用。目前，在建筑与城市建设这个大行业中，该方法仅在建筑工程管理中应用较多，如项目的施工组织，材料与结构的选择，施工机械和设备的选择，建筑成品及半成品的改进、研究、生产、维修和使用等，而在建筑设计和城市规划领域则应用较少。从建筑与城市生成的全过程来看完全是重末轻本之举，其综合效益显然无法保证，而价值分析这项可以称得上是工程的科学工具也未能有更大的用武之地。虽然该方法是站在企业节约能源、降低成本、改进服务以及提高劳动生产率的角度上提出来的，但如果我们能吸取其中最本质的内容，也就是效费比的权衡，那么我们同样可以将其应用在建筑（规划）师的方案设计、政府规划决策与管理以及对居民择居行为的研究领域。

价值分析对建筑与规划方案设计的作用是不言而喻的。在设计师的方案变成一件商品的市场经济社会里，方案设计过程本身的效费比和方案为业主带来的效费比都是值得研究的。在竞争越来越激烈的条件下，如果我们能在方案背后附上一份大致的价值分析报告，无疑将大大增加方案的可行性与竞争力，而满足同样功能的方案如果具有造价低、工期短等经济优势，必将获得业主的认可。对于政府规划决策与管理来说，应用价值分析可以减少其决策的盲目性，例如通过对某项备选居住用地从功能的满足程度到投资的可承受力的综合分析之后，就可以对该项用地用于居住的可行性有一个清楚的认识，而不是仅仅为了解决居住问题就不计成本与后果。这样做出的决策在落实与管理期间也会有充足的发展动力,能达到预期的规划目的。另外,对于居民择居来说,其实每个家庭心目中都会有一本价值分析的账目,只是他们的权衡与比较并没有表现得如此明显,但是其基本的思考方式无疑是符合价值分析原则的。因此,如果我们能更为理性地探究其思考的过程,也就是价值分析的过程,就能较深地理解居民择居行为产生的原因与特点,从而为引导居民择居乃至为政府规划提供依据打下坚实基础。

4.2 城市居住用地区位的科学分析与规划

以上对区位研究可以借用的科学手段作了简要说明,下面综合运用这些方法对城市居住用地区位做出科学分析。具体说来就是通过建立相应的数学模型,并以地理信息系统能提供的数据为支撑,最后用价值分析的方法来评判,也就是说笔者的基本目的是要对城市居住用地区位进行价值分析。为此必须建立数学模型才能计算出其量化的价值,而又必须借助于地理信息系统(当然还有其他渠道)提供的数据。为此笔者以价值分析的方法将数学模型与地理信息系统方法整合在一起,姑且笼统称之为“价值信息模型”方法。用这些方法对城市居住用地区位进行分析,实际上并不十分复杂。

笔者分析的基本思路如下:确定影响因素—因素的变量化—明确变量的数学关系—建立数学模型—收集基本数据—确定权重—运算求解并解释—加入当前建设修正量—得出建设完成后新解并解释—比较新旧解并解释—加入未来规划量—得出规划落实后新解并解释—比较新旧解并解释—确定方案—方案决策。在以上过程中,第一步“确定影响因素”之前实际上还有一些环节,而最后“方案决策”之后也还会有不少环节,笔者在此只是选取了全部研究过程中的一段而已,而整个过程与价值分析的实施程序实际上都是对应的。为方便论述,笔者将“因素的变量化”到“确定方案”归结为分析的中间过程,而将“确定影响因素”和“方案决策”单列,下文即按此阶段分别展开。

4.2.1 确定影响因素

在确定影响城市居住用地区位的因素之前,我们还必须明确几个问题,即整个研究是为谁而做(也就是委托人是谁,而此时研究者是站在谁的立场上讲话)?该项研究的目的是什么(也就是要为委托人解决些什么问题)?为达到这些目的应采取哪些手段(价值分析等方法仅是科学研究中可采用的诸多方法中的几种)?在明确了这些问题之后,如果研究者觉得有必要先采用价值分析等方法,然后才能进入到确定影响因素的阶段。因为针对不同委托人的研究侧重点也不同,例如为开发商提供居住用地区位选点咨询报告,他们会更多地考虑有利可图的问题,而为居民择居提供咨询则必须面对一些更为生活化的问题。在此笔者为自己拟定的角色是为政府和规划设计人员当好参谋，因此下面的分析属于规划前期的背景研究（这也是本书的主要性质）。

目前，很难像确定某项产品中价值分析对象那样，可以通过许多量化办法来确定对城市居住用地区位有重大影响的因素。多数情况下只能靠研究者根据其经验做出定性的思考，但研究者可以通过广泛征询意见或者从某些社会调查中反映出的倾向来求证。在笔者看来，这些因素主要可归结为两大类，即经济因素和非经济因素。也可以分为三大类，也就是将经济因素进一步分为功能性因素和成本性因素，以便进行价值分析。这三大类因素中每一类（特别是功能性因素）都包含了诸多小类因素，小类因素又可以进一步细分，直至可以进行量化研究为止，从而构成树状的价值评价体系，可称为“价值树”因素分类整理法（图 4–5）。下面对这些因素按三大类划分进行细述。

1）功能性因素

（1）分类整理

对功能性因素的明确必须首先发掘城市居住用地区位的深层内涵。表面上看这种区位仅仅是指城市中居住生活所在的地理位置，但由于城市生活中各项功能活动息息相关，使居住用地区位的属性还应包括从该区位出发进行各种活动的实际便捷程度（即通达性），以及居住在该地所获得的主观感受方面的满足程度。具体说来就是居住者从该用地区位出发进行工作、上学、购物、就医、娱乐等活动所能获得的效用以及该区位的社会人文环境对其身心的影响。从这一分析可见，影响城市居住用地区位的功能因素可以划分为居住用地本身的硬件因素和人文活动的软件因素两大类。

① 硬件因素

与土地区位相关的硬件因素无非是自然条件和人类活动对其加工改造后留下的人工设施条件。

A. 自然条件

自然条件应包括土地本身条件和用地所处的气候环境条件。通常在规划编制之前，总会对城市扩展各个方向用地的自然条件做出考察，并以可用地量的形式加以总结量化。具有充足的可用地是该区位用于居住功能的最基本条件。

a. 土地本身条件

包括地形、地貌、地质三部分。

• 地形——城市中大部分住宅都会选择在平坦的地面上建造，一是因为在平地上布局的选择性大，施工简单，从而开发的成本也较小；二是居民在平地上居住进行各种活动都较为方便。只有在少数情况下才会选择在山冈上安居。

• 地貌——拥有大片绿地，或拥有湖泊、河流的地段多会受到人们的青睐，也就是

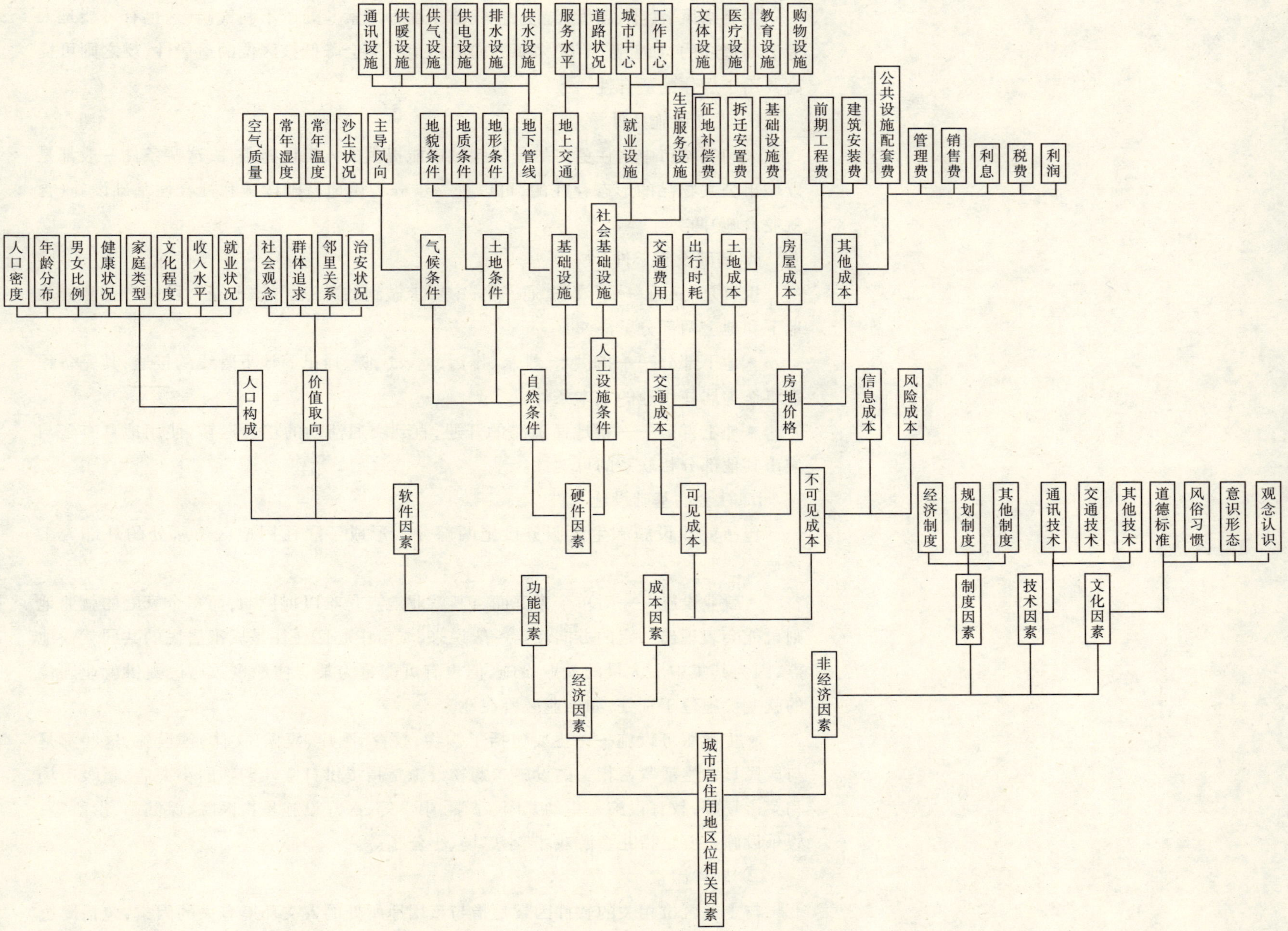

图4-5　城市居住用地区位价值树

说城市用地中越接近自然的地貌越能吸引人。

● 地质——在地质条件好、利于抗震防洪的用地上建造的房屋的质量也容易得到保证，居民在此居住也比较放心，而工程造价也会有所节省。

b. 气候环境条件

主要指风、沙尘、温度、湿度、空气洁净度等因素。处于不利气候(这也有可能是人为活动造成的,如工业污染)来源方向的用地必然会降低该区位的适居性,反之则可提高其用于居住的适合性。

B. 人工设施条件

人们到城市中居住更多的是依赖城市能提供的人工设施条件,这些条件一般都是以城市公共物品的形态存在的,可以进一步分为用地基础设施和社会性基础设施(含就业设施)两类。

a. 基础设施条件

也就是"三通一平"或"七通一平"中要求做到的"三通"或"七通",可以进一步分为地下和地上两部分。

● 地下部分——指供水、排水、排污、电、气、暖、通讯等地下管线的接通,其完备程度将作为居住用地的基本条件。

● 地上部分——指地面道路的开通,直到交通活动的正常运转,使用地具有了与城市其他部分相联系的可达性。

b. 社会性基础设施条件

包括就业设施和生活服务设施两部分, 形成了居住用地区位所处的外部人工环境。

● 就业设施——对单个家庭而言其就业地点是难以捉摸的,而多个家庭的就业地则可能会表现出一定的方向性。一般说来,城市中心区往往是城市居民的共同就业地点,因为其集中了大量的就业设施,但也有可能是为某居住地多数居民提供就业岗位的就业设施位于别处,如工业区所在地。

● 生活服务设施——主要包括了购物、教育、医疗、娱乐(文体)等设施,这些都是与居民日常生活紧密相关的设施。购物设施是指提供日常性购物的小商店、超级市场和菜市场等;教育设施是指幼儿园、小学、中学等;医疗设施是指医院、保健站、诊所等;娱乐设施主要是指儿童游戏场、小广场、小公园等。

② 软件因素

与土地区位相关的软件因素是指与该用地所处的人文环境有关的因素,包括周边的人口构成情况及其价值取向,这两个方面实际上是紧密联系在一起的,因为一定类型的人群就对应着一定类型的价值取向。

A. 人口构成条件

含人口密度、年龄分布、男女比例、健康程度、家庭类型构成、受教育程度、就业状况、收入高低等多项因素,从这些因素就可以看出周围居民的基本素质。

B. 价值取向条件

指周边居民的偏好、趣味、追求、人情、邻里关系、治安情况等。

(2) 简化选择

以上这些功能性因素均为笔者出于研究所列，在进一步进行分析之前还需明确两点：一是这些因素不可能是全面的，总会有所疏漏，因此尚有待补充和完善；二是实际应用时由于笔者时间、精力、花费等限制，不可能对每一项因素都做出深入细致的评价，特别是进行量化评价，因此为了研究的可行，尚有待从中简化选择出一些最为重要的、与区位选择关系最为密切的因素(当然如果有条件的话，应选择尽可能多的因素加以评价)。而这样的简化选择只凭研究者自行确定是很难保证其有效性的，为此可以用社会调查中反映的结果来作为依据，因为居民是我们政府和规划工作的最终服务对象，他们最关心的一些因素也应当成为我们规划前期研究中的重要基础和目标。

从诸多居民择居意向调查(见第三章)中不难发现，现阶段我国大多数城市居民关注的择居区位功能性因素(居民择居的因素可以分为区位功能性因素、住房功能性因素与房价成本性因素三类，此处仅讨论区位功能性因素)主要包括交通、购物、教育、医疗、娱乐设施和自然环境(主要指绿地情况)等方面，除交通以外其他几项都可归于区位周边配套设施因素(图 4–6)。在笔者列出的所有关于区位选择的功能性因素中，也就是根据自然条件总结的可用地量、地下基础设施、交通、周边配套设施和周边人文状况等因素中，居民最看重交通和周边配套设施情况。虽然调查显示人文状况也是居民择居时考虑的内容之一，但并不是很重要，而可用地量和地下基础设施一般并不属于居民考虑的内容，因此并未列入调查选项中。

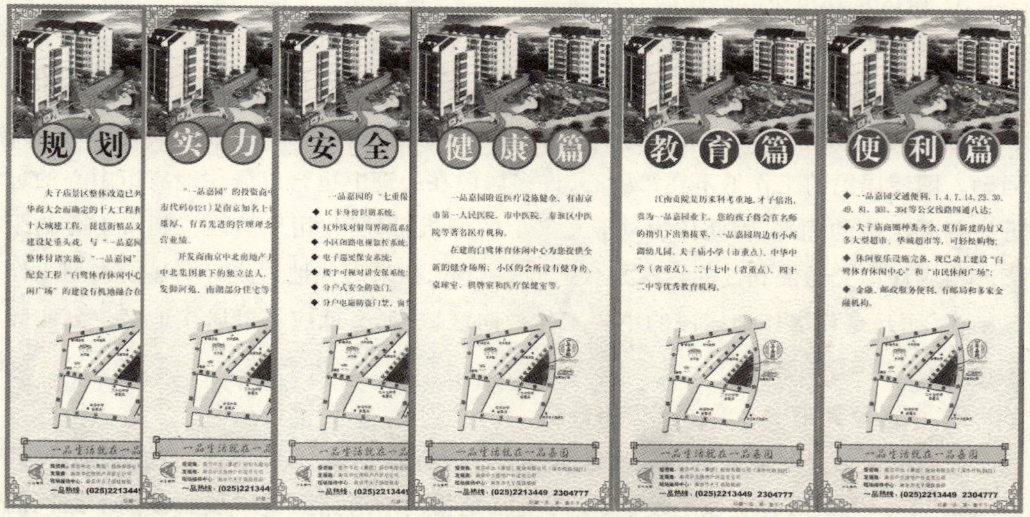

图 4–6　开发商也认识到区位周边配套设施因素

(图片来源：南京中北公司开发的“一品家园”售楼书)

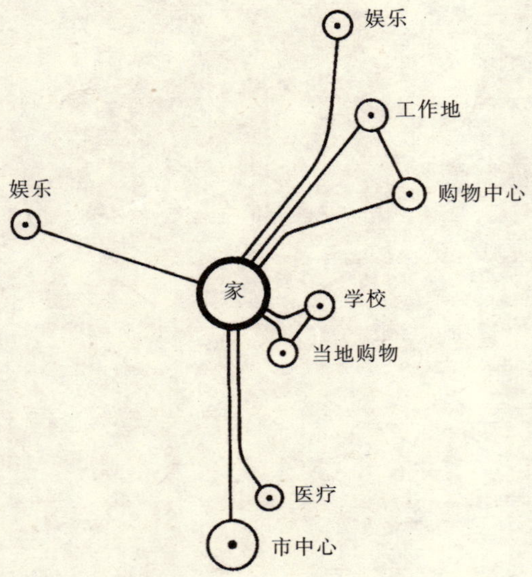

图 4–7　城市居民家庭活动范围内的主要功能设施元素

（笔者改绘自 Porteous J D. Environment & Behavior: Pleanning and Everyday Urban Life. Massachusetts: Addison-Wesley Publishing Company, 1977）

这样的调查结果其实并不难理解。从笔者列出的几项功能性因素之间的关系来说，拥有可用地是进行区位选择的前提，地下基础设施则进一步巩固了这个前提，随之的地面交通和周边配套设施在此基础上才有意义，继而上升到人文状况的层次，可以说它们之间是层层递进的关系。普通百姓自然不会去关心属于起码条件的用地和地下基础设施的问题，而人文要求对他们来说还未达到那个层次，他们只关心那些与其日常生活最为接近的、看得见摸得着的、实实在在的居住条件。因此如果我们能确实按照市民希望的那样安排好交通以及相关的配套设施（当然这需要用地与管线的支持），就能获得广大市民的认同，规划落实起来也有动力；相反，如果我们的工作做得不够（如只做到“七通一平”并盖好了住房），或弄错了重点（如一些专家学者津津乐道的人文关怀），就很难让居民按政府规划的意志行事。

基于上述这些认识，将只采纳居民认可的重点因素（可以分为交通和周边配套设施两类）进行具体剖析，用图 4–7 来示意。

① 交通可达性

调查显示交通在居民择居时的重视程度往往仅次于区位。由于居民并不十分理解区位实际上是一个包含了交通及周边配套设施的综合概念，因而他们会将区位单独加以强调。而正如居民并未透彻理解居住区位的内涵一样，他们对交通的认识也是模糊的，只是笼统地回答调查者“交通很重要”而已。笔者认为，居民眼中的交通实际上也是个综合概念，包括了出行的距离（时间）、路线和可选择的方式等多方面。为了能切实进行量化处理，笔者将交通定义为由如下因素组成：

A. 该区位到市中心的距离

事实上居民日常出行中占最高比例的应当是到工作单位的工作出行，但由于工作单位散布于城市整个地域，并无确切的可计量位置，因而笔者在此假定以市中心作为参照点，也就是说假定市中心集中了大量工作岗位且居民会在市中心与其居住地之间通勤。即使居民的工作地不在市中心，许多居民在心理上也会以居住地离市中心的远近来判断区位的优劣，因此作为一般意义上的分析，用居住用地的区位到市中心的距离来构成评估交通便利性的因素是合适的。当然，如果居住地周边有明显的大型工作集结点，而且是该居住地居民的主要工作面向区域，那么就应当以居住地区位到实际工作中心的距离来衡量。

B. 该区位到市中心的主要道路数量

道路的条数是交通硬件设施发展程度的极好标志，一般人们多会用“纵横交错、四通八达”等词语来形容交通的发达，实际上就是指由于道路数量增加而提高了路网的密度，从而提高了运输能力。当然，交通硬件设施（道路）仅是提高交通水平的一方面，另一方面要靠完善的管理来达成。例如地少人多的香港，由于有了先进的交通管理监测系统，使其城市交通很少有塞车现象，而我们南京市虽然建设了长江二桥，但由于收费偏高，使过江车辆仍愿意走一桥而造成一桥负荷过重的情况依旧，这样的问题不是靠增加几条道路就能解决的。然而从量化评价的角度来说，管理的情况很难定量，因此笔者在此只选择数得清的道路数量来代表。

C. 该区位到市中心的公共交通线路数量

采用公交线路数量作为交通的构成因素对中国城市而言是比较合适的。因为我国城市居民目前的出行方式主要是依赖公交，今后随着各地城市政府"公交优先"的交通发展战略的进一步落实，公共交通将无可争议地成为城市客运的主导力量。虽然城市居民对私有交通工具(特别是小汽车)有特别的偏爱与渴望，国家也把汽车工业作为国民经济支柱产业来发展，而且我们的新居住区设计规范对停车位也作了相应的考虑，但在相当长的时间内小汽车并不会在城市中唱主角(郊外倒是有可能)，因而对小汽车出行的问题予以省略。

② 周边配套设施

城市居民对居住区位周边配套设施的表述在调查中反映得还是比较清楚的，主要包括了购物、教育、医疗、娱乐和绿地设施5个方面，通过对这些设施的数量和面积的统计就能比较容易地做出定量分析。

2）成本性因素

（1）分类整理

成本性因素是对城市居住用地区位选择起经济限制作用的因素，包括可见成本和潜在成本两类，而可见成本又包括交通成本和房地价格。

① 交通成本

交通成本可分为交通费用和出行时耗。

A. 交通费用

交通费用在我国城市居民家庭支出中所占的比例很小，这与我国城市居民以公交为主的出行方式和政府对公交的大力补贴政策有关，因此选择某居住用地区位带来的交通费用主要并不体现在居民的交通花费上，而是政府为此需要付出的补贴上。

B. 出行时耗

出行时耗将给居民带来体力、精力的损失，某些情况下这种损失也可以折合成一定的费用来计算。一般说来，出行时耗与交通费用是此消彼长的关系，即高时耗低费用、低时耗高费用。

② 房地价格

价格可以分为土地价格和住房价格。之所以将住房价格也包括进来是因为房价中就包含了地价，也可以作为比较的一个指标。

A. 地价

备选居住用地的地价一般是政府拟定的该区域基准地价,因为笔者的研究是为规划而作,此时地块还未上市交易,谈不到标定地价与市场出让价的问题。地价能反映与土地有关的大量经济信息(价格的一大作用就是传递经济信息),区位功能性因素中可用地量和基础设施的对应成本都可由地价来体现。因为我国城市土地价格主体由来自土地经济价值的地租和来自政府投资的土地开发成本与利息两部分构成,因此关注地价是保证规划可行性的重要经济因素。

B. 房价

目前,我国城市的房价构成中包含的因素非常多,主要有:征地补偿费、拆迁安置费和基础设施费(这三项构成了通常的标定或市场出让地价)、前期工程费和建筑安装费(这两项构成了最直接的房屋成本)、公共设施配套费、管理费、销售费、利息、税费和利润等。在这些价格构成因素中,尽管存在一些不合理收费的问题,但总的说来还是能反映当地总体发展情况的,因为地价在其中占主导地位(目前虽然只占到 1/3 左右,但从发展规律来看今后的比重会越来越高,一般都会达到 2/3 以上)。

③ 潜在成本

只要区位选择带有一定的功利性,就会面临潜在成本的问题,也就是那些表现不明显的、难以弄清楚、不可预料的成本,一般包括信息成本和风险成本两类。

A. 信息成本

信息成本问题是自古典区位(如韦伯的工业区位)之后研究企业区位决策时提出来的。在此之前古典区位论只考虑了可见的成本因素(如运费),而将信息假定为"免费获得且充分完全",这对于企业选址来说无疑是非常致命的缺陷。因为信息搜寻需要成本且难以完全获得是必然的事情,而这一点对于政府规划决策也同样存在。因为尽管政府自身掌握有大量的公共信息,但对于决策者而言未必是够用的,且具体操作起来也会有搜寻的花费(包括时间、精力)问题。

B. 风险成本

风险实际上是由于信息不完全导致的不确定性带来的成本,因此风险成本与信息成本也是此消彼长的关系。开发商的任何一项投资举措都要面临风险(这也是其获取利润的理由之一),而政府的规划决策也同样面临这个问题,且政府面临的风险比开发商内涵更广泛。因为政府不仅承担着促进经济发展的责任,还肩负有更多的社会、环境责任,因而会有社会、环境利益受损的风险。风险成本是当前我国政府的许多领导者没有意识到或不太重视的,成为其决策武断的原因之一。

(2) 简化选择

与功能性因素简化选择所遵循的原则一样,笔者在此以居民调查反映出的结果为准。房价在上述几种成本性因素中可以说是一个综合指标。因为开发商制定销售价格时会将地价、风险与信息成本都打进去，在房价的高低程度上都有所反映。另外，调查并没有反映交通成本是居民择居时考虑的重要因素。对此笔者认为：一是居民将交通成本一并与功能水平考虑为交通条件了，并没有将其作为成本因素单列；二是居民对交通成本的费用负担与时耗承受能力都可使其作为成本限制的意义大大削弱，后者由于我国大多数城市居民还没有富裕到愿意“花钱买时间”的程度，因而宁可忍受较长的出行时间(当然过长也不行)而求得功能条件的提高和费用的节省。因此，对于简化研究而言，省略交通成本，而只选取房价作为成本性因素的代表是合适的。

3）非经济因素

一般说来，区位的选择主要是个经济问题，因而人们会对经济因素更加关注，但非经济因素对区位选择也有影响，这种影响偶尔也会超过经济因素的作用而左右最终的区位决策。由于非经济因素很难量化，因而笔者在其后的定量分析中予以省略，在此只做大致的定性分析，而采取的分析方法是将非经济因素影响“折射”到对经济因素所起的作用上，通过导致经济因素产生变化而最终影响区位决策，也就是说仍是以“经济决定”的原则进行思考。前文将经济因素分为功能性因素与成本性因素，而非经济因素对这两类因素都会产生影响，从而使问题变得复杂化，加上非经济因素自身不止一种，就更增加了问题的复杂程度。下面笔者抽取非经济因素中制度、技术和文化三大类，分别分析其对功能性因素和成本性因素的影响以及最后对城市居住用地区位选择的影响。

(1) 制度因素

这里的制度是指成文的制度，主要指经济制度和城市规划制度(第三章中已有论述)。制度对经济因素的影响主要有两种：一是特定的制度提供一个特定的框架，规定了人们的选择集合，从而也决定了要素分配的方式及方向；二是特定的制度还提供了一个特定的激励结构和机制，刺激和约束着各行为主体，从而决定了要素分配的结果。

① 经济制度的影响

在不同的经济制度条件下，影响城市居住用地区位选择的构成因素不同，各因素所起的作用也不同。在计划经济条件下，土地价格是不存在的，房屋价格(即房租)也微乎其微，因而计划者只需根据用地区位的功能性因素即可做出决策。在市场经济条件下，经济规律开始发挥作用，土地使用有了成本问题，激励各行为主体在选择区位时必须考虑节约成本并提高成本的产出效率，相应地也就会考虑功能与成本之间的最佳比例，而此时对某些功能性因素也会产生不同的重要程度认识。如我国城市过去极力压缩基础设施的建设，而今天为了推动土地开发则非常舍得大力投入。

② 规划制度的影响

影响城市居住用地区位选择的规划制度包括既定的城市规划(主要指总体规划和

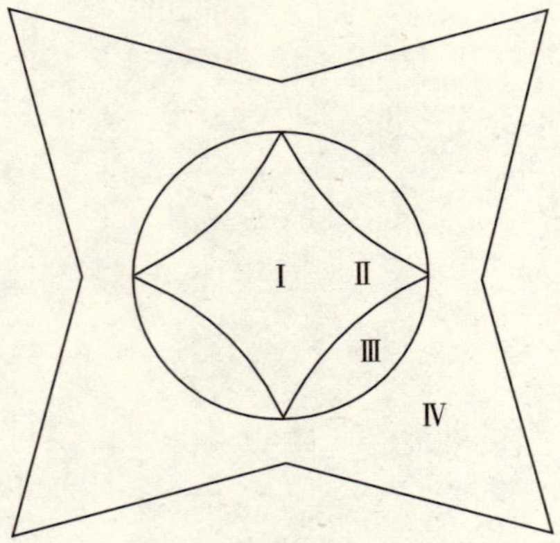

Ⅰ-步行和马车时代(紧凑的心圆形态)
Ⅱ-通勤电车和火车时代（定向指状扩展形态）
Ⅲ-游憩型汽车时代(郊区化蔓延形态)
Ⅳ-高速公路时代(更松散的城市化区域形态)

图 4-8　交通技术对城市空间形态的影响
（图片来源：柴彦威. 城市空间. 北京：科学出版社，2000）

详细规划)以及相应的执行、管理机制。城市规划将对用地的功能性因素做出综合部署并安排行动步骤,这是保证用地完成居住功能的必要条件;而同时城市规划的确立等于为用地决策者公开了信息,减少了不确定性带来的风险;且城市规划对用地区域的性质以及可建造量等的控制将大大影响地价和房价，使不同用地的成本产生明显差别。另外,在规划管理过程中,确保规划如期落实也确保了区位功能性因素与成本性因素被控制在预期的范围之内,不至于产生大的变化而使原定的区位决策失效。

(2) 技术因素

在制度既定的条件下,技术力量是影响要素空间分布和区位选择的重要因素。一定的技术水平提供了人们土地开发利用的能力,从而也像制度一样限定了人们的选择范围。与区位选择相关的技术因素举不胜举,在此仅以交通技术和通讯技术为例加以简要分析。

① 交通技术的影响

交通技术(主要指交通工具与交通设施)的革新对城市发展往往具有革命性的意义(图 4-8)。由于交通可达性是区位功能性因素的重要组成部分,因而伴随交通技术发展带来的交通能力的改善,将对提升区位功能产生重要影响。同时，交通能力强的地点其地价也会相应提高,使功能与成本总是保持在相对应的水平。但由于人们出行的花费(特别是时间)会因此有很大的节省,且出行的距离大大加大,使人们有能力在更大的区域范围内选择居住区位,因而交通技术的发展仍将被人们视为提高整体区位价值含量的利好因素。

② 通讯技术的影响

通讯技术条件的改善可以使开发商与居民更系统、更快捷地搜集和传播信息,大大提高了信息的丰裕度并降低了信息获取的成本,相应地等于提高了各项功能性因素的可获得性,从而深刻地改变了其分布的传统形式,即从有形的聚集发展到更大时空范围内的无形聚集,带来区位选择自由度的大大放宽,城市居住用地的区位也会随之表现出信息网络的分布特点。

(3) 文化因素

文化在某种意义上可以视为不成文的制度,是指人类社会中存在的一些共同看法和行为习惯,包括道德、风俗、意识形态、观念等方面。由于文化因素的影响,人们进行区位选择时有可能并不遵循一般意义上的经济原则,例如某些在外地取得成功的企业家会出于扶助贫困地区的心理选择在家乡投资建厂(尽管这样取得的收益比在别处可获得的要少得多)，而房地产开发商也会出于回报社会的动机降低房价或提高居住区配套设施的功能水平,居民也可能出于长期养成的生活习惯而舍得花费高价以求留在拆迁后的原居住地生活。这些都可以说是文化因素使得他们心目中的功能与成本比重有了改变才会做出这样的选择，即企业家和开发商会认为自己为社会做了善事而舍得牺牲部分利润，恋旧居民也会觉得其所花高价是物有所值。

与制度、技术因素一样，文化因素也是与一定社会发展阶段相联系的。以属于文化的观念因素为例，随着居住生活观念的变化，人们衡量某个居住区好坏的标准、择居时考虑的区位因素以及这些因素的重要程度也都会发生变化。我国目前仍处于工业社会的发展阶段，城市居民比较强调居住区位与各项相关活动的通达性，所以购物、教育、医疗等设施的位置和道路交通条件才会显得尤为重要；而美国已经迈向了后工业社会、知识经济的时代，互联网的普及使人们足不出户就可以进行原本靠运送自己身体的交通才能完成的活动，人们受地理位置的约束也越来越小，这时人们会对社区的人文因素等更加关注，这也就是今天许多美国家庭择邻而居的原因。

4.2.2 评价的中间过程

以上明确了城市居住用地区位选择中的相关因素并进一步明确了简化后需要进行量化分析的重点代表因素，接下来就应当进入“价值信息模型”综合评价过程的中间阶段，即建立模型并求出结果(这是对现状因素的评价，包括了数学建模的一般步骤)，然后加入发展量(包括当前正在建设的和未来规划的)并比较发展后的结果(这时是对将来状况的预期评价)。下面按“现在时”与“将来时”的阶段划分来分别阐述。

1）现状评价过程

(1）建立评价模型

① 因素的变量化

根据前文选定的评价因素和评价目的，做如下一些变量设定：

V (value)——区位的综合价值(或称为综合优势度)；

F (function)——区位功能性因素的水平(或称为生活条件优势度)；

C (cost)——选择该区位所必须付出的成本；

P_T (traffic parameter)——交通参数，指区位的可达性条件；

K_T (K 为系数，T 即 traffic)——交通参数的权重；

P_E (environment parameter)——环境参数，指区位所处环境的配套设施条件；

K_E (K 为系数，E 即 environment)——环境参数的权重；

P_P (price parameter)——价格参数，指区位具有的房价条件；

K_P (K 为系数，P 即 Price)——价格参数的权重；

D (distance)——该区位与市中心的距离；

D' (average distance，以下变量指代形式同理)——各比较区位与市中心的平均距离；

R (road)——该区位联系城中的主要道路数；

L (line)——该区位联系城中的公交线路数；

M (market)——该区位周边主要购物场所数(或面积)；

H (hospital)——该区位周边主要医疗机构数(或面积)；

S (school)——该区位周边主要教育机构数(或面积)；

G (green area)——该区位拥有的绿地面积(或公园数)；

P (price)——该区位房价。

② 明确变量的数学关系

实际上,前文进行功能与成本性因素分类整理时已对这些因素之间的关系作了初步思考与交待,此处可以对代表因素的变量做出更明确的分析。

先看功能性变量 F。这一变量应该由交通参数 P_T 与环境参数 P_E 相加构成,但由于各自的重要程度不同,因此在求和之前还应乘以各自的权重 K_T 与 K_E。之所以要给变量乘上权重是因为变量所指代因素的质和量所起的作用是有差别的,有可能一项因素就能抵消其他多项因素的作用,即有可能出现"一俊遮百丑"(或"一丑遮百俊")的局面。因此只列出了需要评价的各项因素(也可根据因素所起作用的正负称之为优缺点)是不够的,而直接相加求和(这时即主观认为各项因素都同等重要)也是不行的。当然,有时为了简化研究,将一些低阶变量不做权重处理也是可以的,因此笔者只对高阶变量 P_T 和 P_E 才考虑权重,而对其各自的构成变量(低阶变量)则予以省略。

再来对构成功能性变量 F 的交通参数 P_T 和环境参数 P_E 进一步分析。交通参数 P_T 中包括了 D,R,L 3 个变量,其中 R 和 L 对交通呈正相关(联系市中心的主要道路和公交线路数越多,交通水平越高),而 D 和交通则呈负相关(与市中心距离越远,交通条件越不利)。为了避免由于变量间存在量纲和单位的不同使运算无法进行,我们需要对构成交通参数的这些基本变量进行比值处理, 即 D,R,L 真正可用于运算的应是各自与其平均值 D',R',L' 的比值;另外,为了与环境参数保持整体的对应性,必须将所有基本变量折合为一个变量,也就是说必须将几项比值之和除以变量个数之和(这里因为 D 是负值,因而在变量个数求和中也应取-1,使变量数总和为 1),然后就可以得出交通参数 P_T。同样道理可以用于环境参数 P_E 的分析,这里需要注意的是笔者提出的环境是包括了自然环境变量的总体设施环境,这些设施对于提高总体环境条件都是正相关作用, 因此只需用 M,H,S,G 与其各自的平均值 M',H',S',G' 比值处理后相加再除以变量总数(此处为 4)就可以得出环境参数 P_E。

最后看成本性变量 C。由于笔者只选择了房价作为成本性因素的简化代表,因而房价参数 P_P 的取得也比较简单, 将区位房价 P 与其所比较区位房价的平均值 P' 的比值乘以房价参数的权重 K_P 即可。

③ 建立数学模型

通过上述对变量关系的进一步分析，可以列出如下一些计算公式（这可能比文字表述更清楚，更易于让人理解）：

（Ⅰ）$V=F/C$

（Ⅱ）$F=P_T+P_E$

（Ⅲ）$C=P_P$

（Ⅳ）$P_T=(R/R'+L/L'-D/D')\times K_T$

（Ⅴ）$P_E=(M/M'+H/H'+S/S'+G/G')/4\times K_E$

（Ⅵ）$P_P=P/P'\times K_P$

将上述计算公式加以迭代合并，可得出如下整个数学模型：

（Ⅶ）$$V=\frac{F}{C}=\frac{P_T+P_E}{P_P}=\frac{\left(\frac{R}{R'}+\frac{L}{L'}-\frac{D}{D'}\right)\times K_T+\left(\frac{M}{M'}+\frac{H}{H'}+\frac{S}{S'}+\frac{G}{G'}\right)\Big/4\times K_E}{\frac{R}{P'}\times K_P}$$

这是一种简便的评价模型，因为其中只选择了代表功能与成本的重要因素，而根据这种建模的基本方法，实际上可以将前文所述的所有因素都包含进去，组成如下文字模型：

（Ⅷ）综合价值＝$\dfrac{\text{既定制度、技术、文化等条件下的（根据自然条件总结的可用地量+地下基础设施状况+交通设施状况+周边环境设施状况+人文状况）}}{\text{既定制度、技术、文化等条件下的（交通费用和时耗+地价或房价+信息和风险成本）}}$

显然，式（Ⅷ）与式（Ⅶ）相比要复杂得多，且许多因素无法量化，使操作起来困难重重甚至无法进行。因此比较可取的方法是在式（Ⅶ）量化评价的基础上再逐步添加式（Ⅷ）中尚未考虑的因素进行定性评价，以达到比较全面的效果。但如果只求方便迅速，那么式（Ⅶ）的结果就已能满足要求。下文将只对此简化模型进行讨论。

（2）运算求解

① 收集基本数据

地理信息系统是获取数据最快捷的方法（当然前提是必须有这样的信息系统可供查询）。如果不具备这样的条件，就必须充分发挥研究者的调研能力，通过前文所述的各种渠道去尽力搜集。先解决模型中所需的一些基本的、属于物质事实性的数据，即 R,L,D,M,H,S,G,P 的数据。虽然权重也是模型所需的数据，但这种数据是属于主观评价得出的，因此需要用一些特殊的方法来取得，从步骤上说属于下一步。

② 确定权重

权重的确定不能靠研究者自说自算，而必须交由集体评议来确定。这个集体可以是小范围的，采用专家讨论或无记名投票的方式。虽然这种方式操作起来比较简单，但评议过程也会产生一些干扰因素，如代表性不易充分、可能产生迷信权威的现象、有时会出现随大流的现象、代表易受诱导劝说性影响、代表可能由于面子等原因不愿纠正错误等，影响了最后权重的准确性。为解决这些问题，美国兰德公司在20世纪50年代初研究如何通过有控制的反馈使得收集的专家意见更为可靠，并以古希腊阿波罗神殿所在地特尔菲(Delphi)为代号，总结发展成为特尔菲法，这是采用专家讨论确定权重的较为科学的方法(具体可参阅有关系统工程方面的书籍)。

另外，集体评议的范围也可以扩大，通过向社会发出调查表，用居民的反馈来确定权重。这种方式操作起来虽然费时费力，且往往需要有专门的机构来完成，但这样确定的权重更加真实可靠，因为从统计学上讲样本采集的范围越广误差越小。如果我们能获得有关机构针对居民的专项调查结果，那么权重就可以从中确定。在第三章分析的若干社会调查中，清楚地表明了居民对择居相关因素的重视程度，这是通过对某项因素持赞同态度的人数比例反映出来的。用这样的方法就可以对笔者所建模型中交通权重 K_T、环境权重 K_E 和价格权重 K_P 赋值。

③ 运算求解并解释

由于模型的变量之间均为一次线性的关系，因而这种运算对于不熟悉高等数学的建筑(规划)师也并非难事。求解完后对所评价的区位的综合价值就有了一个可供比较排序的数值，使我们对这些区位的优劣有了一个比较客观、清楚的认识，从而不至于像只从定性分析角度出发就做出结论那样容易产生以偏概全的错误判断。例如单凭某区位的交通条件好就认为该区位生活条件佳，而如果考虑了购物、医疗、教育等条件也许就不一定具有十分突出的优势，而进一步考虑成本之后也许还会得出得不偿失的结论。所以，用建模求得的数字来说话的方法是很有意义的。

2）预期评价过程

(1) 加入当前建设量求出新解

① 加入当前建设量

对现状的评价可以使我们明确规划前用地条件的成绩与不足。而除此之外，由于城市中还存在一些耗时较长的、正在进行的、对城市用地区位价值会产生重大影响的一些建设活动，例如地铁、跨江桥梁等大型市政工程建设。这些虽不属于现状因素(因为还未完成)，但也不属于未来规划可控制的因素(因为已经在进行了)，因此在进一步明确规划调整内容之前还必须加上这些发展因素，对现状评价结果进行修正。具体操作时必须将这些因素折合成评价模型中所含有的因素，如地铁可以根据其运输能力折算成若干条公交线路数，而桥梁可以视为一条主要道路，这样才能加入模型计算建成后能发挥的影响。

② 求出新解加以比较

考虑了当前的重大市政工程建设后，我们对区位价值的认识就已不能停留在静态层次上了，而由此计算出的价值量是一个比较确定的概念。因为在建项目只要不出意外就能完工，从而发挥其作用（不像规划项目是不确定的，有些可能因为吸引不到投资而只能停留在纸面上）。这样我们就能清楚地把握区位在可以预期的范围内的价值变化，通过与前面的现状价值相比较，可以得出一些直观上很难预测准确的结论，成为我们决定规划调整内容的基础。

考虑了预期发展之后的区位价值量应成为规划安排居住人口和住房建设量的重要标准，即高价值量的区位应多承担一些人口和住房量，相应地人口与住房密度可以高一些，人均用地面积可以少一些，而低价值量的区位则相反。这样做的好处是可以让优势地段充分发挥优势效益，达到各项资源的合理配置与利用的效果。而我国当前的许多规划都很少体现这一点，这在很大程度上与其机械性的操作流程有关，也就是根据有关机构的预测人口与住宅需求量，生搬硬套国家给定的用地指标，算出需要多少用地量，然后根据各区位可用地量的多少像切蛋糕一样把需要安排的人口与住房分配下去。这样其实是采用了平均分布的办法，虽体现了公平却很难保证效率，而通过区位价值量的计算求解则能较好地解决这一问题。

当然，高价值用地安排高密度人口与住房量的原则也并非绝对的，因为总有一个合理的限度。例如在原居住密度已超高的情况下非但不能继续安排新人口与住房，还必须进行有效的疏散，而低价值用地通过有倾向性的规划并大力落实之后也可提升其价值，从而担负起更多的人口与住房责任。这涉及政府意志的问题，决定了规划的新增建设量究竟添加到何处（只是大致的区位分配，因为还没有通过再求解比较加以论证）。下面对此进一步分析。

（2）加入未来规划量再求解比较

① 加入未来规划量进行调整

在城市居住用地区位的综合价值中，功能与成本共同组成了一座天平（图 4–9）。在支点一定（即评价准则不变）的条件下，我们可以通过规划手段来调整天平两端各自砝码的重量，也就是改变区位的功能与成本含量。例如针对构成功能的各项因素，可采用增加可用地量、大力兴建各项基础设施等办法提升功能比重；而针对构成成本的各项因素，也可采用各项经济措施对成本进行控制。这样，天平就会朝向我们希望的方向倾斜或保持平衡，以达到我们预期的规划目的。这其实是一种运用经

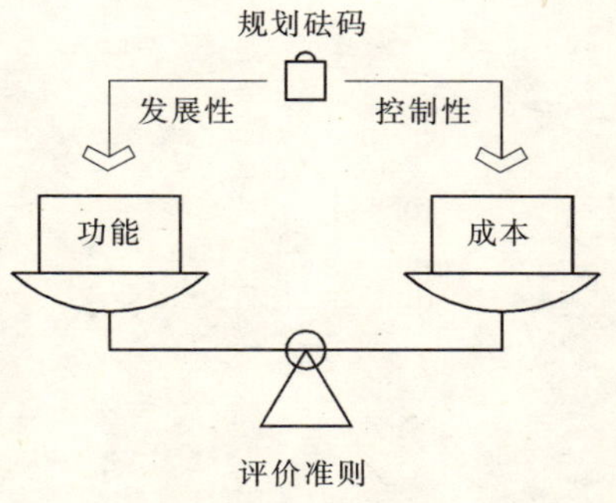

图 4–9　区位功能与成本组成的天平

济杠杆推动规划落实的市场规划方法，而非单纯的技术性规划，可以分为以下 3 种情况讨论。

A. 当规划意图是发展性、倡导性时，政府希望开发商与居民积极向规划预定的区位运动，为此需要增加功能的比重，同时降低成本的比重，使开发商与居民都觉得“物美价廉”或“物有所值”，产生向该区位开发和迁居的兴趣与动力，不依赖强制力量（如北京通过行政命令集中安置旧城拆迁居民的做法）就可完成规划目标。《孙子兵法》云：“不战而屈人之兵，善之善者也。”

B. 当规划意图属于控制性、阻止性时，政府希望保护某区位的现状，可以通过适当发展功能而大力提高用地成本的方法使开发商与居民都觉得“价高质次”或“得不偿失”，从而打消在该区位开发和择居的念头，也就达到了预期的保护目的。

C. 当规划意图属于既不倡导也不阻止的中间态度时，可以将功能与成本保持在大体相当的水平。这时需要注意的是通过前模型计算出的价值量一般并不会是 1，因为笔者所建模型求出的解都只具有相对的比较意义，而其绝对数量并不代表什么，到底计算出的价值量达到多少可以认为是功能与成本相当，这可以通过多个样本区位（居民调查认为各方面都比较满意的区位）价值量的平均值来确定。

② 再次求出新解加以比较

加入规划量求出新解之后，这时针对同一区位而言实际上已经具备了 3 个价值量，即现状价值量、目前建设项目完成后的预期价值量、未来规划落实后的价值量以及各自的功能量、成本量、构成功能量的交通量、环境量等。这样我们就能从这些数量比较中看出区位综合价值的动态发展，从而验证规划所起作用的影响程度，也就是在多大程度上改变原区位的功能与成本的优劣，以决定是否有必要进一步调整规划。用几轮不同的规划量加入求解可以得出几个不同的结果，再用更为具体的一些操作办法加以确切的区位定点就可以形成几个不同的规划方案，其中我们觉得可以接受的为推荐方案，从而为进一步的方案决策做好准备。

4.2.3 方案决策

建筑（规划）师的职业特点决定了其本身并不具备对规划方案的决定权，方案完成后需要交由委托方做出最终决策。如果委托方是开发商，那么决策只是微观层次的、小范围的，往往会比较直截了当；而如果委托方是政府机构，由于决策属于宏观层次的、大范围的，牵涉城市方方面面的整体利益，因而需要更加谨慎地进行。为此在前面采用科学方法制订方案的基础上，同样还必须采用科学的方法进行方案决策，其中典型的决策方法有组织专家进行评审的目标决策法和组织公众进行评议的投票决定法。下面对这两种方法进行简要讨论并进一步分析公众接受规划后可能采取的微观居住区位选择形式。

1）专家评议

为保证少数专家进行方案评议所做出的结论的客观公正，笔者在此推荐采用目标决策法。这是一种在传统定性决策基础上发展起来的定性与定量相结合的决策方法，与前文笔者探索性地提出并分析的“价值信息模型”方法有许多相似之处，只是笔者的方法是为制定规划方案服务的，而此处的目标决策法是用于方案决策领域的。该方法的基本思路是：把某一城市的建设经济活动（决策对象）概括为一个总的目标（准则）；在总目标之下，根据决策对象所应满足的经济、社会需求，决策对象所受的限制和制约因素以及决策对象一旦实施后将会带来的各种可能影响，分解和确定不同层次的分目标（分准则）；然后组织有关的管理工作者和科研工作者对各层目标逐一评价，经过一定的数理统计分析处理，筛选出最优的决策方案[8]。具体操作起来有多种表现形式，但一般都包括了构造目标体系和计算评估两个核心环节。

（1）构造目标体系

目标体系又被形象地称之为“决策树”（图 4-10）。决策目标体系既可按决策对象的自身结构来构造，也可以按有待解决的问题来构造。从决策对象的自身结构来看，一项城市建设的经济活动可以分解成许多子活动。如果整个建设活动要达到一个总目标，那么构成它的子活动也就必须达到相应的子目标。于是，就可以依照决策对象的自身结构来建立决策树。从有待解决的问题来看，一项城市建设经济活动的实施，需要解决多方面的问题，不同方案所能解决的问题的范围和侧重点各不相同。把所有可能涉及的问题罗列出来，逐一分析比较它们的相对重要性，就构成按有待解决的问题组成的目标决策体系。

（2）计算评估

目标决策方法要求参与决策的各位专家，把自己对目标体系中各准则的相对重要程度的定性判断用一定的数量方式表述出来，也就是确定各因素的权重。可以采用直接评分法与多层次权重计算法。直接评分法适用于决策目标体系比较简单、预选方案较少的决策项目。假设有甲、乙两种预选方案，需要评判与之有关的 10 个分目标，每项准则的满分为 10 分，专家依据自己的判断分配给甲、乙两个方案。综合各位专家的评分结果取总分的平均值，得分高的方案即为最优方案。多层次权重计算法从基本原理上讲与直接评分法是一样的，它也是由每位专家对各项准则的相对重要程度评判打分。所不同的是，由于决策目标体系层次复杂，预选方案数目较多，需要由高层到低层逐层评判，而且为了把高层的评判顺序带入下一层中去，需要对每一层的评判结果进行一些数学处理。经过较为复杂的求和计算后，总分最高者即为最优方案。

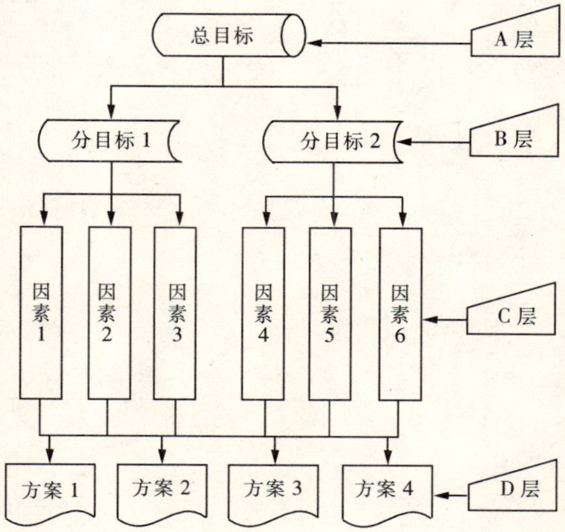

图 4-10　某决策目标体系示意图

（图片来源：张耀儒主编. 现代城市建设经济学. 北京：中国城市出版社，1998）

2）公众评价

在民主的社会条件下，规划方案的通过多需要公众用选票的形式来完成，而随后的实施在比较完备的市场经济环境下是通过公众手中的钞票流向来促动的。公众的价值观有时并没有被规划人员充分领会，因而规划方案就会过多地带有规划人员自身价值观（同时带有政府或开发商价值观）的色彩。在这种条件下，把规划方案交由公众来评判，有助于规划人员及时发现规划中有悖于公众意向的问题所在，以便及时调整规划，使规划在体现了制定方价值观的基础上也充分结合了接受方的价值观。一般说来，经过选票得出的规划方案实施起来也会得到钞票的支持，也就是会得到市场的支持与贯彻。

（1）评价的方式

目前我国许多大城市在规划方案完成后，成果多采用公开展览的方式征询市民意见。如上海市专门建设了城市规划展览馆，开馆后不到3个月已接待了参观者近10万人次[9]。这种方式有助于市民了解当前政府的开发意向，但由于他们并不十分清楚规划中专业性较强的各项指标与表现方法，因此即使有意见也很难找到合适的途径来表达，进而只能根据他们比较模糊的主观喜好来对规划方案做出随意性较强的评价和选择。针对这种情况，今后有必要对市民大力宣传和普及城市规划基本知识，使他们真正了解规划并能为规划出谋划策和做出理性评价。而这种宣传和普及的渠道是多种多样的。例如由政府组织定期的讲座来培训市民，帮助市民成立各项工作组、委员会等代表机构，吸收市民观摩和参与实际的规划操作等，这些都可以先在小规模的（如在社区层次上）规划决策中先行予以尝试，然后再推广到城市层次的规划，取得比较成熟的经验后最终应该用立法的形式将这些评价方式确定下来。

（2）评价的内容

有关城市居住用地的规划方案，居民至少可以对其规划区位、配套设施以及住宅建设指标等方面提出看法，从而可以有效避免规划实施后没有居民理睬，造成大量住房空置以及其他方面资源浪费的尴尬局面。其中特别是对居住用地区位的评价尤为有意义，因为我国城市规划人员习惯于以静态的远景预期为目标，对居住用地做出体现公平的均衡布局，但事实上任何城市都存在着发展热点、重点的现象，这从根本上说是居民群体的择居意愿所致。如上海人以前“宁要浦西一张床，不要浦东一套房”；北京人则看好城北亚运村地段而不愿到城南安居。在计划经济年代，住房分配制度使居民不具备选择权利，因而有可能通过人为调整各区位的居住人口来达到均衡配置的目的。但土地与住房市场化之后，由于居民享有充分的择居权利，在总体上可能表现出更倾向于某一区位而排斥另一区位，使城市居住用地发展日益不均衡，因此有必要将规划区位交给居民来评价，以便保证规划的实施。

3）微观居住区位的推定

如果城市居民家庭认可了某项居住用地规划或某些已经实施后形成的居住条件，那么他们理应就会接受该用地区域作为日后择居的选择范围。进一步说，如果居民家庭通过各种考虑初步确定了城市内部的择居区域，那么他们究竟会在该区域的哪个区位点上安居呢？对此笔者试图做出一些微观分析与推定。所谓推定就是指如果符合某些假设条件就会有很大概率出现，其后分析推导得出的结果。而这些假设条件是：三口之家，孩子在学龄期，夫妻都工作且处于不同就业地点，择居时主要基于非常理性的经济分析，且只考虑主要因素。笔者认为这样的假设对中国城市家庭而言是有一定的代表意义的。下文将先交代一些背景知识，然后再进行具体分析。

（1）位置参数的区位选择意义

位置参数是对统计数据系列进行简单的数学处理得出的反映一列数据平均特征的指标，主要包括算术平均值、中值和众值。在统计分析中，算术平均值的意义最为重要，表现数据 X_i 的平均规模，即 $(X_1+X_2+\cdots+X_n)/n$。中值是指将一列按大小顺序排列的数值分成同样多的两半的值。如果一列数据的量为奇数，即 $n=(2m+1)$，那么从开始或最后算起的第 $m+1$ 个数即为中值。如果数据量是偶数，中值就是位于中间两个数的算术平均值。众值又叫众数，是抽样调查中出现次数最多的值。

实践表明，一种现象的要素分布愈是不对称，其算术平均值应用的价值就愈是受到限制。假设对某市中心商店顾客来源的调查结果如图 4-11 所示，顾客到商店距离的算术平均值为 15 km，但最小距离为 1 km，最大达 40 km，其间相差太大，加上由于距离分布的不对称性，算术平均值不能说明什么问题。而中值则将顾客住地至商店的距离分成两个相等的部分，一半是较大的距离，一半是较小的距离，以 10 km 为界，其内圈是顾客也是居民密度较高的范围，相当于该市的建成区，中值与平均值之间的区域（图 4-11 中 10~15 km 圆环）相当于该市的城乡过渡区。众值则反映顾客最密集地区的范围，相当于该市的老城区（图 4-11 中的 5 km 内环），说明是该市场主要的潜在的顾客分布区域。

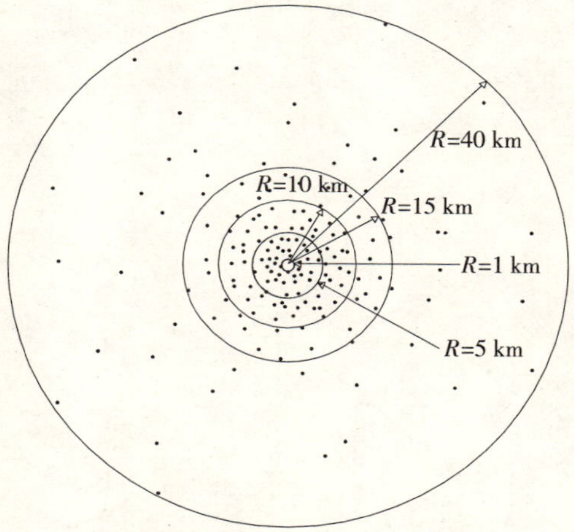

图 4-11　假设的某市中心商店顾客来源地分布图

中值不仅对描述现象分布起到重要作用，而且对单纯考虑距离的区位选择也是惟一正确的答案（从数学上也可以证明）。阿隆索以确定一个面包坊为例说明了这一点[10]（图 4-12）：某面包坊的 7 个供应点 A，B，C，…，G 分布于一条路线上，每天供应一次，面包坊只有一个专门送面包的工人，每一个供应点要专门送一次，问题是如何确定面包坊的区位才能使工人的总行程最短。不假思索地回答很可能是以任何一点作为出发点（出发点选在哪里与结果是没有关系的），从该点到所有供应点距离的和除以供应点数，即算术平均值，也就是面包坊应位于零点右边与该算术平均值相等的距离单位数处。假定零点选在 A 处，算术中心点便在 A 右边 6 个距离单

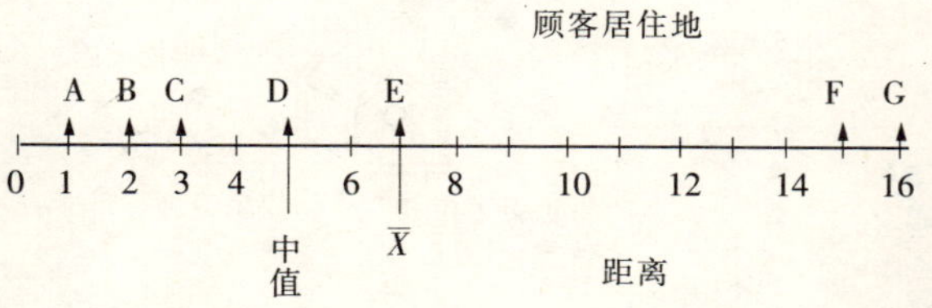

图 4-12　阿隆索设想的面包坊供应点沿直线分布图

（图片来源：陆大道编著．区位论及区域研究方法．北京：科学出版社，1988）

位处，即 E 处。但通过实际计算（过程略）可知，E 点到其他各点距离总和为 34 km，而处于分布中值点的 D 点到其他各点的距离总和只有 32 km，因此 D 点才是最合适的区位。

在现实条件下，大部分地理要素的分布很少有可能都处于一条直线上（这时距离数值是一维量），而多为平面上的二维量。由于中值的定义不能由一维转到二维，二维点的分布不可能分为大些的一半和小些的一半，此时它们的中值就是所有点的纵横坐标的算术平均值，即最佳区位的坐标值。尽管这时表现为算术平均值的计算特点，但中值仍是决定区位选择的最终答案，因为这时的算术平均值也就是中值。具体操作过程中一般会碰到两种情况：如果点的数量很多，那么计算中值前最好要进行分级处理，以便简化计算。其计算公式为下面的式（Ⅰ），式中，x_i 为 x 轴上数据间隔分级的中点值，y_i 为 y 轴上数据间隔分级的中点值，f_i 为 x_i 所在数据等级的绝对频数，g_i 为 y_i 所在数据等级的绝对频数，k 和 l 分别为 x 轴和 y 轴上数据等级数，n 为点的总数。这个公式可应用在拥有众多服务对象的企业的区位选择中，在此不再举例说明[⑪]。

$$(\text{Ⅰ})\quad \bar{x}=\frac{\sum_{i=1}^{k}f_i x_i}{n}\ ;\ \bar{y}=\frac{\sum_{i=1}^{l}g_i y_i}{n}$$

如果各点存在着重要程度不同的情况，则需要先行对其赋予权重，然后才能进行加和平均求解，其计算公式为下面的式（Ⅱ），式中，x_i，y_i 为第 i 个区位点的坐标；b_i 为第 i 个区位的赋权数；k 为区位总数。这个公式可应用于居民家庭选择微观居住区位（当然也可用于居住区位的规划），笔者在下文将对此举例分析。

$$(\text{Ⅱ})\quad \bar{x}=\frac{\sum_{i=1}^{k}b_i}{\sum_{i=1}^{k}b_i}x_i\ ;\ \bar{y}=\frac{\sum_{i=1}^{k}b_i}{\sum_{i=1}^{k}b_i}y_i$$

（2）最佳居住区位的推定过程

根据前文对三口之家的设定，在此进一步假设其选择微观居住区位时面临着如图 4–13 所示的一些主要功能设施条件，从图中可见笔者根据对各项设施的利用情况假定夫妻双方的工作地点与子女教育地点是确定的、惟一的，而购物、医疗、娱乐以及其他设施则有多个地点可以前往。

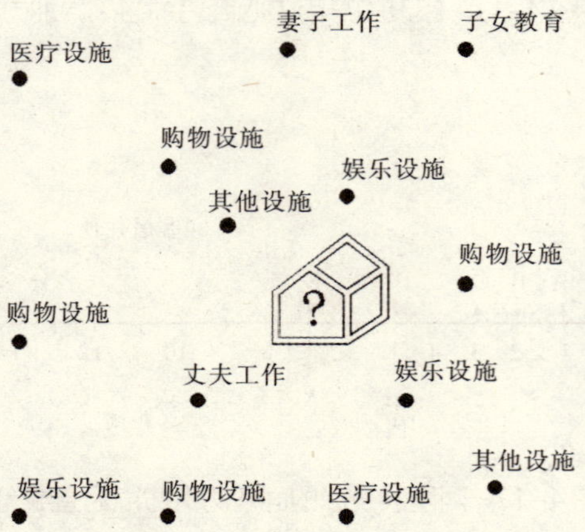

图 4–13 “三口之家”择居前面临的主要设施条件

接下来，理性的区位选择可采用如下办法：

① 对设施分布图建立坐标系

此时坐标原点可根据操作方便程度随意确定，坐标间隔取值可根据设施的总体分布情况采取比较合适的整数值（也就是确定合适的比例），见图 4–14(a)。

② 评估各项设施距离的重要性

此时可以先明确各项设施距离的重要序列，例如子女教育=妻子工作>购物>丈夫工作>娱乐>医疗>其他设施，然后对排在最末的设施赋权重值为1，其余的分别与之相比较后估计相当于几个最末设施，确定各自的权重值，并标在图上，见图4–14(b)。

③ 计算理想区位坐标值

下面的计算中加和的顺序与上文确定的各类设施重要序列相同。

$$\bar{x}=\frac{8\times5+5\times5+(0.5+3+3+8)\times4+3.5\times3.5+(0.5+6+7)\times2+(0.5+6.5)\times1.5+(4+8.5)\times1}{1\times5+1\times5+4\times4+1\times3.5+3\times2+2\times1.5+2\times1}$$

$$=4.6$$

$$\bar{y}=\frac{9\times5+9\times5+(7+5+4+1)\times4+3\times3.5+(6.5+3+1)\times2+(8.5+1)\times1.5+(6+1.5)\times1}{1\times5+1\times5+4\times4+1\times3.5+3\times2+2\times1.5+2\times1}$$

$$=5.2$$

根据计算可见，点(4.6，5.2)是距离各项设施都很方便的理想居住区位，见图4–14（c）。

④ 考虑房价后确定最佳居住区位

上述计算得出的区位也许并不在家庭的经济承受能力范围之内，因而该理想区位点需要根据房价做出进一步权衡。由于本书已假定，这里的三口之家是在居住区域确定的条件下考虑更为微观的区位选择，因而房价已经过上一个层次的初步考虑，并不会与其经济承受能力范围出入太大，只需根据微观区位的微观房价做出稍许调整即可得出经济上最佳的居住区位，一般说来不会离开理想居住区位太远，见图4–14(d)。

在以上整个区位选择的分析过程中，由于各居民家庭对功能设施的重要性认识不同，对房价的承受能力不同以及其他方面偏好的不同，使其确定的最佳居住区位也各不相同，但一般都会处在各自就业、教育设施与生活设施的中间位置，在总体上会表现出围绕就业、教育与生活设施镶嵌散布的特点。这种表面上看起来杂乱无章的随机性分布其背后实际上隐藏着许多不易察觉的规律，需要我们从宏观与微观两个角度来认识才能全面把握，因此尽管规划更为注意的是家庭群化的择居区位倾向，但更为深入地剖析个体的行为则能更好地理解其群化作用后的表现，这也是笔者对城市居民家庭微观居住区位进行推定思考的意义之所在。

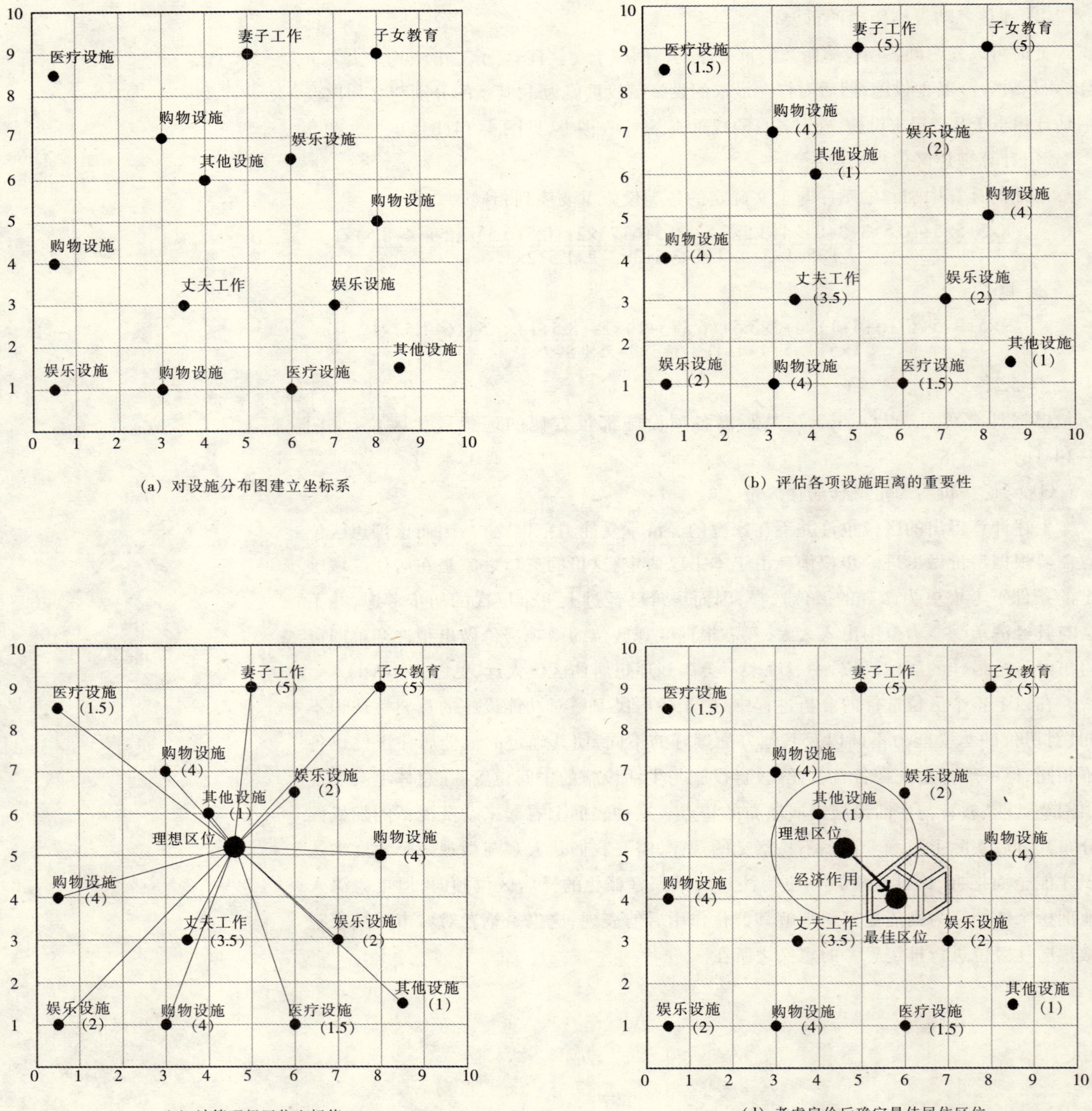

(a) 对设施分布图建立坐标系

(b) 评估各项设施距离的重要性

(c) 计算理想区位坐标值

(d) 考虑房价后确定最佳居住区位

图 4-14 微观居住区位的推定过程

4.3 小　结

本章可简称为规划方法研究。

(1) 关于基本方法

规划设计方法走向科学化首先要从思维方法开始,为此必须在建筑设计"灵感"思维的基础上引入逻辑分析与定量分析,才能得出最优设计方案,从而推动城市规划学科的发展。

数学模型是将数学与实际问题紧密联系在一起的桥梁。模型不是原型,用数学与学数学也是不同的。数学建模需要经过分析问题、找出本质因素、给出数学关系的过程,其中需要的数据既可以从实际问题中直接获取,也可以从相关机构间接获得。美国城市规划界采用定性与定量相结合的方式广泛采用了这种方法。

地理信息系统存储了大量数字化的地理数据,对此我们并不需要学习如何建立该系统,但应学会如何查询(文查图、图查文、图查图)与分析(简单的量算、叠合、分类、网络、邻近区域等)其中包含的信息。这种方法可以结合数学模型应用于城市规划,特别是区位选择与规划管理方面。

价值分析中价值的概念不同于经济学中所指,本质上是一种强调功能与成本对比的技术经济方法。实施过程主要包括选择分析对象、功能分析评价、提出新方案与评价3个阶段,应用于规划领域可以从源头上保证城市建设切实按规划发展。

(2) 关于综合运用

本书站在为政府服务的角度,提出了规划前期分析城市居住用地区位的"价值信息模型"方法。

影响城市居住用地区位的因素可用"价值树"方法分类整理。在功能性因素中,以居民调查中反映出的意向作为依据,简化选择出交通(包括该区位到市中心的距离、主要道路和公交线路数量)和配套设施(包括购物、医疗、教育、游憩等)。成本性因素根据同样原则简化选取了房价作为代表。非经济因素对功能与成本两类因素都会产生影响,进而影响城市居住用地区位的选择。本章以制度(经济、规划)、技术(交通、通讯)和文化为例做了定性分析,在进一步的定量分析中则予以省略。

经过数学变量设定与数学关系的分析,本章提出了一个简化后的量化评价模型以及更为全面的文字模型。通过收集模型所需数据,进而用集体评议方法(包括社会调查)确定权重后即可运算求解并解释,完成现状评价。预期评价需要加入当前正在建设量和未来规划量分别求解,通过调整功能与成本之比来进行规划,以此为基础来完成方案。

(3) 关于方案决策

组织专家进行评议可采用目标决策法,该方法与本书提出的方案制定法有相似之处,特别是属于核心环节的构造目标体系和计算评估方面。组织公众进行投票可采用多种形式,对规划确定的重点居住建设区位尤其需要听取公众意见。

本章做出“三口之家”的假设,尝试推定其微观居住区位。为此需要用到平均值、中值、众值等位置参数,而其中中值尤为有意义。推定的过程为:对设施分布图建立坐标系,评估各项设施距离的重要性,计算理想区位坐标,结合房价确定最佳区位。

注　　释:

① 詹可生. 住宅建筑优化设计. 上海: 上海科学技术出版社, 1984
② 刘来福, 曾文艺编著. 数学模型与数学建模. 北京: 北京师范大学出版社, 1997
③ 张冠增. 城市发展概论(城市轨道交通系列丛书). 北京: 中国铁道出版社, 1998
④ 张庭伟. 实证研究和定量分析: 介绍一个实例. 城市规划, 2001 (9)
⑤ 张庭伟. 实证研究和定量分析: 介绍一个实例. 城市规划, 2001 (9)
⑥ 宋小冬, 叶嘉安. 地理信息系统及其在城市规划与管理中的应用. 北京: 科学出版社, 1995
⑦ 宋小冬, 叶嘉安. 地理信息系统及其在城市规划与管理中的应用. 北京: 科学出版社, 1995
⑧ 张耀儒主编. 现代城市建设经济学. 北京: 中国城市出版社, 1998
⑨ 买房投资先看规划馆. 城市开发, 2001 (5)
⑩ 陆大道编著. 区位论及区域研究方法. 北京: 科学出版社, 1988
⑪ 陆大道编著. 区位论及区域研究方法. 北京: 科学出版社, 1988

5 南京市居住用地区位研究

本章是笔者在前文所作的一般性理论与方法思考的基础上，选取南京为例进行的应用性研究。少量成果取自笔者于2000年间在前导师鲍家声教授指导下为南京市规划局提交的一些咨询报告，大部分则是在齐康先生门下进一步学习且对近年来南京市居住用地区位发展保持密切关注之后产生的新认识。现将这些仍算不上成熟的思考总结于此，以期能对南京今后的城市规划与建设实践尽一份绵薄之力。按照前文理论与方法研究的篇章结构安排，本章与之相对应地重点论述南京居住用地区位分布的发展历程、当前各方行为主体的区位选择意愿比较分析和各区位板块（地块）的客观价值（优势）分析等三部分内容。

5.1 居住用地区位分布的发展历程

5.1.1 古代时期

地理区位所处自然环境的适居性是建立城市的最基本要求，而如果在此基础上城市区位在其所属区域中的军事、经济以及由交通决定的相对位置等条件也较好的情况下，就有可能被统治者选定为都城。古代的南京就是这样一个各方面条件都很不错的城市，因此才会有10个朝代在此定都。但由于这几方面条件（特别是军事、经济、交通等人为活动形成的条件）随着历史发展都在发生变化，因而南京的都城地位就会与北京等城市交替反复，而其中惟一不变的则是南京的自然适居性，按照中国古代的堪舆术来说南京是一块绝佳的风水宝地，诸葛亮曾评价南京："钟阜龙蟠，石城虎踞，真乃帝王之宅也。"

1）南京建城之始：越城

公元前472年越王勾践建立的越城可视为今日南京的建城之始。因为古代城市的定义就是建有城墙且设有商品交易市场的居民点，而越城已明显具备了这些特征，即城墙、市场与居民点。越城位于南京市南部雨花台到长干桥之间的一片高地上，前临秦淮河（近水），后倚雨花台（向阳、避寒、避风），符合当时城市选址主要视自然条件而定

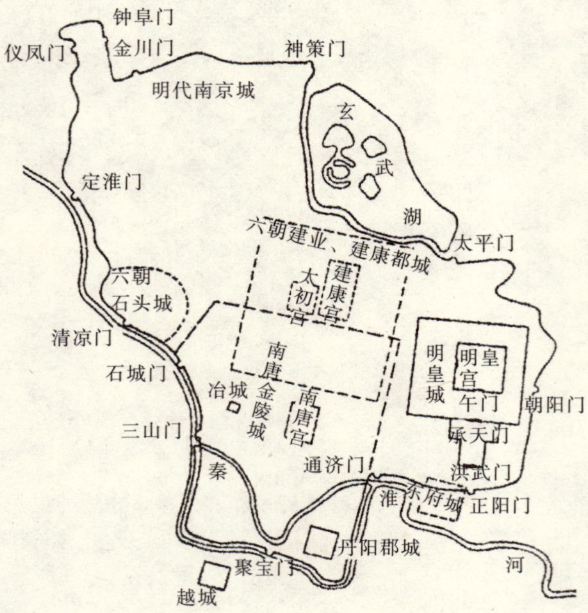

图 5–1　南京历代都城相互关系图

（图片来源：宋家泰，崔功豪等编著. 城市总体规划. 北京：商务印书馆，1985）

的风水原则(图 5–1)。越城的用地面积约 6 万 m²,仅相当于今日城市中的一个小型社区规模。其后在公元前 333 年,楚王灭越,在西临淮水(今秦淮河)的清凉山上埋金以压王气,建金陵邑,也是近水、向阳之地,而用地面积则更小,只有 3 万 m² 左右。公元 212 年,孙权在楚金陵邑原址兴建一座石头城,作为水军的江防要塞,是今日南京被称为石城的由来。

这个时期的南京城,居住几乎是城市的惟一功能,谈不上功能区的划分,加上城市规模很小,因而即使居住区内部也不产生分异,王侯布衣共处,豪宅陋室相邻。

2）吴晋南朝都城建康

公元 229 年,孙权将东吴国都定于南京,这是南京在古代第一次作为都城。此后东晋和南朝的宋、齐、梁、陈相继在南京建都,此间共 6 个朝代,故被唐朝人称为六朝古都,而期间南京的地名也经历了建业、建邺、建康、蒋州、升州、金陵的变化。东吴的建业城位于今南京的中部地区,平面为方形(可见当时建城已不再将自然条件视为决定因素),规模与越城、金陵邑相比已有数倍的增长,而城内皇宫的规模则比较狭小。东晋的建康城因循孙吴的旧制,只是在原宫城以东、今东南大学所在地新建了建康宫。南朝时代,城市规模并未突破吴晋时期的用地范围,只是将其发展得更为完善。

这个时期的南京城,城市功能已从近乎单纯的居住发展成为政治、商业、手工业、居住等多项功能,且因城市规模的扩大也出现了明显的功能区分布,如东吴的建业城中除了有供政治统治及王室居住的、以太初宫和昭明宫为主的宫城外,还有繁华商业区"横塘"及供王公贵族们居住的"长干"高级住宅区(今中华门到水西门一带),但这些衙署和居民区、商业区等并未设置在城墙之内,而是在城墙外呈环状分布,且在其外围更修建有东府城、丹阳郡城、石头城等多个小城驻军拱卫京师,形成了围绕统治中心群星捧月之势。

3）南唐都城江宁府

公元 937 年,李昪在南京称帝,把当时的金陵府改名为江宁府。因隋灭陈之后将城池夷为平地,因此南唐江宁府城是完全新建的,其城市位置比六朝建康城向南移动很多,整个城市用地规模也比六朝建康城大一些,将秦淮河西岸的商业和居民区包入城内,即今日的内秦淮。另在南城外开护城河，即今之外秦淮。南唐江宁府的府治即为宫城,位于城中部位置。

这个时期的南京城已在六朝经济文化的基础上发展成为一座物质文化生活都相对富足的江南重镇,过于优越的生活条件,往往会造成居住在这里的人缺乏上进心,不像居住在穷山恶水之地的人们具有危机感。李后主长期纸醉金迷，宠幸幺娘（中国历史上第一位缠足的女子),最后弄得国家灭亡,惆怅如一江春水,其中原因恐怕与南京的适居性不无关系(类似的例子还有南宋的杭州),而在此建都的朝代一般历史都不是很长，似乎从反面也可以认为南京是一个享受生活之地，而不是一个创立宏图伟绩之所（燕王朱棣若不是迁都北京，恐怕明朝也会很短命）。

4）明南京应天府

公元 1368 年朱元璋在应天府登基，称南京（当时北京为顺天府），经大力改造和新建后，形成了当时具有世界第一规模的古城，也基本奠定了今日南京市建成区的用地范围（图 5–2）。应天府城的外廓把东府城、越城以及钟山、雨花台周围诸山和玄武湖全部包入其中，面积约有 120 km²；都城把六朝建康城、南唐金陵城以及东吴的石头城全部包入其中，面积约 60 km²；宫城则一改六朝以来位居城中的几何形态，转而因地制宜地放在城东部。

这个时期南京城的功能分区也表现得相当明显：城东为政治区，有皇宫和官署；城北为军事区，驻扎军队；教育区为今东南大学所在地，设国子监；手工业区和贫民住宅区在城南，贵族居住区在城东南部，建有大量王府，如今日南京常府街（常遇春开平王府）、信府街（信国公汤和东瓯王府）、瞻园（徐达的中山王府东花园）、邓府巷（宁河王邓愈王府）、马府街（郑和王府），都是明代王府遗迹。可以说南京发展到明代，已基本形成了城市居住重心位于城南秦淮河畔的格局，之后延续到今日也未有大的改变。目前，秦淮区、建邺区、白下区的居住人口密度在全市中是最高的，也是今后旧城改造的重点区域。

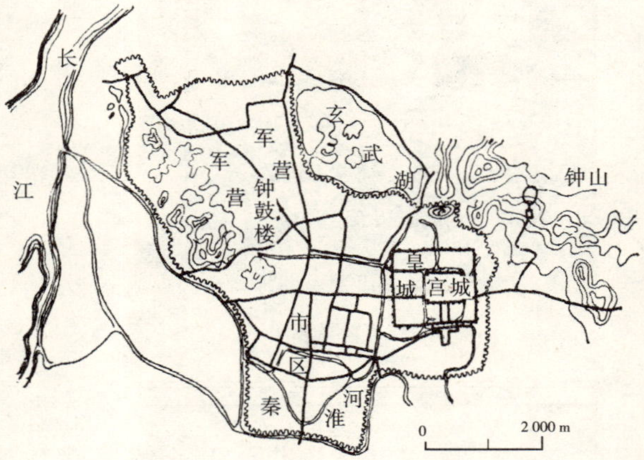

(a) 应天府城

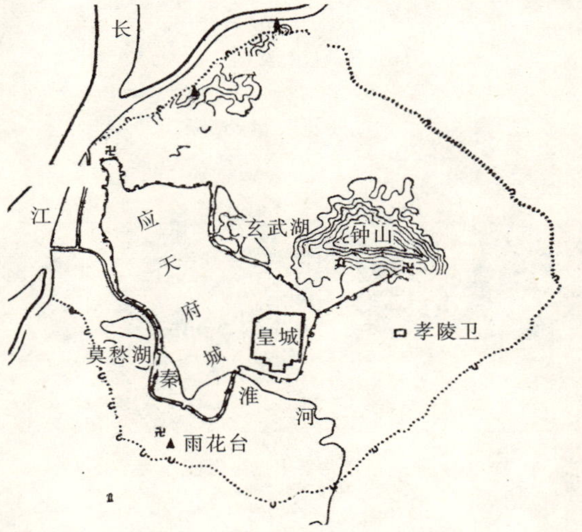

(b) 应天府外廓

图 5–2　明南京城示意组图

（图片来源：叶骁军编. 中国都城历史图录（1–4）. 兰州：兰州大学出版社，1987）

5.1.2　近代时期

近代的南京随着资本主义工商业的发展产生了一些新的部门类别，因而城市内部的功能区也日趋丰富，用地也日趋扩大，逐步改变了古代南京城中那种以居住用地（包括皇宫的大部分、贵族王府、军营、贫民住宅区等）为最主要用地的格局，居住用地也变成了为其他功能区用地配套的服务用地（如开办工厂就要相应地建有住宅），因此考察居住用地区位分布的发展也需要关注其他功能区用地的发展，从其间的相互关系去认识居民点的生成，这对于分析现代乃至今日城市中居住用地的区位分布也是如此。

1）晚清时期

1840 年鸦片战争后南京被开辟为通商口岸，但由于其后洪秀全在南京建立太平天国政权，因此实际上直到 1899 年才正式开关。此时由于津浦铁路和沪宁铁路通车，南京进一步成为南北陆上交通与长江水运的交汇点，城北下关沿江一带形成新市区，集中各种洋行、银行、轮船公司、码头、仓库、火车站等，也在附近的一些空地上密集地发展了棚户区，成为南京市的“飞地”区。同时，江北的浦口也因为成为交通枢纽而得到了迅速发展，而其他地区仍延续着明代以来的旧格局。

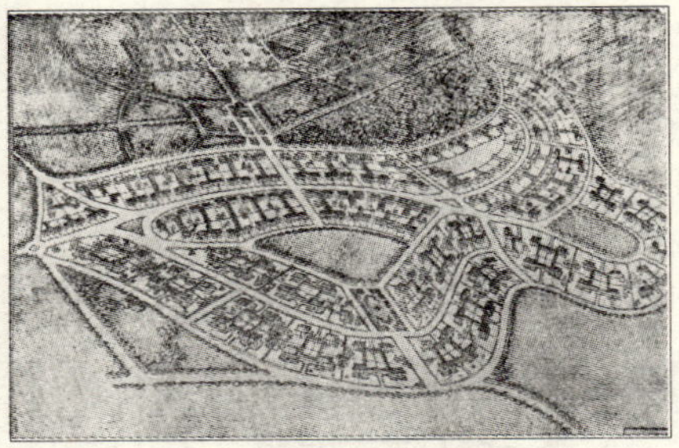

(a) 住宅区鸟瞰图

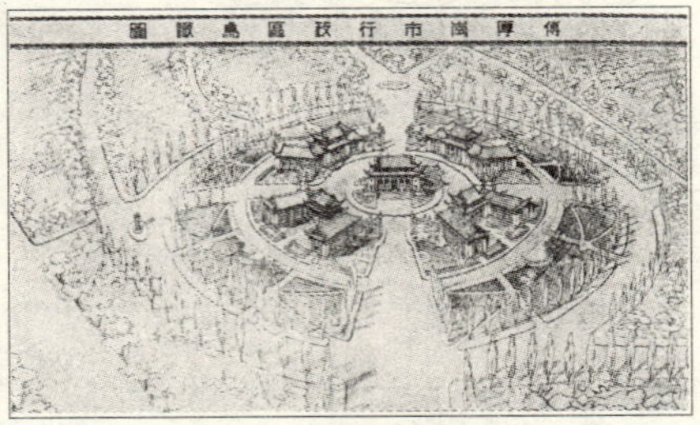

(b) 行政区鸟瞰图

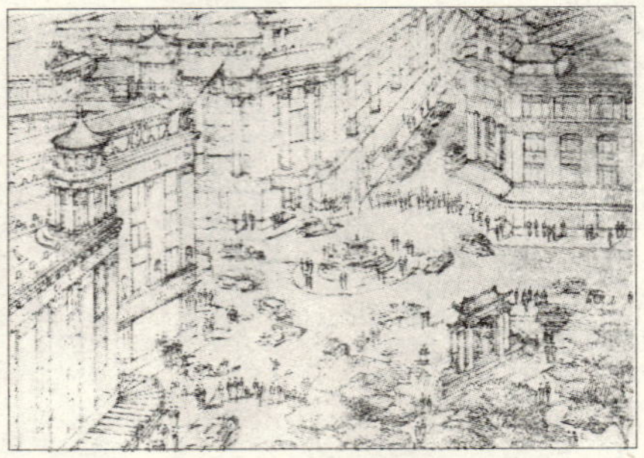

(c) 新街口道路集中点鸟瞰图

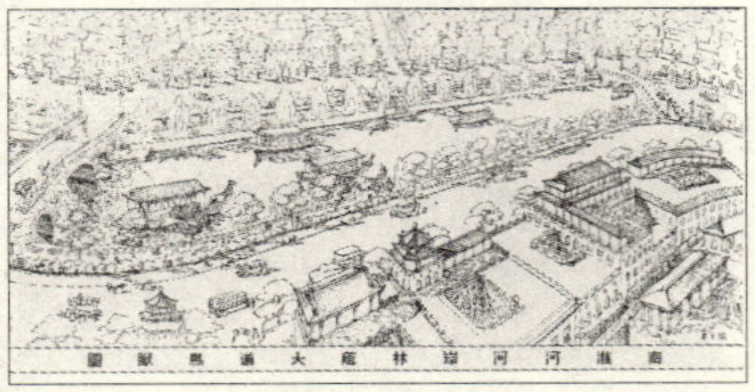

(d) 秦淮河岸林阴大道鸟瞰图

图 5–3 《首都计划》中的部分鸟瞰组图

(图片来源：叶骁军编. 中国都城历史图录(1–4). 兰州：兰州大学出版社，1987)

2）民国时期

1911 年满清王朝被推翻后，民国临时政府虽在南京成立，却很快迁往北京，直到 1927 年才正式定都南京，随即开始着手制定南京历史上第一次正式的城市规划文件——《首都计划》。该计划的主要顾问为美国建筑师墨菲，而制定机构——首都建设委员会的成员也大多为留学归来的学者，加上当时是由资产阶级掌权，社会风气也普遍崇洋，因而该计划在总体上表现出亲西方的特点。但同时中国的国都毕竟不能全盘照搬西方模式，政府也希望以此表达其继承传统并发扬光大之决心，因而明确了“中学为体，西学会用”的指导思想，在规划中适当融入了一些中国传统文化，主要表现在局部的建筑群规划方面(图 5–3)。

(1)《首都计划》简述

《首都计划》受当时现代主义功能分区思想的影响，强调城市应具有居住、工作、游憩和交通四大功能，一改中国传统城市中只注重政治和军事两大功能的传统。下面按此功能划分加以简述。

居住：该计划将南京的住宅区分为四等，分设于城内各处。第一住宅区为高级住宅区，在山西路、颐和路一带；第二住宅区为一般公务员住宅区；第三住宅区为一般市民区；第四住宅区为贫民区，其又分为四区，一区为下关棚户区，另三区为原设在市郊的旧住宅区。另外，该计划还专门对公营住宅作了说明。

工作：该计划设有中央政治区、市行政区、工业区、商业区和文教区等(图 5–4)。中央政治区设在中山门外紫金山南麓，市行政区设在市内鼓楼附近傅厚岗一带，商业区设在明故宫旧城，工业区设在江北及燕子矶一带，文教区则并无明确的规定。

游憩：该计划专门对市内公园和林阴大道作了说明，并参考欧美大城市绿地指标将南京城市公园绿地比例定为 14.4%。

交通：该计划对南京的道路系统、路面、市郊公路、水道、交通管理、铁路车站、港口、飞机场站、市内交通设备 9 个方面都做了说明，成为该计划 27 项说明内容中比例最重的方面。

(2)《首都计划》实施

《首都计划》完成于 1929 年，其后不久南京就在抗日战争初年沦陷，在国贼汪精卫的伪政府期间城市建设根本无从谈起（1945 年国民党还都时南京的交通手段已经退回到以马车为主[①]），因此当初规划的许多项目并未得到实施，但在抗战前实施的一小批项目则为解放后乃至今日之南京打下了坚实的基础。

未落实的主要规划内容有：除高级居住区外的其他住宅区(广大市民的居住状况依旧)、紫金山南麓的中央政治区、鼓楼附近傅厚岗一带的市行政区、江北与燕子矶的工业区、明故宫旧城的商业区等。在明故宫建设商业区主要是考虑该地块产权属于政

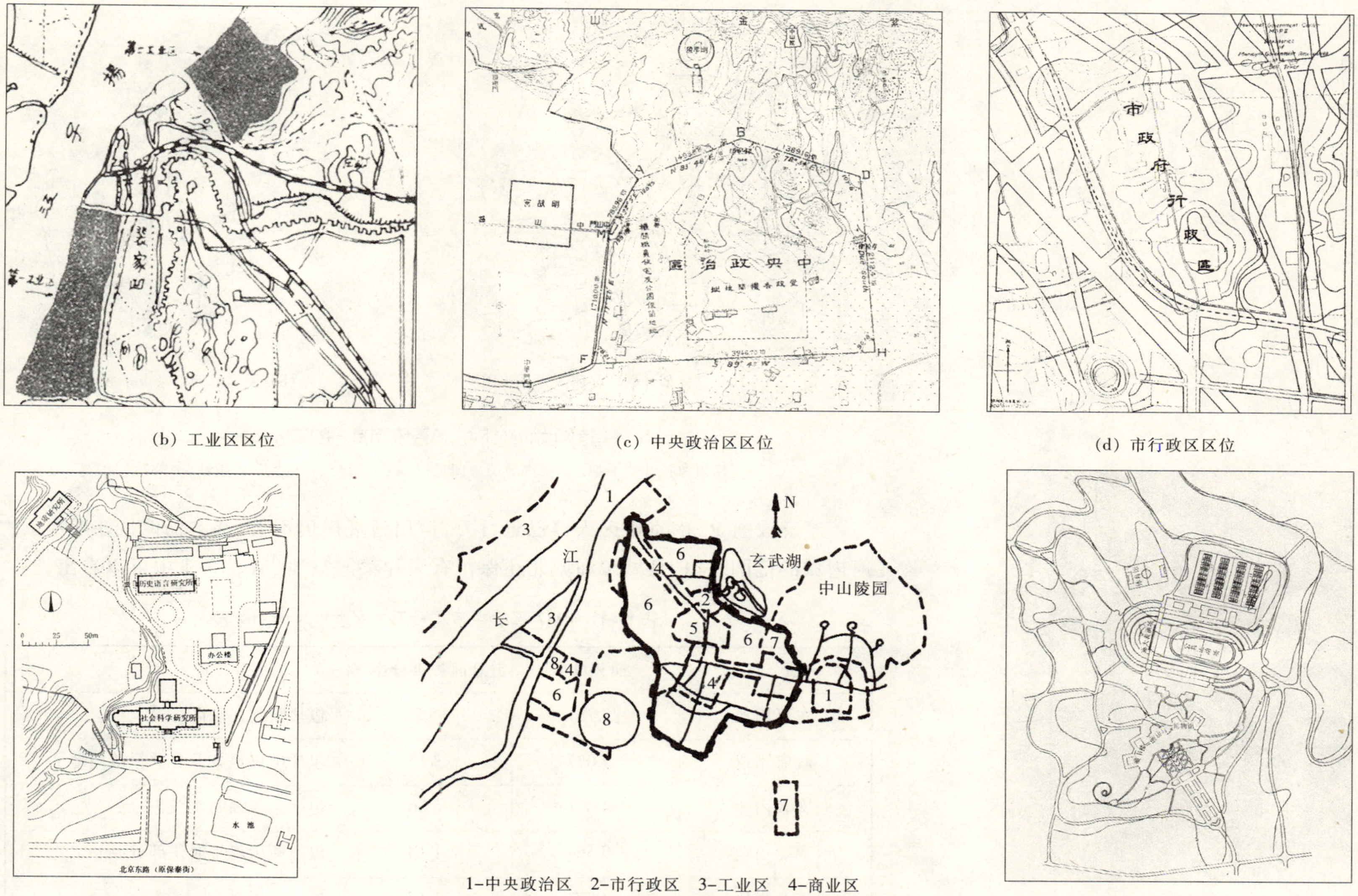

(b) 工业区区位　(c) 中央政治区区位　(d) 市行政区区位

(a) 中央研究院区位　(e) 文化区区位

1-中央政治区　2-市行政区　3-工业区　4-商业区
5-文教区　6-居住区　7-火车站　8-飞机场

图 5-4 《首都计划》分区示意组图

（中图来自胡俊. 中国城市：模式与演进. 北京：中国建筑工业出版社，1995；其余图来自叶骁军编. 中国都城历史图录(1-4). 兰州：兰州大学出版社，1987）

府所有，发展商业将导致地价上涨，政府能从中得到大量收益，而且规划实施所需的款项也有所安排，这些都是比较可取的（也是我们今天的规划中所缺乏的），但在当时社会经济条件下另建新中心的可行性无疑是很不够的。

落实的主要规划内容有：借孙中山灵柩从北京运抵中山陵安葬之机修建了当时中国城市最先进的道路系统，主轴为中山北路、中山中路、中山东路，将城东建成区与下关码头区连接起来，其适用性一直保持到 20 世纪 80 年代（图 5-5）；另外，在山西路一带建成了为上层人士居住的高级住宅区（公馆区）。

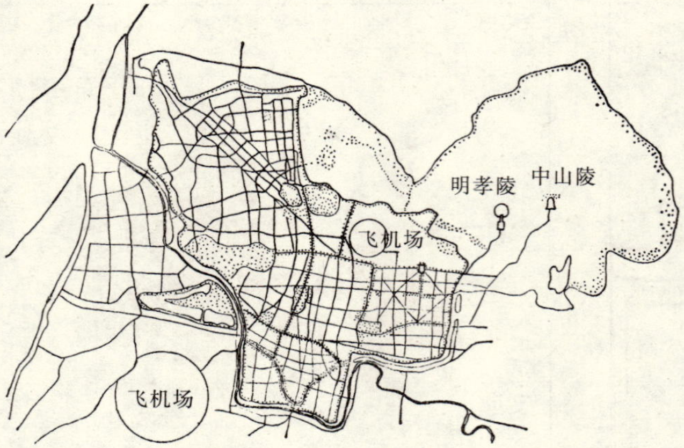

(a) 《首都计划》林阴大道系统图

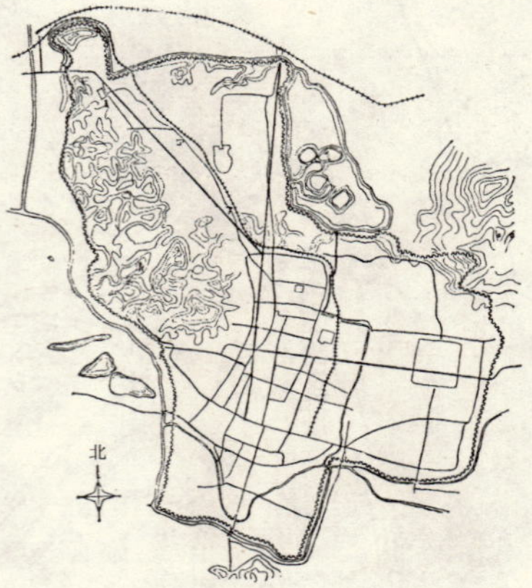

(b) 民国时期南京市平面示意图

图 5-5 《首都计划》林阴大道系统与其后的实施情况组图

(图片来源：叶骁军编. 中国都城历史图录(1-4). 兰州：兰州大学出版社，1987)

至解放前夕，南京市区人口已近百万，但用地规模仍不大，基本仍保持在明应天府内城的范围之内，且城东和城北还保留有大片菜园空地，从表 5-1 中可以看出，当

表 5-1 1947 年南京城厢及下关区土地利用分配表

项　目	面积/km²	占总面积百分率/%	备　　注
军事用地	7.781	15.72	包括限制建筑区
政府用地	4.037	8.15	包括中央地方及公共行政用地
文教用地	4.031	6.06	包括慈善福利机关
商业用地	0.564	1.13	包括商店连带居住部分
工业用地	0.75	1.19	包括公用事业
交通用地	4.050	8.12	包括飞机场、铁路、码头、仓库
居住用地	13.887	26.03	包括别墅、机关宿舍、平民住宅、棚户区
公园绿地	0.185	0.37	广场及体育场所
空　地	16.445	33.23	池塘及机关保留空地不在内
合　计	48.498	100.00	

(资料来源：叶骁军编. 中国都城历史图录(1-4). 兰州：兰州大学出版社，1987)

时南京市区内以空地、居住用地(图 5-6)和军政文教用地为主(三者比例约占 90%)。

5.1.3 现代时期

解放后南京城市性质发生了重大转变。原先是全国首都,属政治中心,用不是很恰当的名词来说是一个典型的消费型城市,接受全国城市的服务,自身的经济部门、工业项目发展很少。而解放后新中国建都北京,南京降为一个省会城市和大军区指挥机关所在地,无法继续享受到首都的被服务地位,因而必须尽快为南京建立起工业部门来支撑城市经济,于是国家依托安徽马鞍山、芜湖等城市的资源优势在南京上马了大量重工业项目,竭力把南京扶植为长江下游地区的经济中心城市。这期间基本没有改变的则是南京的区域性文化中心性质,因为南京自古以来就是一个包容南北与中西文化之地。民国时期南京的高教与科研院所力量在全国已屈指可数,新中国政府又在此基础上大力加以扩大,将南京培育成中国仅次于北京、上海的第三大人才基地,进一步巩固了其文化中心的地位。笔者在此之所以要谈南京城市性质的转变,是因为它深刻地影响了随之而来的居住用地区位分布。

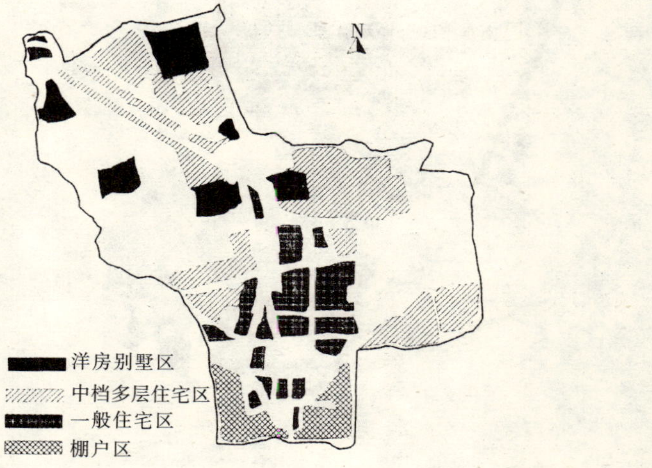

图 5-6 民国时期南京主要居住用地区位分布

(图片来源:吴启焰. 大城市居住空间分异研究的理论与实践. 北京:科学出版社,2001)

1)改革开放前

改革开放前南京市的住宅建设量并不大,主要是配合新建大型单位设立居住生活区,因此居住用地的扩展也不多,可以分为以下 3 个阶段[②](这期间城市用地扩展情况可见表 5-2 与图 5-7)。

1949—1957 年是指状生长期,南京充分利用解放前留下的薄弱市政基础和公共福利设施,沿城东发展轴建设了瑞金北村生活区和南京航空学院、海军指挥学院及其生活区等;在城北发展轴的中山北路两侧建成了狭长的生活居住区。

表 5-2 1949—1978 年南京市城市用地扩展情况

年份	市区面积			市区人口	
	面积/km²	人均面积/(m^2·人$^{-1}$)	比上年增加/%	人口/万人	比上年增加/%
1949	42	62.1		67.6	
1957	54	52.4	−15.6	99.6	+47.3
1965	112	70.4	+34.4	116.5	+17.0
1975	116.18	102.1	+45.0	113.76	−2.4

(资料来源:1980 年版南京市城市总体规划)

1958—1965 年是充填期,南京在城东明城墙外围发展轴南侧陆续建设了南京农业

图 5-7 解放后的不同时期内南京市区用地的扩展

(图片来源:南京市规划局)

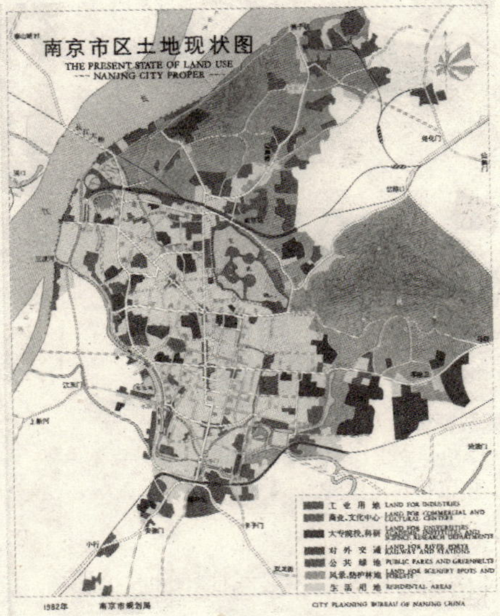

图 5-8　1982 年南京市区土地现状图表明了 30 年的无序发展使大单位在市内各处星罗棋布

（图片来源：南京市规划局）

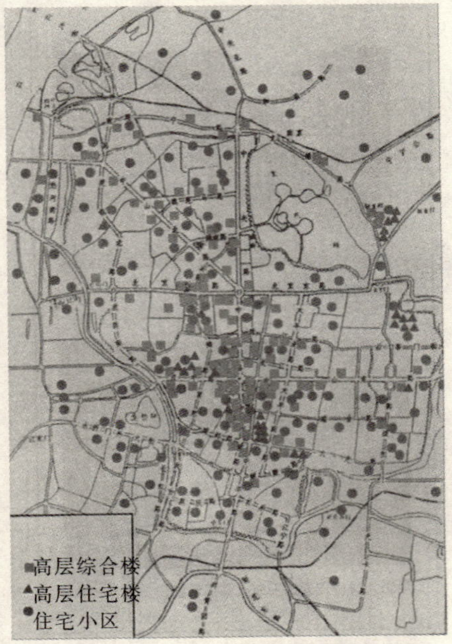

图 5-9　1995 年南京市城区住宅小区及高层楼房分布图

（图片来源：中国城市规划研究院．南京城市总体发展战略与空间布局规划研究．2001）

大学、华东工学院及其生活区等；在城北发展轴东侧陆续建成了中国药科大学、铁道医学院、南京化工学院、南京建工学院、南京邮电学院和粮食经济学院等一批高校及其生活区以及南京汽车制造厂和长江机器制造厂等及相应的生活居住区等，这些居住区域仍处于明城墙范围以内。

1966—1977 年是蔓延期，不少中央、省的大中型建设项目拥入南京，定点脱离实际，不讲配套，打乱了布局，大幅度扩展了市区规模。由于南京城墙内东、北两条发展轴间基本已摆满，南京的城市与住宅建设积极向明城墙外围扩张，特别是向北部延伸，城市重心从历史上的城南向北逐渐转移，此间建成了北郊的迈皋桥工业区、东南郊光华门工业区、南郊的雨花工业区及其相应的生活居住区等，而城西（秦淮河以西）地区则仍保持着空地状态（图 5-8）。

2）改革开放后

南京真正的大规模住宅建设是在改革开放以后，居住用地面积与区位分布都迅速扩大，可以分为以下 3 个阶段[③]：

1978—1984 年以居住新区建设为主。主要特点是规模较大，配套设施较全，解决了大量落实政策后下放回城户、无房户的住房问题。基本按照小区规划方案实施，建设有序。住宅形式以多层为主，典型的有城市东北部的后宰门小区和锁金村小区，南部的雨花小区以及历史上首次跨越城西秦淮河兴建的大型建设项目南湖居住区等。

1985—1995 年以旧城改造为主（图 5-9）。主要特点是改善了旧城内居民的住房条件，但环境质量明显下降，规划布局以街坊的形式较多，见缝插针现象严重，建筑密度高，总体上处于无序状态。住宅形式以多层为主，高层为辅。典型的有张府园小区、中山东路小区、如意里小区、娄子巷小区等。

1996 年至今重新以新区建设为主。主要特点是由注重“量”的追求转向“质”的追求，开始注重居住环境，基本按小区规划方案实施，建设转向有序，住宅形式多样化，以多层为主，小高层为辅。典型的有城东紫金山南麓的苜蓿园居住区和北麓的东方城，城西主要面向高校教师的龙江居住区和面向南京“中产阶级”的典雅居（这两个小区对南京近年来城西居住用地开发有里程碑般的意义）等。当前南京市主要居住用地区位分布如图 5-10 所示。

5.1.4　现状概况

1）主城现状

（1）区位分布

1990 年南京市城市总体规划中提出了主城（urban district）的概念，即绕城公路限定的约 243 km² 区域，包容了城市建成区和近郊发展区。主城内部又以铁路、河流、城墙为自然边界划分成东、西、南、北、中五片(图 5–11)，其后的规划研究大都沿用此区域界定。至 1999 年底，南京主城的居住用地分布状况大致如下[4]：

居住用地主要分布在中片。中片是南京的老城区，是以第三产业发展为主的区域，居住用地 20.9 km²，占主城居住用地的 46.8%。居住区属性多样，既有旧时留下的公馆别墅、低层危旧房以及普通多层住宅，也有近年来新建的高层公寓。

东片是以钟山风景区为主体，兼具教育、科研和居住功能的综合区。近几年住宅发展较快，居住用地已增长到 6.1 km²，占主城居住用地的 13.7%。居住区属性以高档多层住宅、别墅为主，集中了如月牙湖花园等一批国家示范小区，是前些年南京住宅建设的热点地区。

西片(河西地区)是以商务、体育、文化、居住以及滨江休闲功能为主的城市新区。目前居住用地已发展到 6.5 km²，占主城居住用地的 14.5%。居住区属性以中高档住宅为主，目前是南京住宅建设的重心所在。

南片以雨花台风景区为主体并以居住功能为主。近几年随着道路骨架逐步拉开和城市的进一步发展，居住用地逐步增加，现状已达 1.9 km²，占主城居住用地的 4.3%。居住区属性以中低档住宅为主，目前正随着地铁一号线的建设而升温。

北片是以电子、汽车、化学工业为主兼有居住功能的工业区。近几年随着工业用地的转换，居住用地不断增加，现居住用地已增长为 9.3 km²，占主城居住用地的 20.7%。居住区属性以中低档住宅为主，目前随着地铁一号线的建设也在升温。

以上五片合计居住用地 44.6 km²，同期(1999 年)城市建成区用地 162.3 km²，居住用地所占比例为 27.4%，同期的建成区人口为 208 万人，人均居住用地 21.4 m²，其中中片人均居住用地 15.4 m²。

(2) 主要问题

① 居住水平偏低，主要是人均居住用地量偏低[5]

现状居住用地 21.4 m²/人，低于国标平均水平 23 m²/人(国标 18~28 m²/人)，也低于全国实际平均水平(32.9 m²/人，1995 年)，特别是中片(旧城)，用地比例仅为主城的 21%，却承担了主城 66%的人口，人均居住用地只有 15.4 m²，远低于国家规定的最低限 18 m²/人的标准。从人均居住用地量偏少这一点看，即使南京的人均居住面积已超过 10 m²(1999 年为 9.68 m²/人)，但城市总体居住空间仍可以说比较拥挤，谈不上全面小康社会的居住舒适性，也是与南京的城市综合实力和经济发达程度不相称的。另外，居住区的自然环境质量较差，且今后改造有一定的难度(大多为近 20 年新建)。

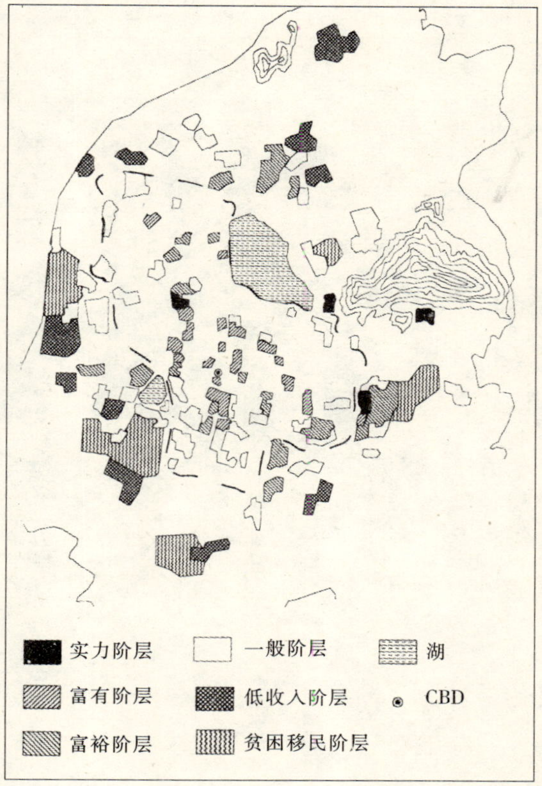

图 5–10 当前南京市主要居住用地区位分布

(图片来源：吴启焰. 大城市居住空间分异研究的理论与实践. 北京：科学出版社，2001)

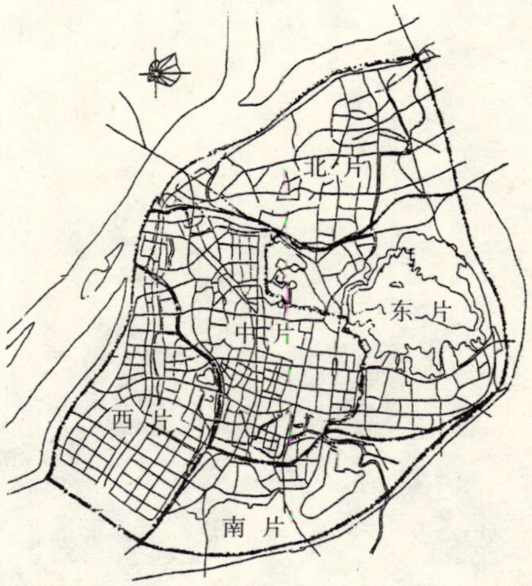

图 5–11 南京主城分区示意图

(图片来源：南京市规划局)

② 房地产开发建设分散、规模小,开发建设资金不能集中使用

据土地管理局有关资料显示(见表 5-3),1995—1997 年南京市区划拨居住用地共 141 块,其中 1 hm^2 以下的用地占 60%以上。另据房管局提供的资料表明(见表 5-4),截止到 1997 年 1 月底,全市共建设住宅 264 处,其中建筑面积在 5 万 m^2 以下的占 60%以上。

表 5-3　1995—1997 年间南京市 141 块划拨居住用地面积

用地规模/hm^2	<0.1	0.1~0.2	0.2~0.5	0.5~1.0	1.0~2.0	2.0~5.0	5.0~10	>10
宗地数量/块	12	20	24	29	21	17	7	3
占总数比/%	9.02	15.03	18.04	21.8	15.70	12.78	5.26	2.26

(资料来源:南京市规划局. 近期住宅建设规划说明. 1998. 经笔者整理成表)

表 5-4　截至 1997 年 1 月底南京市 264 处住宅区建筑面积情况

建筑面积/万 m^2	<2	2~5	5~10	10~20	20~30	30~50	>50
小区数量/处	不　计	169	69	17	3	4	2
占总数比/%	不　计	64.01	26.13	6.43	1.13	1.51	0.75

(资料来源:南京市规划局. 近期住宅建设规划说明. 1998. 经笔者整理成表)

这种分散开发带来诸多问题:在旧城改造上,由于投资体制问题,开发商过多强调企业的经济效益,而忽视外部的环境投资,造成土地高强度开发、人口过密、建设密度过高,在提高了居民的居住面积水平的同时,也出现了外部环境质量下降的问题;在新区的建设中,分散开发,使非商业性公建配套项目的建设得不到保障,严重影响居民的生活质量。另外,即使是规模较大的开发,在建设过程中也是由许多开发单位各自划地建设,造成资金分散,规划思想不能落实,配套跟不上,环境设计无人问津,居住区建设的整体水平不高,而成本却不低。

③ 现状开发条件成熟的土地大多由“以地补路”政策划拨,导致大量闲置。南京市不同阶段城市土地经营政策可见表 5-5。其中,自 1995 年起实施的“以地补路”政策的核心就是通过城市土地开发收益来为城市建设筹措资金,减少政府财政支出负担。具体运作就是将政府垄断的土地一级市场,按承担道路建设前期和部分工程建设资金支出量,核定一定数量的土地给市、区政府所属的房地产开发公司(属国有企业),通过这些开发公司的商品房开发或土地转让过程,政府将原开发公司先期垫付的道路建设资金,用应缴纳的各项开发规费和土地出让金来冲抵。

表 5-5　南京市不同阶段城市土地经营政策比较

主要类型	实施时期	主要内容	主要特征	备　注
行政划拨	1992 年 5 月以前	结合旧城改造进行房地产开发,土地由政府行政划拨,土地经营开发单位负责房屋拆迁和居民安置、剩余房屋上市销售	土地资源配置的计划性、无偿性,行政的强干预性,土地分配的非公平性,公共利益保障的有效性	
协议出让	1992 年 5 月至今	用地单位凭立项批文和规划红线直接到"出让办"申请办理土地出让手续,并缴纳根据土地级别和用途按基准地价测算的出让金	土地资源配置的计划性、有偿性,行政的强干预性,土地分配的非公平性,公共利益得以有效保障	1992 年 5 月 27 日,南京市政府下发"关于开展国有土地有偿使用有关事项的通知"(宁政发[1999]45 号)。经市政府批准,土地出让工作于 1994 年 8 月统一归口市土地局操作
以地补路	1993 年至 2000 年 2 月	对承担道路拓宽等市政建设任务的开发单位通过划地的方式补偿建设资金,即以开发单位应缴纳的土地出让金和有关规费来冲抵市政建设费用;同时对未承担道路建设的开发单位减少供地甚至不供地	一定程度上仍然是土地资源的计划配置,使得有钱的无地,有地的无钱,公共物品建设质量难以有效保证,市政建设项目监督成本高,规避了一部分上缴上级政府的土地收益	南京市自 1993 年开始逐步推行"以地补路"的做法,1995 年 4 月正式出台了以地补路的政策
招标拍卖	2000 年 3 月至今	商业、旅游、娱乐、金融、房地产开发等经营性用地必须以招标、拍卖方式出让国有土地使用权	土地资源配置的市场机制基本建立,土地市场运行公平化、公开化,开发商的经营能力越来越重要,市政建设监管成本降低	2000 年 3 月 1 日,市政府出台《南京市国有土地使用权招标和拍卖管理办法》(宁政发[2000] 56 号)。江宁区的土地出让由江宁区政府自行实施

(资料来源：黄贤金，谢正栋等. 城市土地经营与南京城市发展. 现代城市研究，2001（4))

这样的运作模式虽然解决了前些年道路建设的资金问题,但却又因其划拨的本质带来了土地计划配置的通病,最主要的表现就是导致城市土地大量闲置。南京市用"以地补路"方式划拨给开发商的土地量约有 10 km^2,目前仍有约 5 km^2 的用地掌握在各开发公司手中,其中真正准备开发实施的仅有 10% 左右[⑥]。因为开发商把大量资金投入到"补路"项目中,致使其房地产项目缺乏资金,不能进行大规模的开发,不能充分利用现有的存量用地,造成土地闲置、浪费现象严重,而政府也无法通过土地来调节市场需求。

④ 市民需求与市场供给有一定的矛盾,住房空置现象严重

据 1999 年 8 月份南京市空置房统计报表显示[⑦],截至当月,全市空置房面积为 73.97 万 m^2,其中住宅空置 57.76 万 m^2,占空置总数的 78.1%,占全年竣工住宅总量的 16.5%。空置住宅最集中的是城中一、二、三类地区,房型主要是高层建筑。空置住宅数量最多的是河西地区,达 21.79 万 m^2,占总空置量的 26.2%;空置量居第二的是城东南地区,达 11.92 万 m^2,占总空置量的 14.3%。

笔者分析空置的主要原因无非是居民择居时关注的几项重要因素没有到位,如房价过高(包括后期物业管理费)、离市中心较远、交通不便、配套设施不完善、周围环境不理想,加上住房本身设计不当,如布局不合理、缺乏时代感等等。拿配套设施

来说，购物、医疗、教育等关系到寻常百姓日常生活的公共服务设施大都集中在旧城区，特别是教育和医疗机构（购物设施在新区近年来还有几项大型超市的建设），从表 5–6 可以看出，省重点中学和市重点小学几乎全部在旧城区（新城区至多只有几所分校），而从表 5–7 中可以看出，目前被炒得火热的河西居住新城还没有一家综合性的三级医院，绝大多数只是小型的卫生服务站、诊所等，这样的条件是无法吸引大量市民前去安居的。

表 5–6 南京市内省重点中学与市重点小学分布

省重点中学一览		市重点小学一览	
名称	地址	名称	地址
南京师范大学附属中学	察哈尔路 37 号	南京市琅琊路小学	琅琊路 7 号
南京市金陵中学	中山路 169 号	南京市力学小学	汉口西路 120 号
南京市宁海中学	宁海路 39 号	南京市拉萨路小学	拉萨路 7 号
江苏教育学院附属中学	玉泉路 1 号	鼓楼第一中心小学	上海路 42 号
南京市第二中学	长江新村 8 号	南京市游府西街小学	游府西街 12 号
南京市第五十中学	司背后 12 号	南京市五老村小学	大杨村 16 号
南京大学附属中学	鼓楼街 83 号	南京市瑞金路小学	瑞金路 38 号
南京市第四中学	汉中门龙蟠里 5 号	南京市瑞金北村小学	瑞金北村大靖河 18 号
南京市第八中学	萨家湾 46 号	南京市石鼓路小学	天妃巷 1 号
南京市第十二中学	中山北路 408 号	南京市南湖第一小学	南湖东路 29 号
南京市第三十九中学	新民路 150 号	南京市莫愁新寓小学	莫愁新寓汉北街 31 号
南京市中华中学	中华路 369 号	南京市长江路小学	长江路 260 号
南京市第十九中学	仙鹤街 68 号	南京师范大学附属小学	四牌楼 4 号
南京市第二十七中学	乌衣巷 11 号	南京市北京东路小学	北京东路 47 号
南京航空航天大学附中	御道街 35 号	南京市成贤街小学	太平北路 120 号
南京市第一中学	府西街 14 号	南京市逸仙桥小学	中山东路 281 号
南京市第三中学	白下路 117 号	南京市夫子庙小学	瞻园路 22 号
南京市第六中学	白下路 193 号	南京市小西湖小学	堆草巷 29 号
南京市行知实验中学	光华东街 17 号	秦淮区第一中心小学	建康路 181 号
南京市第九中学	碑亭巷 51 号	南京市考棚小学	许家巷 15 号
南京市第十三中学	玄武区西家大塘 14 号	南京市天妃宫小学	建宁路 292 号
南京市外国语学校	北京东路 30 号	下关区第二实验小学	东井村 3 号
南京市第三十四中学	大平门农场巷 124 号		
南京市人民中学	中山路 178 号		
南京市梅园中学	大悲巷 13 号		
南京市第五中学	莫愁路天妃巷 121 号		
南京市第二十八中学	安品街 58 号		
南京市南湖第一中学	南湖文体村 20 号		

（资料来源：名校让开发商尴尬．现代快报．2002–6–14）

表 5-7 当前河西新城医疗机构分布

原鼓楼区地域	原雨花台区地域	原建邺区地域	原下关区地域
省妇幼保健中心 长江医院集团第二医院 城西医院(营) 江东医院 南京长江油运公司医务室 南京车辆厂医务室 天地禾集团有限公司卫生站 江东中学卫生站 银城花园社区卫生服务站 鼓楼区江东宁工卫生站 江东定淮门卫生站 江东上新河卫生站 江东白鹭卫生站 凤凰花园城卫生站 凤凰西街卫生站 河西社区卫生服务站 江东社区卫生服务站 红十字会新河口诊所 红十字会中保诊所(营) 红十字会清河诊所(营) 纺织医院江东社区诊所 江苏教育学院附属高级中学高中部医务室 宝地园卫生站 省级机关医院龙江卫生所	双闸卫生院 江心洲卫生院 沙洲卫生院 沙洲卫生院莲花社区卫生服务站 江心洲镇白鹭村卫生院 江心洲镇洲泰村卫生室 江心洲卫生院红光社区卫生服务站 双闸街道天后社区卫生服务站 双闸街道红旗社区卫生服务站 双闸卫生院西寇村卫生室 雨花医院应天花园卫生站 雨花台区中医院赛虹桥卫生所 雨花台区青石卫生院 南京市自来水总公司城南水厂医务室 雨花台区中医院雨润公司医务室	建邺区中医院上新河部 建邺医院南湖部 集庆路社区卫生服务站 茶南社区卫生服务站 南苑社区卫生服务站 兴达新寓社区卫生服务站 南京市建邺医院所街诊所 向阳社区卫生服务站 建邺区中医院螺丝桥社区卫生服务站	南京新华船舶修造厂卫生所 三汊河卫生院 南京十四研究所医院清江花苑诊所

（资料来源：点击河西新城医疗机构分布. 现代快报. 2001-12-21）

2）旧城概况

(1) 区位分布

南京市旧城(中片)居住用地可根据其建设特点分为以下三类[8]：

① 未改造地区

A. 因城市交通状况变化、用地结构调整带来的城市衰败区,如下关草鞋滩。

B. 有传统特色、人口密度高、拆迁难度大的地区,如中华门东、门西地区。

C. 一些沿河沿风景区的零星用地。

② 已得到基本改造的地区

A. 起步较早(20 世纪七八十年代建设)、新的环境恶化的地区,如戴家巷小区。

B. 利用原有文脉改造形成的传统街区,如城南秦淮河畔居民区。

C. 大单位集中区,如中央路以西鼓楼区北部、高校和军事管理区内部的生活居住区。

③ 需要保护与维护的地区，主要指山西路、颐和路之间的公馆区。

(2) 主要问题

根据以上分类，前两类居住用地以及相关用地现存的主要问题有[9]：

① 未改造地区

A 区：建筑质量较差，密度较高；生活配套设施不完善(如污水排放)；区内仍有污染性企业存在(如电厂)；第三产业用地比例偏低，商业萧条；道路系统不完善，缺乏公交线路，道路等级较差。

B 区：用地结构单一，密度较高；建筑老化严重；生活配套设施不完善(如给排水)；道路等级低，路网层次不完善，交通不便；环境恶化。

C 区：污染城市景观环境；建筑质量低下，自发建设，处于无序状态；人员构成复杂，存在社会不安定因素；基础设施不配套。

② 已基本改造地区

A 区：规划时未充分考虑商业及配套服务设施，造成占道经营、违章建筑等现象；建筑密度高，缺少绿地及公共交往空间，停车用地匮乏，空间环境质量恶化；建筑标准较低，景观单调；缺乏相配套的物业管理模式；小区人员混杂，安全性差。

B 区：周边道路系统紊乱，配套服务设施不足(如自行车棚)；内部缺乏休息空间与绿地。

C 区：单位的大量存在造成城市用地结构比例失调；割裂相邻用地，阻碍城市交通，不利于形成合理规模的街区。

5.2 居住用地区位选择意愿的比较分析

如同在第三章中分析我国当前城市居住用地区位生成的动力机制时从土地与住宅市场的行为主体角度着眼一样，笔者此处分析南京市的具体情况时也分别对市民、开发商与政府的择居、开发与规划意向以及实际的市场发展分别做出点评。所有论述都是基于笔者于近年从公开渠道收集的一些调查与事实资料。对市民从 1998 年开始考察是因为福利分房于当年成为历史，城市住房真正走上了市场化的轨道，且个人购房成为住宅市场的主流。对开发商的考察由于缺少资料则仅限于 2000 年度。对政府的考察主要是根据其 1980 年、1990 年和 2000 年的总体规划的制定和实施情况。对市场的考察则主要是根据近年来楼盘分布及相关情况做出评析。

5.2.1 市民意向

1）几项调查

（1）1998 年度

据市房管局对市区约 4 000 户居民的抽样调查[⑩]，居民家庭择居时最关注的三项因素依次是价格、交通和住宅套型；在择居区位方面，有近 33%的居民选择了城东地区，19%的居民选择了河西地区。

据市规划局对八城区居民约 3 000 份问卷调查的结果表明[⑪]，现有大多数居住小区的购物与教育设施是比较齐全的。具体数据为：菜场(64.32%)，商店(67.59%)，幼儿园(68.34%)，小学(70.69%)。居民购买住宅时首先考虑的因素依次为：自然环境良好(54.24%)，生活配套设施良好(39.70%)，便捷的交通联系(34.50%)，靠近工作地点(31.05%)，有良好的教育设施(29.12%)。

（2）1999 年度(缺)

（3）2000 年度

2000 年初中国社会调查事务所江苏分所受南京市建委之托，通过扬子晚报(2000-1-6)与网络刊登调查表的形式，收到市民有效答卷 3 000 余份，经统计整理完成的《跨世纪南京市房地产市场调查》(以下简称跨世纪调查)表明：

① 居民目前状况

南京市民对现有居住小区最满意的五项要素是交通条件(59.1%)，地理位置(51.5%)，购物条件(48.4%)，医疗条件(35.6%)，教育条件(33.9%)；最不满意的五项要素是配套设施(40.5%)，物业管理(44.8%)，文化生活(33.0%)，外观形象(32.9%)，周围环境(32.9%)。笔者认为调查中对周围环境选项的提法过于含混，因为广义的环境包括了配套设施、外观形象在内的硬件环境以及物业管理、文化生活在内的软环境，而从此处来看似乎更侧重于自然环境方面。以上这些数据较为客观地反映了当前南京市居民大多居住在城墙以内的实际情况，即交通、购物、医疗、教育条件好而自然环境状况较差。

27%的居民家庭住房建筑面积小于 40 m^2，40~60 m^2 的为 41.7%，60~80 m^2 的为 23%，三者合计为 91.7%。另据本次跨世纪调查显示，80~120 m^2 是居民理想的面积指标，且居民购房的主要目的就是为了改善现有居住面积紧张的状况，因此未来南京的住房市场潜力是巨大的。

16.5%的家庭年收入少于 1 万元，1 万~3 万元的家庭为 59.5%，3 万~5 万元的为 19.4%，三者合计为 95.4%。而本次跨世纪调查同时表明，年收入在 5 万~10 万元的家庭才是购买商品房的重要阶层，因此大多数家庭的商品房购买力仍是比较有限的。

② 居民消费意愿

居民今后购房主要考虑的前五项因素为：价格水平(49%)，交通方便(38.1%)，周围环境好(37.6%)，地理位置佳(26.5%)，建筑质量好(22.2%)。笔者比较了该项调查中的其他选项后认为此处的周围环境应包括购物、医疗、教育条件与自然生态环境等内容(图 5-12)，这些与我国对其他城市调查中反映的情况是类似的 。

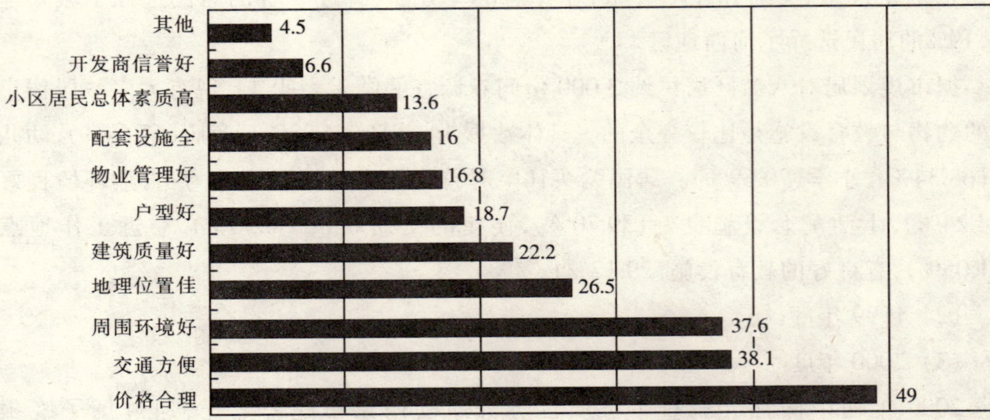

图 5-12 “跨世纪调查”显示的市民购房综合要素排序

(图片来源：中国社会调查事务所江苏分所. 跨世纪南京市房地产市场调查，2000)

居民有意在城中择居的最多(27.1%)，其次为城东(21.7%)，城西(16.3%)，城郊(16.1%)，城南(10.5%)，城北是居民最不愿居住的地区(8.3%)。

40.7%的居民目前能承受的房价在 2 000 元/ m^2 以下，21.8%能承受 2 000~2 500 元/ m^2，两者合计为 62.5%，可见大多数居民只能承受 2 500 元/ m^2 以下的单价。

(4) 2001 年度

根据 2001 年 10 月份南京市首届住宅商品交易会成交的 900 余套商品房情况分析[12]，旧城区凭借其地理位置和完善的配套依然是市民购房的首选，成交 292 套，占总成交量的 33%；河西地区紧随其后，成交 291 套，占 32.9%；江宁区成交 246 套，占 27.8%；亚东新城区成交 56 套。

另据现代快报休闲看房专列人气指数统计[13]，南京市民前去看房最多的地区依次为江宁、河西、东郊和城南(图 5-13)，购房者选择河西(笔者认为对其他地区也适用)置业的参考因素依次是房价、交通、配套和环境。

(5) 2002 年度

根据 2002 年 4 月初“住博会”期间快报楼市编辑部进行的“万人购房问卷调查”表明[14]：

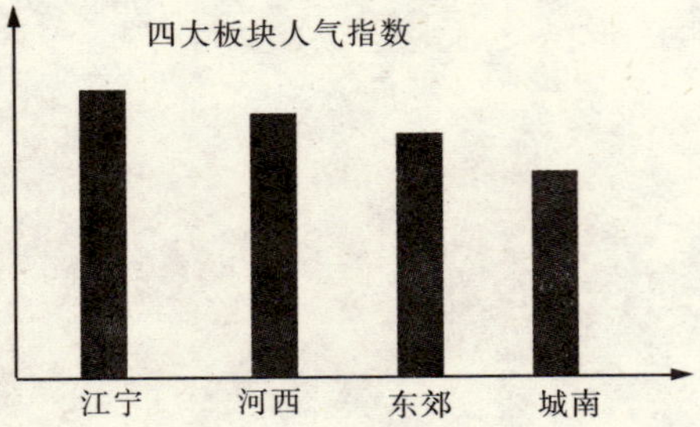

图 5-13 快报休闲看房专列人气指数统计

(图片来源：现代快报. 2001-12-28)

① 河西、江宁和地铁沿线是热点区

调查者中，36%的人希望居住在河西，28%的人选择江宁，希望居住在东郊的人占19%，其次是城南、城北（图5-14），选择市中心区的购房者明显有所减少，其中46%的购房者表示有意在地铁沿线买房。购房者倾向于住在河西的理由大致有：首先是政府把河西定为南京的新市区，教育、医疗、文体、商业等配套设施将全面跟上，其大前景被许多购房者一致看好；其次河西住宅可供选择的范围较广，包括了小高层、多层和高层多种类型，而2 800~5 000元/m² 的单价也满足了不同消费层次的需要。

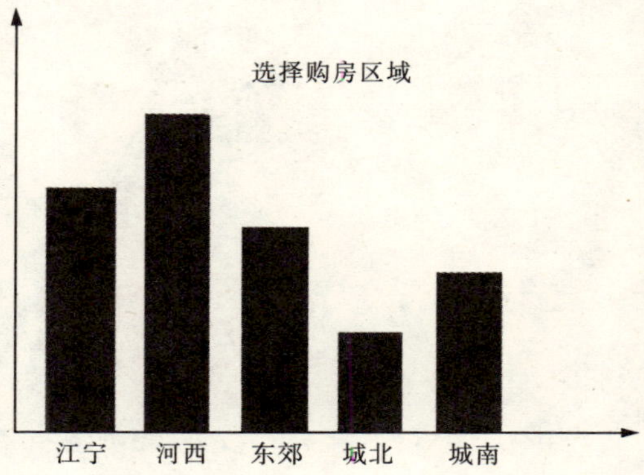

图5-14 快报楼市编辑部所做的择居区位调查

（图片来源：现代快报. 2002-4-20）

② 多数居民能承受的房价提高到3 000元/m² 左右

在房价这一现象中，20%的购房者选择2 000~2 500元/m²，37%的人理想的房价是2 500~3 000元/m²，选择3 000~3 500元/m² 单价的购房者约占32%。

③ 很少有人选择规模小于5万m² 的社区

关于社区规模，多数人热衷于大型社区，他们认为，按照一般规律，社区规模大，生活也更加方便，比如购物、子女就学、医疗、娱乐设施及物业管理等方面，只有社区达到一定规模，这些条件才有可能同时具备。只有不到10%的人选择小于5万m² 的社区。

2）简要评析

（1）购房可承受能力提高

由于南京的经济近年来始终保持着高于全国的平均速度增长，南京市民的收入也在逐年增加，因此对房价的可承受能力也明显提高，从2000年的2 500元/m² 提高到2002年的3 000元/m²，但同时南京的住房平均单价也从2000年的3 000元/m² 左右⑮上涨到2002年的3 500元/m² 左右⑯，始终保持着高于大多数居民可承受范围的态势，因此居民仍感到房价压力很大，尽管改善住房面积紧张状况的呼声很高，但离形成有效需求还有距离。

（2）择居热点区位转移

1998年之前居民个人购房者多为城市新贵，这部分人的购买力较强，因而当时普遍的择居热点为各方面条件都比较成熟的城中地区和自然条件最佳的城东地区；2000年之后由于消费重心转移到工薪阶层身上，加上政府对河西的规划意图日渐明朗并进一步加大了投资力度以及江宁撤县建区后各方建设迅猛发展，使得河西与江宁地区逐渐取代了城中与城东的热点地位，这在2002年的调查中已得到明显证实。

（3）择居考虑因素的权重略有变化

1998年购房者普遍青睐城东美轮美奂的自然风光，因而择居时将自然环境好放在第一位。但随着居民择居思考的日趋理性，开发商打出的各种“概念”牌已无法使消费者真正动心，转而开始考虑一些实实在在的条件来。2000 年调查显示大多数居民将价格视为择居时的第一要素，交通等配套设施其次，对自然条件则未过多苛求。2002 年的调查表明，近一半人想在地铁沿线买房也说明了这一点，而这恐怕也是今后相当一段时间内南京市民的普遍看法。

3）对居民择居观念的建议

从调查中可以看出，当前南京市民在择居观念上仍存在一定的误区，笔者为此提出以下几点建议：

改变盼降价后再买房的观念，需要且有经济实力就买。因为短期内房价可能会因促销等目的降低少许，但从长期看只会越来越高，这主要是因为地价在不断上涨的缘故，且住房的地域性、不可移动性使其具有了某种意义的垄断性，不可能像其他耐用消费品（如空调、彩电）那样通过行业竞争使价格下调，因此降价后再买的消费观念过于理想化。

改变传统的“一房伴终生”的观念，提倡梯度消费。目前大多数城市居民并不是没有房子住，只是居住面积过小，也不是完全没有购买力，而是没有进行发掘。有数据表明，截至 2002 年 6 月底，中国城市居民户均财产为 22.83 万元，其中房产达到 10.94 万元，占 50%左右 [⑩]。因此，如果不求一步到位，就可将手中的住房出售，再换买更大的新房，形成一条良性循环的住房链。

改变买房靠存款、靠积蓄的观念，提倡贷款买房。中国人往往只看到目前手头的钱再去做消费计划，而美国人则是算好了一生总共能挣到多少钱之后再去用明天的钱换取今天的住房。从消费后所取得的实质性效用来看，显然是美国式的思考方式更可取。

改变“市中心最好”的城墙内意识，近郊区也有其独到的好处。诚然市中心集中了大量公共设施，各方面生活都比较方便，但市场经济条件下居住在市中心是需要有相当的经济能力支撑的，且住房面积不可能很宽裕；而近郊区则可用较小的花费获得更多的居住面积，对普通市民而言是最适合的选择。

5.2.2 开发商意向

1）2000 年度调查

根据中国社会调查事务所江苏分所完成的跨世纪调查显示，截至 2000 年年初，南京的房地产公司已开发（包括在建的）的楼盘数量分布在城北的比例最高，为 26%；其次是城西，为 23%；城南和城中的差不多，分别为 13%和 14%；城东的楼盘比例最少，只有 6%。目前掌握在房地产企业手中的存量土地有 552 万 m^2，其中只有 62.7 万 m^2（比例为 11.4%）待开发，待开发土地分布在城北的约占 25%，城南为 26%，而城西为 15%，城东仅 10%，其余为郊县和城中。开发商未来计划开发楼盘，在郊县的占首位，达

21.1%，其次为城西和城北，各为 18.4%，城南为 15.8%，城东为 10.5%，城中为 5.3%，其他区位为 10.5%。

同样据跨世纪调查显示，开发商对楼盘产品定位的各因素重要性的认识依次为建筑质量（70.8%），房屋套型（57.3%），配套设施（38.2%），周边环境（34.8%），地理位置（33.7%），交通条件（30.3%）。

2）简要评析

跨世纪调查显示房地产公司已开发楼盘在城北最多，这与人们印象中的情况有所不同。主要是城东的楼盘名气和市场影响力较大，人们知道的较多，造成人们以为城东的楼盘项目多。而开发区位最多的城北，在人们心目中始终脱不了城北工业区的偏见，对楼盘情况知之甚少。事实上城北工业区的就业岗位超过 20 万，但当地适龄劳动人口仅 10 万[18]，大量就业人口并不住在城北，而是靠钟摆式交通上下班。许多公司选择城北进行住宅开发，想必就是为了吸引这些通勤人口就近居住。但据调查显示城北是居民最不愿居住的区位，要推动该地区住宅的销售恐怕需要仿效城东进行大规模的造势运动（例如栖霞建设集团对此就很拿手），改变人们对城北的心理势位，使原本不利的区位也能转化成好的区位。

另据调查显示，房地产公司在城北和城南拥有大量待开发土地，许多都是前些年靠“以地补路”政策划拨得来，而目前相当多的企业由于缺乏资金，始终无法真正启动这些地块的开发。笔者认为对这一问题的解决可以通过政府制定优惠政策对这些企业加以扶助，也可以由这些企业将地块转让给其他公司开发，或联合其他公司进行优势互补共同开发（即这些有地无钱的企业可以联合那些有钱无地的企业），或干脆连地块带企业一起兼并给有实力的公司（据报道已有一些大公司通过这种办法拿到了市场上稀缺的土地[19]）。

再有对开发商未来计划开发楼盘的调查可以看出，大量开发商已经认识到居住郊区化已成为今后的发展趋势，因此郊区开发占计划首位，而选择在城中开发的开发商数量最小（但笔者从其后市场发展真正情况来看，城中由于属于高端住房市场，利润最大，仍吸引了大量开发商拼抢）。城西名列第二和城东在开发计划中靠后表明尽管广大居民有心择居城东，但开发商却缺乏开发热情，笔者分析其原因可能有两点：一是用地潜力不足制约了现有开发单位的进一步开发，二是现有开发单位大多较具实力（如栖霞、仁恒等公司），其他单位无力参与这一区位的竞争；而城西对开发商来说各方面条件都还比较有利。另外，城北和城南仍占一定的开发计划比例说明开发商正设法大力消化存量土地。总的说来，如果将开发商今后计划开发区位与居民有意择居的区位相比较，不难看出城东是居民热衷而开发商无意的区位，城北和城南是居民无意而开发商热衷的区位，城西和郊县是居民和开发商都认同的区位（图 5–15）。

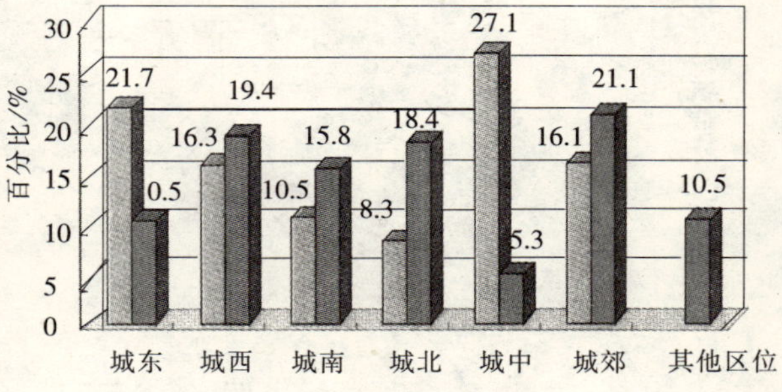

图 5–15 “跨世纪调查”显示的居民与开发商青睐的住宅区位比较

（图片来源：中国社会调查事务所江苏分所. 跨世纪南京市房地产市场调查，2000）

最后，据调查显示，开发商对楼盘产品定位的认识与居民考虑的有很大差别，这说明开发商还未充分了解民意，或是还未真正认识到民意对楼盘开发成败的决定性作用。开发商认为建筑质量是决定楼盘市场定位的最重要因素，其次为房屋套型、配套设施；而居民择居最看重的几个因素如周围环境、地理位置、交通条件则排在了后三位。从中可以看出，南京市房地产开发商在认识上还处于较低的水平：在一个成熟的住宅市场中，楼盘质量是最基本的要求，似乎不应列为决定楼盘市场定位的要素。另外，居民极为看重的交通条件、地理位置等最不为开发商看重，也说明开发商还未充分认识到交通对今后楼盘开发的重要性。分析其原因可能是：南京市目前城市规模相对北京、上海来讲要小得多，因此只要楼盘不是离中心区太远，其地理位置如何差别并不大，交通出行都在居民可接受的范围之内。但是随着今后南京城市用地的扩大，楼盘地理位置与交通条件对楼盘定位的影响程度将越来越大。因此，开发商要在今后的市场竞争中站稳脚跟，市民所看重的择居因素必须引起开发商的足够重视，否则作为上帝的消费者的选择将使其开发陷入困境。

5.2.3 政府意向

1）三轮总体规划

（1）1980 年版总体规划概述

① 城市性质：南京是江苏省的政治、经济、文化中心；是我国科研、教育、文化重要城市之一；是兼具古今文明和现代化工业交通的园林化城市。

② 发展目标：一个方针——把南京建设成为文明、洁静、美丽的园林化城市；两个中心——江苏省的政治、经济、文化中心，在科技、文化上成为国际活动中心之一；三个基地——以电子仪表、石油化工、汽车制造和建筑材料工业为主的现代化工业基地、科研教育基地以及外贸出口基地。

③ 总体布局："圈层式城镇群体"，第一圈层即市区，其中城北迈皋桥被规划为新的副中心区；第二圈层为蔬菜、副食品生产基地与风景游览区，这个地区土地原则上不再征用，使它稳定地包围市区，同时也起控制市区规模的作用；第三圈层，沿江三个主要卫星城，三个县城及两浦地区，是接纳城市外迁人口及发展基础工业和一些事业、企业的去处；第四圈层为农田与山林；第五圈层为远郊十多个小集镇，安排与工农商联合有关的工业企业（图 5-16）。

④ 城市规模：根据国务院"控制大城市规模，合理发展中等城市，积极发展小城市"的方针，严格控制城市规模，市区用地力争控制在 122 km² 左右；市区人口严格控制在现有 130 万人左右的水平上，并力争有所压缩。

⑤ 用地潜力分析（江南）：当时对可建设用地的确定基本上是以自然条件为决定因素的，没有意识到城市用地的经济属性将改变自然属性不利的局面。另外，由于强调严格控制大城市的发展规模（现在则是要发展大城市推动城市化），对用地潜力的分

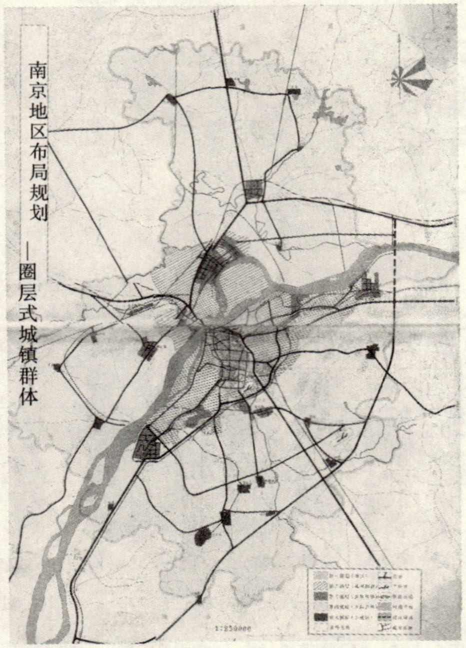

图 5-16 1980 年版南京总体规划中的地区布局规划图

（图片来源：南京市规划局）

析表现出许多比较片面的理解。笔者将当时规划图后所附的说明整理为表 5-8，分析结果见表 5-9。

表 5-8　1980 年南京市江南用地潜力分析说明

地　　区	主要依据	结　　论
江心洲	地面高程低，易受洪水淹没，江岸不稳定，土壤承载力低	不宜作为城市建设用地
西部低河漫滩	冲积层，地质松散，地基软弱，有高产稳产菜地	很长一段时间内，不宜作为城市建设用地
雨花台、西善桥、板桥	有高产菜区、菜地，另有梅山铁矿塌陷区	除板桥作为卫星城、西善桥为郊区工业区和一些铁路用地外，其余土地不宜再安排新建单位
铁心桥、人定坊	有山区及林地，有季节性菜地，还有机场净空保护的禁区	本地区也没有大片建设用地
紫金山南机场以东	这是市区有名的老菜地，还有北部紫金山山区及风景区	本地区已无可用土地
燕子矶、栖霞山	有栖霞区老菜地及季节性菜地，另有地下水源保护区和无线电接收保护区	为了避免城市过大，乌龙山南斜谷地不应安排单位
整个江南地区	由于以上种种原因	即使有一定用地潜力，在总体规划指导下，也不能再安排新建单位

（资料来源：1980 年版南京市城市总体规划，经笔者整理成表）

表 5-9　1980 年南京市江南用地潜力分析

单位：hm^2

地　　区	小　　计	Ⅰ类土地	Ⅱ类土地	Ⅲ类土地	Ⅳ类土地	林　　地	非农用地	主要湖面及水库
江心洲	1 793.3			1 793.3				
西部低河漫滩	7 635.4			7 491.1			144.4	
雨花台、西善桥、板桥	4 482.4	2 075.9	1 039.4		192.6	572.9	575.5	26.1
铁心桥、人定坊	2 579.7	1 560.6			583.8	435.3		
紫金山南机场以东	3 466.4	3 042.4				51.6	372.4	
燕子矶、栖霞山	20 754.2	9 770.0	3 232.4	1 241.1	1 125.4	4 649.1	682.1	54.1
总　　计	40 771.1	16 448.9	4 271.8	10 525.5	1 901.8	5 708.1	1 774.4	80.2
备注：以建设条件为要求，按照地基承载力、地面坡度、地下水埋深、风景资源和矿藏资源条件将土地划分为 4 种类型。第Ⅰ类是不需大量工程措施即可建设的土地，第Ⅱ类是经过简单工程措施后可以用做建设的土地，第Ⅲ类是要采取复杂措施才能使用，第Ⅳ类是不宜在上面修建的土地。								

（资料来源：1980 年版南京市城市总体规划）

图 5-17　1990 年版南京总体规划中的市域城镇布局规划图

（图片来源：南京市规划局）

（2）1990 年版总体规划概述

① 城市性质：南京系著名古都，江苏省省会，长江中下游重要的中心城市。

② 发展目标：大力发展城乡经济，到 2000 年居国内同类城市领先地位；进一步加快城市现代化进程，到 2010 年达到世界中等发达国家同类城市水平；远期建成为国际化大都市，到 21 世纪中叶跻身世界发达城市行列。

③ 总体布局：3 个层次，即主城—都市圈—城市规划区。其中主城是指长江以南绕城公路以内地域，进一步以河流、铁路、城墙为边界分为 5 个片区，中片即一般意义上的旧城区；都市圈包括长江南京段两岸市区全部和六合、江浦、江宁各一部分，其中仙西地区被定为南京的新市区，按照 CBD 模式发展；城市规划区即南京的行政区域（图 5-17）。

④ 城市规模：控制与发展并举，即主城 243.75 km² 用地范围内应合理控制人口，2010 年达到 210 万人，都市圈内的小城镇应加快城市化进程。

⑤ 用地潜力分析（主城）：分析过程不详，结论是主城内被定为游憩、生产、防护绿地等不适宜建设的用地有 47.99 km²，新增城市用地 55.78 km²。具体分布情况见表 5-10。

表 5-10　1992 年南京主城用地潜力分析

单位：km²

用地类型			中　片	东　片	南　片	西　片	北　片	主　城
已建设用地								138.98
不可建设用地								41.99
可以建设的用地				6.83	8.16	25.31	15.48	55.78
其中	1991—1992 年扩展用地			1.42	0.86	1.87	1.26	5.41
其中	规划新增建设用地			5.41	7.30	23.44	14.22	50.37
其中	其中	城市绿地		0.74	2.04	3.03	5.70	11.51
其中	其中	其他建设用地		4.47	5.26	20.41	8.52	38.86
合计总用地			53.5	61.1	31.9	41.0	55.3	242.75

（资料来源：1990 年版南京市城市总体规划主城分项说明）

（3）2000 年总体规划调整方案概述

① 城市性质：南京系著名古都，江苏省省会，长江中下游重要的中心城市。

② 发展目标：充满经济活力的城市——长江下游现代化的中心城市；富有文化特色的城市——具有国际影响的历史文化名城；人与自然和谐共生的城市——最佳人居环境的城市。

③ 总体布局：沿长江两岸束状交通走廊为主发展轴，市域南北向的交通干线为次发展轴，市域城镇形成主城—新市区—新城—重点城镇——一般城镇 5 级结构。其中主城分片仍同 1990 年规划，中片（特别是进一步明确的市中心范围）主要发展第三产业，其他各片通过加强配套设施建设发展成为综合性片区，新的城市副中心位于河西片；新市区包括东山、仙西、江北，承担主城部分功能扩散；新城则是未来南京第二产业的主要发展地（图 5–18）。

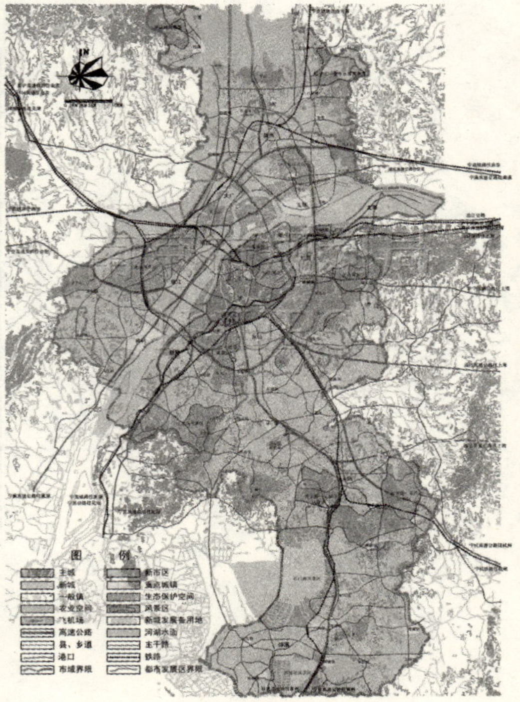

图 5–18　2000 年版南京总体规划调整中的市域空间利用规划图

（图片来源：南京市规划局）

④ 城市规模：由于主城人口已经突破上轮规划 2010 年的控制目标，因此调整为 2010 年控制在 250 万人，都市圈内积极引导人口的城市化发展（而非控制）。

⑤ 用地潜力分析（主城）：本次规划调整中对用地潜力的分析采取了较为科学的分类逐项计算，特别是对其中可用于居住建设的用地做了专门计算，其分析思路如图 5–19，分析结果见表 5–11。

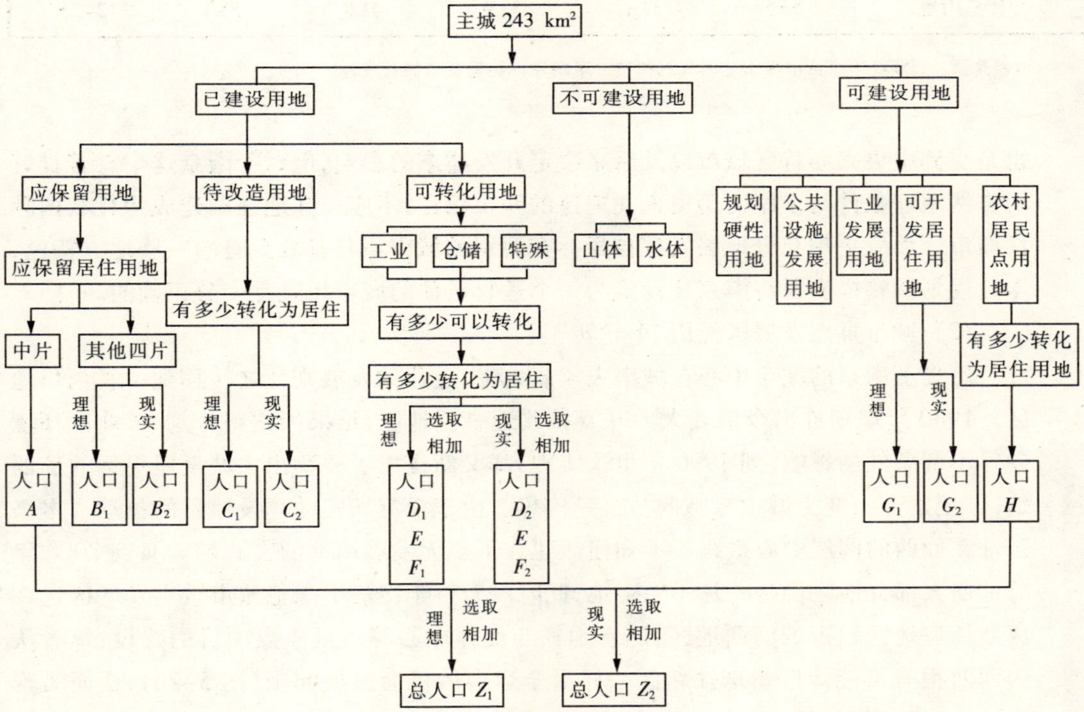

图 5–19　2000 年南京市总体规划调整过程中的用地潜力分析思路

（图片来源：南京市规划局）

2）简要评析

(1) 城市发展目标的认识趋于理性

从 1980 年的科技、文化国际活动中心到 1990 年的国际化大都市，早先人们对南京的未来发展期望都不可避免地受到当时全国兴起的国际化热的影响，某种意义上

表 5-11　2000 年南京主城用地潜力分析

单位：km^2

用地类型			中 片	东 片	南 片	西 片	北 片	主 城
已建设用地			51.1	36.9	17.1	19.2	35.5	159.8
不可建设用地			2.4	14.8	4.5	0.9	9.1	31.7
可以建设的用地				9.4	10.3	20.9	10.8	51.4
现状农村居民点用地				0.5	2.37	1.0	1.54	5.41
其中	规划新增建设用地			8.9	15.93	19.9	9.26	45.97
	其中	可开发居住用地		1.7	2.3	8.2	1.9	14.1
		其他建设用地		7.2	13.63	11.7	7.36	31.87
合计总用地			53.5	61.1	31.9	41.0	55.3	242.8

（资料来源： 2000 年南京市城市总体规划调整方案附件，经笔者略加整理）

也是受到中央兴办特区城市以及后来决定开发浦东的影响，但对于南京这个有着良好的自然地理条件与丰厚的历史人文遗迹的城市而言，不应一味地强调建成为什么国际性城市，而应更加充分地去发挥自身拥有而别的城市不具备或少有的一些地方特色，本轮规划调整提出要将南京建设成为一个适宜居住的城市无疑是十分正确的。

（2）城市重点发展区经历“车轮转”

历史上南京的城市中心在城南夫子庙地带，近代的发展则使之转移到了新街口地区。1980 年规划提出今后要大力开发城北迈皋桥地区，结果因铁路分割、工业区环境差等不利条件的影响，到 1990 年也未实现，却又新提出了要跳出主城发展更远的仙西地区，把紫金山变为城中绿肺的“宏伟”构想。由于没有切实的建设项目的拉动（本来选址在仙西的国展中心最终又不知何故建在了毫无发展用地的玄武湖畔），到 2000 年时仙西大部分地区仍是一片不毛之地，此时政府终于冷静下来把城市重点发展区选在离新街口地区较近的河西地区，随着地铁与奥体中心等一批重点项目的建设，笔者认为河西很有可能像广州珠江新区一样借全运会的机会发展起来（图 5-20），从而实现本轮规划的预定目标。

图 5-20　广州利用全运会的机会发展了珠江新城区

（图片来源：中国城市总体发展战略与空间布局规划研究. 2001）

（3）对用地潜力认识产生巨大转变

1980 年仅仅根据河西属于河漫滩地带不利于城市防洪就封杀了开发河西的可能性，后来随着河西长江沿岸系列防洪堤的建成以及各方面认识水平的提高等原因，河西具有的土地储备量大、离现有市中心区近、符合城市总体发展形态等优点完全胜过了其地质条件不佳的缺点，当仁不让地成为未来城市发展的首选区域。对其他地区用地条件与潜力的考虑与此类似。

5.2.4 市场发展情况

1）近年楼盘分布简析

笔者自 2000 年开始关注并实际参加了南京的多届房展会(2000 年秋季房展会除外)，从中获取了数张上市交易楼盘分布图，其中除 2001 年春季楼盘分布图对当时楼盘的统计有明显疏漏外，其他几张图均能反映近年南京的居住区建设分布与发展(图 5-21)，经笔者按规划分区逐片统计，大致情况如表 5-12 所示。

从表 5-12 中的数据不难看出近年南京楼市的发展情况。总的说来住宅市场是越来越兴旺，因为上市楼盘越来越多了。分开来看，城中地区的楼盘量始终高居榜首，且增加得也比较多，表明高价位住宅仍是大部分开发商的主导项目；城西地区的楼盘原本就不少，现在更是增加了将近 1 倍，表明有相当部分开发商对中高档住宅也很热衷；江宁地区的楼盘有异军突起的感觉，两年之内增加了数倍，表明定位于工薪阶层的楼

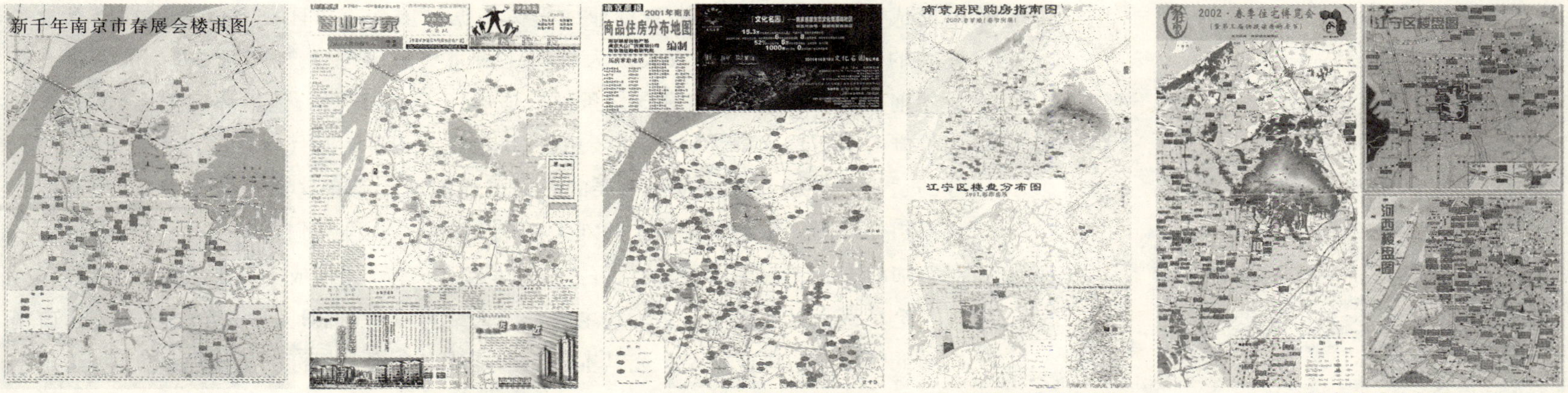

(a) 2000 年春季楼市图　(b) 2001 年春季楼市图　(c) 2001 年秋季楼市图　(d) 2002 年春季楼市图　(e) 2002 年秋季楼市图

图 5-21　近年南京上市住宅楼盘分布组图

(笔者取自近年来的房展会)

表 5-12　2000—2002 年南京上市楼盘分布情况

年 度	城 中	城 东	城 西	城 南	城 北	江 宁	仙 西	汤 山	备 注
2000 春季	48	6	25	6	8	8	1	1	
2000 秋季									资料暂缺
2001 春季	50	9	27	8	10	19	1	3	
2001 秋季	64	14	39	14	13	22	4	5	
2002 春季	18	9	25	3	7	24	3		原图的标注显然有疏漏
2002 秋季	82	9	51	13	6	42	2	2	

(笔者自行统计整理成表)

盘正吸引越来越多的开发商加入;城南地区有小幅度升温的迹象,而城北地区则有小幅度降温迹象,仙西和汤山经过了小幅上升后回落。

如果将城中楼盘作为高档楼盘的代表，城东与城西楼盘作为中高档楼盘的代表，城北、城南与江宁作为中低档楼盘的代表,通过简单计算可以看出各档次楼盘的数量比例已从2000年的5：3：2发展到2002年的4：3：3,也就是说南京的住房档次结构虽然仍是中高档以上住宅占主体,但比例已有所减少,这主要是由于江宁地区中低档楼盘迅猛发展所致。

2）房价与配套设施

(1）关于房价

应该说目前南京的房价在全国同类城市中是很高的。据国家统计局对全国35个大中城市房价的比较,除深圳、广州、北京、上海之外就轮到南京了[20],而南京市民的收入显然排不到第五位。收入与房价的落差不仅会影响本市居民的择居消费，还有可能成为优秀人才选择南京创业的阻碍。据日前南京市团委与江苏省社会科学研究院的调查显示，大多数人认为杭州比南京更适于创业[21]。对此笔者认为使人乐业的前提是安居,虽然南京自然条件的适居性不亚于杭州,但软环境方面,如收入与房价方面就不具优势。因此南京要想在21世纪知识经济时代保持一定的竞争力,用充分的适居条件留住人才是很重要的方面。新加坡政府在这方面做得很成功。对此,长期担任该国建屋发展局局长的刘太格先生说道:“中国有句古训‘有恒产者有恒心’,对新加坡来说,‘收买’人民的最好办法就是给他产业,让他成为新加坡的业主。”[22]

笔者认为目前南京的房价高主要是因为结构性失调,即大量高价位住宅充斥市场而中低价位住宅供应不足。究其本质原因是政府拿出来招标的土地总量太少,满足不了众多开发商的需求，造成约十家开发企业抢一块地的激烈竞争局面[23]。另外,所供应地块又多集中在老城区附近,原本的底价就不低,竞标后就被抬得更高,自然也就形成了高房价。今后有必要严格控制老城区内的土地供应,从源头堵住开发商拼抢高端市场的现象，同时要大力增加新城区(如政府有意发展的河西地区)的土地供应量,促使相当一批开发企业转向大众市场,整体房价自然就会变得平缓一些。

南京的高房价还有部分原因在于各种违规收费现象严重[24]，这也是全国各地的通病。1996年建设部曾对二十多个城市房地产开发企业进行了调查,发现有相当多的部门和单位擅自向开发商收取各种税费,其中有相当部分属于不合理收费,如政府部门所谓的管理费,把本来属于行政管理的分内工作,作为经营性活动向房地产企业收取费用;垄断性企业的乱收费,即水、电、气企业凭借其垄断地位向房地产企业强行收费；还有行政部门摊派的各种公共设施配套费，在费改税之前也属于乱收费。为此,1997年初建设部等部委联合发文规定取消48项明显不合理的住宅建设收费[25]，但实际情况往往是“上有政策、下有对策”，许多费用仍继续存在，而开发商自然不会做亏本的买卖，因此又以房价的形式转移到了购房者头上，这些都亟待清理整顿。

(2) 关于配套设施

南京的房价不算低，但实际对应的配套设施情况却很难说值这份价。除老城区内的情况较好外，近郊新城区的许多设施仍然躺在规划图纸上，河西地区给人的印象仍只是一个大卧室。相比较而言，广州与上海的房价虽然总体上比南京贵一些，但价高确有其所值。比如说同样是三四千元价位分布在城市近郊的楼盘，其配套设施的完善程度就比南京要好不少。据现代快报记者对三地的比较，广东许多地方是住房还没盖好，而绿化、学校、医院等设施就已完工；上海的情况是建住房与建配套齐头并进；南京则是住房建好后很长时间配套仍不见踪影[39]。

拿大多数购房者都关心的教育设施来说，目前的规定是如果开发商所建住宅区达到一定规模就必须自建符合国家标准的学校，而如果属于零星住宅用地无法新增建制学校的就必须交纳一定数额的教育设施配套费。在前者情况下，由于许多开发单位资金实力不够雄厚，因而不太可能将学校与住宅同时建设，只能等到建好一批住宅并取得部分销售收入再行考虑，这期间如果住宅销售呆滞的话学校也就不会有下文，有时则是即使住宅销售得好，但开发商赚了钱之后就不愿失去既得利益而采取拖延战术，如果政府监管不力就会不了了之。在后者情况下，政府拿到开发商缴纳的教育设施配套费后，并不是本着社会公正的原则均衡地进行教育设施投资建设，而是将资金较多地投到重点中小学上，普通学校得到的则很少，其理由是教育经费不足只能进行丢车保帅的做法。

通过对以上教育设施费匮乏原因的分析，笔者设想能否将教育设施的建设与住宅开发脱钩，这样房价中也不会包含学校建设的费用，对购房者来说更为合理。而脱钩后一方面可以成立一个政府监管下的专门进行教育设施投资开发的机构，把新建小区配套学校建设的任务都集中起来，其资金主要来自政府的教育经费，也可以适当吸收外资和国内民间资本，建成后交给政府教育部门运作，这类学校可适用于经济适用房小区；另一方面制定各种优惠政策鼓励私人财团进行独立的教育设施投资，建成后由其自身经营或成立董事会委托专门的执行机构来经营，这类学校可以适用于中高档住宅小区，其住户的子女入学后完全按市场化的办法收费。这样既可以让开发商减轻负担专心于住宅建设，也可以使政府有限的教育经费得到集中运用，这也许是更加符合今后市场经济发展的办法。

5.3　各居住用地区位板块的优势度分析

分析各居住用地区位板块的优势度的主要目的是为了明确各用地区域的一些先天地理条件的优劣以及后天建设发展的成绩与不足，并通过当前住宅市场的发展情况揭示各行为主体对不同地区的认同程度，在此基础上就可以判断出各个地区的适居性，也就是进行住宅建设的适合程度，并比较出各个地区的差异与差距，选择其中总体条件较好、发展潜力较大的地区优先并高强度建设。因为任何规划做出的均衡布局，在实际落实过程中都不可能做到全面摊开，总需要有重点地进行非均衡发展（主要表现在政府投资的比例上），再逐步将重点转移到其他区位上，按照某种时序完成最后相对均衡的布局（实际上从建设强度上来说总是不均衡的），这对于全国的经济建设而言也是如此。下面先进行定性分析，然后再做定量比较。

5.3.1　定性分析

1）主城五片区

（1）城中

中片是南京历代城市建设的精华所在，其居住优势也是其他各片所无法比拟的。由于集中了主城近 1/3 的就业岗位和 1/2 的公共设施，因而吸引了约 70%的主城人口在此居住[27]。尽管存在建筑密度过高、人口密度过大、绿地量少、交通压力大等问题，但似乎居住在一些破败民房中的居民对此并无太多的不满，反而对政府做出的拆迁指令颇有微词，毕竟在城中生活各方面外部条件都比较完善，而最不利的条件仅是面积不足而已。在面积与区位条件两者的权衡之间，仍有大量购买新房的居民将区位定在城中，哪怕是为此付出了单价 5 000 元/m^2、总价 50 万元以上的高额费用。这种心理与实际位势在短期内恐怕是无法改变的，“居住郊区化”的口号再怎么提也不会引起大量居民的主动响应，除非是迫于经济压力不得已而接受。

因此，历次规划中强调要疏导旧城人口，往往只能说是一厢情愿罢了。在其他片区没有得到长足发展之前，能控制住人口不再增加就已很不容易，而要改善城中拥挤的居住环境，从根本上说并不是靠政府强行拆除某些居住条件过差的旧城区，而是应把重点放在培育外围的生长点上。目前新街口地区的首位度在全市中显得过高（图 5–22），才造成居民普遍恋城的心理。如果其他片区都能有与中片相媲美的一些副中心性项目，居民自然会愿意前往，中片的人口也自然会降下来。而如果仍把重点放在改造旧城上，那么改造得越好，居住条件越舒适，就越会吸引更多的人集聚。归根到底，笔者认为发展城郊新城要比改造旧城迫切得多，也重要得多，今后政府投资的比例必须

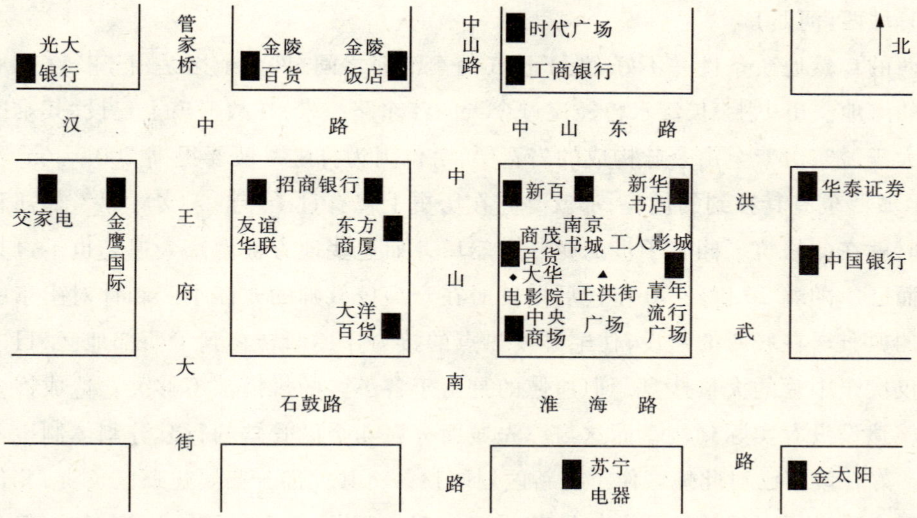

图 5-22 新街口商贸区高密度集中了大量城市性公共设施

（图片来源：现代快报．2003-01-20）

对此大力倾斜。

（2）城东

南京的城市特色以“山水城林”著称，而城东则是这几项要素都兼具的美善之地。不仅自然环境好，与其他几个近郊片区相比城东起步也较早，改革开放前一批高校及其生活区的建设就已奠定了其初步的配套基础，而 20 世纪 90 年代以后，政府又有意将发展重心向东部倾斜，开辟的苜蓿园大街两侧，吸引了相当一批开发公司进驻，仁恒的梅花山庄与栖霞的月牙湖花园则成为东部兴起的“排头兵”，至今已被人们视为南京高尚生活区的代表（图 5-23）。其实，翻开地图大致看看就不难发现，南京的城市形态呈南北长、东西短的特点，城东离新街口地区实际上并不远，相关的生活条件也比较便捷，只是由于处在城墙外围，因而在老南京人心目中总存在一丝隔阂，而事实证明只要该地区确实具有硬件优势，人文的认同总是会随之建立起来的。

城东的楼盘分布可以分为紫金山山南和山北两处（图 5-24）。一般意义上的城东多是指山南板块，特别是月牙湖地区，目前该板块借几年前热点的余温仍有少量新盘推出。紫金山北麓则有一种被人遗忘的感觉，事实上这一板块具有的先天优势并不亚于月牙湖地区，它刚好夹在玄武湖和紫金山之间，有山有水有林木，国展中心、长途车站等城市性公共设施就在区内，林业大学、锁金村居住区形成的配套已有一定的基础，龙蟠路将其与城中紧密联系起来，是一块相当适居之地，只是由于用地不足难以形成气候。

图 5-23 月牙湖畔崛起大片住宅

（笔者摄于 2001 年 2 月）

图 5-24 南京主城各片区主要楼盘集中地

（笔者自绘，底图来自东南大学城市规划研究院）

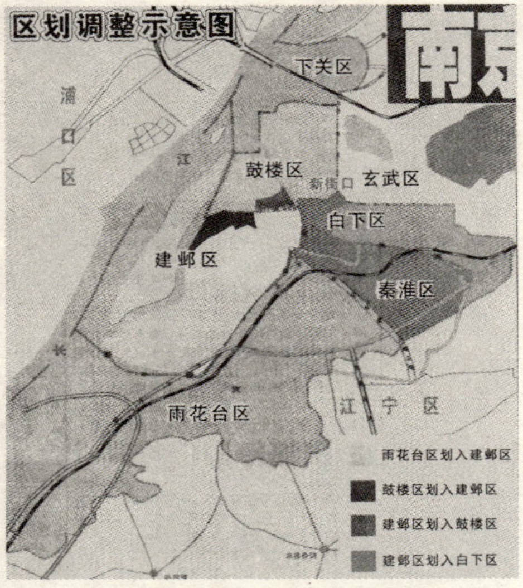

图 5-25　南京河西行政区划调整示意图

（图片来源：金陵晚报．2002-10-22）

（3）城西（河西）

城西的自然地质条件并不好，处于长江与秦淮河之间，许多地区是由于长江改道后形成的滩地。历史上，长江水曾经流过今天的江东路一带，在故河道上建设，其难度也显然大于城东由紫金山余脉构成的岩石层，房价因为打桩一般要提高 200 元/m^2 左右[28]。但城西也有其独到的优势，那就是它在历史上曾有过千年的人文辉煌，如郑和下西洋时就在此修筑了闻名于世的龙江宝船厂，而这些地方被南京人遗忘也不过只有百年而已。随着 20 世纪 90 年代后期针对在宁高校教师的龙江小区和针对南京中产阶层的典雅居在城西的建设，住宅开发热点的接力棒逐渐转移到了西部地区，目前聚集了仅次于中片的大量楼盘，但遗憾的是由于各小区的规模都不够大，造成许多配套设施建设没有实际到位，而这与原先城西分属 4 个区管辖的行政分割体制也不无关系，好在政府已对此地区作了重新区划调整，将其大部分归属建邺区负责，相信这有助于今后进行大规模的开发与配套（图 5-25）。目前城西的购物、医疗、教育等条件还较差，也没有集中式的开敞绿地，加上缺少足够的就业岗位，造成居住于此的居民每天仍需往返于城中进行各种消费与上下班，而交通仅靠秦淮河上的几座大桥，形成难以解决的高峰瓶颈。由于以上原因，尽管城西地区与新街口的距离比城东还近，但总体的生活条件仍无法与城东相比。

城西地区的楼盘分布可以划分为南北两大块，以纬七路为界，目前绝大部分集中在北部板块，如早期的龙江小区和典雅居，而最近由本地房地产大腕栖霞建设集团开发的云锦美地和全国地产领头羊万科公司开发的金色家园也在此区域。万科老总王石对报界解释了选址河西莫愁湖畔二道埂子地块的原因：看好未来河西的规划发展；从地域特性出发找亲水的地方。笔者分析可能还包括：这一地块距新街口仅 1.8 km；莫愁湖东路得到拓宽；莫愁女的传说使环境具有文化底蕴等。栖霞建设集团阐述的选址河西长虹路一带的理由经笔者总结主要有：看好未来河西的规划发展；地区人口多，需求大；距新街口仅 2.5 km；安静清新，傍依城墙与秦淮河，自然景观好（这一点与城东月牙湖小区的情况相同）；历史上曾繁华过，有文化底蕴；市区 0.133 km^2（二百多亩）的规模，各方面配套都能得到保证。从这两个楼盘目前销售的良好态势看，当初这些思考都是成立的，从中也可以看出未来河西北部的发展势头也是比较强劲的[29]。南部板块的楼盘很少，尚有待进一步发展，但政府已将奥体中心以及未来的城市副中心选在此区域，且资金已基本筹措到位，很快就将进入实质性的建设阶段[30] 因此升值潜力还是很大的。如果将城西的楼盘分布进一步细分，也可以分为四大块，即秦淮河畔板块、江东路景观大道两侧板块、滨江板块和奥体中心板块，这些板块各有一些就近依附的优势条件。

（4）城南

城南目前犹如一张白纸，尚未进行大规模的开发建设。虽然拥有以雨花台景区为核心的大片绿地，秦淮河网密布，从自然条件来说也是一块适合居住的风水宝地，但由于缺少一个比较有利的生长点，包括商业设施在内的各方面设施都极为缺乏，现居住在此区域的居民基本上是靠旧城南部的夫子庙地区进行消费，因而新建楼盘发展也比较缓慢，而这种局面恐怕与大校场机场的影响不无关系。该机场距新街口仅 6.2 km，已是机场与城市边缘规范距离的最小值(5~7 km)。按照规范，城市建设地区(特别是居住生活区) 应离开跑道侧面 5 km 以上，而离开跑道轴线端的距离最好在 30 km 以上[③] (图 5-26)。由于机场的存在，城市发展需要的建筑、道路、绿地都会因此受到影响，这些都严重制约了城南地区的发展。目前该机场属于军用，市政府无管辖权，因此城南很难获得腾飞的机会。

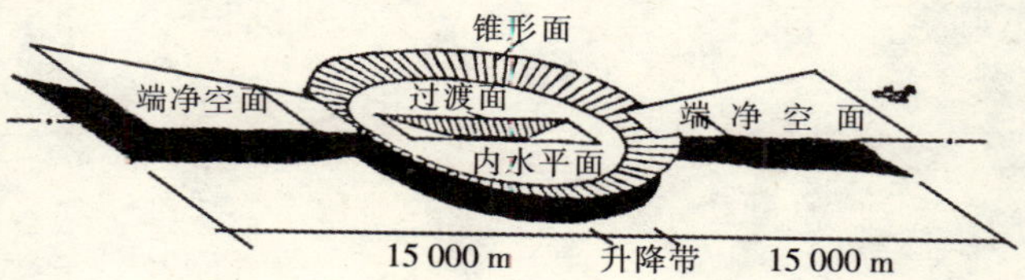

图 5-26 机场净空限制示意图

(图片来源：阮仪三主编. 城市建设与规划基础理论. 天津：天津科学技术出版社. 1992)

城南的楼盘主要集中在两处：一是秦虹路南侧，这些楼盘主要是步早期开发的秦虹小区之后尘；二是雨花台景区周围，特别是雨花台景区南侧，仁恒公司已率先进驻，做出当年抢先开发城东一样的举措，欲成为促使城南升温的重要力量，但从目前的情况看发展并无起色。近期内有望升值的地段则是安德门地区，由于处在正在建设的地铁一号线上，公交车距新街口也只有五六站路，纬八路又将其连接了河西的奥体中心，使安德门成为能够享受到现有市中心设施与未来副中心设施的绝佳地带，其发展潜力是比较明显的。

(5) 城北

城北自解放后一直是南京军工企业和地方大型企业的集中区，但近年来，随着这些企业发展面临困境，纷纷提出要"卖地求生"，将现有土地改为三产用地，而搬到主城外围另建新厂区，这给城北的住宅建设带来了机遇。目前虽然城北给人的印象仍是环境脏乱差的工业区，商业和其他公共设施很少，但这一地区就业岗位充足，拥有小红山动物园、燕幕风景区(原先破坏其山体的白云石矿已停产，见图 5-27)的大片绿地以及长江的自然优势，另外迈皋桥地区受到地铁建设的拉动发展已加快，有望在该地区产生聚集效应，名副其实地成为 1980 年版规划中的副中心，进而如果政府能对"退二进三"的工厂用地进行统一收购后再组织进行整体开发，城北也并非是不适宜居住之地。

图 5-27 白云石矿停产后有意进行大型社区开发

(笔者摄于 2000 年 10 月)

城北的楼盘主要分布在两处，一是迈皋桥市民广场周边，目前虽无亮点，但建设中的地铁一号线贯穿该地区，届时城北与新街口的距离(目前是几个片区中最远的)将会因时间缩短而弱化，在中片的居住人口也可考虑向城北疏散。但如果工业区的整体环境并无明显好转，地铁建设对城北的住宅发展也可能产生副作用，也就是促使原本在城北居住的人离开城北，迁往城南置业，因为不用受到居住紧随工作地点的限制了。城北楼盘的另一集中地是铁路线北侧，这一板块实际上受到旧城内各项生活条件的辐射。总的说来，城北的发展机遇与障碍并存，需要进一步观察。

2）主城外三新市区

（1）江宁

江宁和南京主城区一样拥有丰富的山水资源，如将军山、翠屏山、秦淮河、百家湖等。因为原先就是县城，因而具有自成体系的配套设施。随着20世纪90年代以来开发区的建设和近年南航、河海大学等高校分部在此落户，相关配套设施的档次也在提升，星级酒店、大型超市等相继出现，但仍缺乏比较好的中小学校与医疗机构，这对于中老年夫妇择居而言是很大的障碍。另外，江宁与主城区的距离是3个新市区中最近的一个，区政府与绕城公路相隔仅1 km左右，但迄今连接主城的只有为数有限的道路桥梁以及几路公交车，交通问题仍很严重。目前虽有不少居民选择在江宁购房，但真正入住的并不多，许多是将其作为第二居所或留待升值。分析其原因，可能是江宁的综合竞争力与主城区的差距仍很大，这从夜晚江宁和主城区灯光亮度的对比即可说明。

江宁的楼盘分布主要集中在五大板块。岔路口板块是连接江宁与主城区的中间地段，目前城东、城南的中低收入家庭（许多是拆迁户）对此地很感兴趣，认为离城市中心较近，工作也较方便，有些配套设施也可以利用城中的；百家湖板块的主要客户群体是中产阶层，但多数购房者只是将其作为第二居所，不如同样针对中产阶层的城西典雅居入住率高；翠屏山板块位于江宁经济技术开发区，该地区的购买人群层面较广，从年轻人到老年人都有，特别是周边大学城的部分老教授选择在此安度晚年；东山镇板块由于是区政府所在地，配套设施相对完善，主要是满足江宁当地人消化的板块，但土地供应已呈不足，发展受到一定限制；汤山板块虽属江宁区，却位于南京的东郊，集中了数家别墅群，吸引的是一些拥有私家车的都市白领，该地区土地储备量大，风景较好，但发展尚待时日。笔者根据现代快报记者的调查并结合自身走访了解，将5个板块的周边设施与价格情况整理为表5-13。

（2）仙西

仙西地区位于紫金山东侧，夹在几处小丘陵之间，环境条件较好，用地也比较充足。目前，南师大、南京经济学院等高校分部已在此落户，但由于是20世纪90年代才开始发展的新区，其他配套设施都极不完善，也没有什么就业岗位。另外，交通仅靠312国道和绕城公路，须绕过紫金山才能到达城中，距离较远，公交车线路也很少，非常不方便，因而目前只有亚东等几家公司在此开发，整体发展表现出与其他地区缺少足够的联系，如北有尧化门铁路编组站隔绝了新港开发区，西有紫金山隔绝了老城区，南有沪宁高速公路隔绝了江宁区，犹如一片孤岛，其发展除非能按规划吸引其他几所高校进入大学城并建设地铁二号线（马群北延至大学城），将主城区客流运送到此，否则很难形成规模（图5-28）。

图5-28　亚东新市区至今仍停留在图纸上

（图片来源不详）

表 5-13　江宁五大楼盘分布板块周边设施与价格情况

	岔路口板块	百家湖板块	翠屏山板块	东山镇板块	汤山板块
主要配套	麦德龙超市、OBI超市、怪味楼餐馆、空军气象学院、大明路汽车一条街	百家湖会所、湖滨金陵饭店、江宁商贸城、中国农业银行、中国建设银行、百家湖幼儿园	苏果超市、江宁大学城（南航、河海、正德学院等）	江宁人民医院、苏果超市、江宁商业大厦、新东新美食城、秦淮中学	
交通情况	101、102 公交车	102 公交车、江宁区内公交（小区间交通不便）	103、105 路公交车，机场高速	101 路公交车	55、314、309 路公交车
景观资源	外秦淮河、秦淮新河	百家湖（远处可见翠屏山）	翠屏山、将军山、高湖等	外秦淮河	汤山温泉、国际高尔夫球场
参考均价/(元·m^{-2})	1 950	2 250	2 300	2 170	1 750

（资料来源：江宁经济技术开发区成立十周年金刊. 现代快报. 2002-6-18）

（3）江北

江北主要是指原浦口地区。目前虽然政府已通过调整江北行政区划、扩大市区面积来宣示发展江北的意向（图 5-29），但毕竟与主城区有号称“天堑”的长江分割，仅有的两座大桥中真正起作用的仍是原长江一桥，通往主城区的公交线也不多，好在浦口自身因起步较早具有一定的自持基础，20 世纪 80 年代政府在此成立了高新技术开发区，并安排了南京大学、东南大学等高校在此建立分部，生活配套设施虽仍不完善但也有一些改进，吸引了部分在城北的上班族、旧城拆迁的困难户和原江北居民在此安居。总的说来，随着长江三桥的进一步建设，长江一桥将主要担负市内交通，与主城区的联系更加紧密，加上浦口自身有一定的经济、就业优势，有可能会有更多的居民选择浦口，从而推动江北的城市化进程，使其发展成为与河西交相呼应的地区。

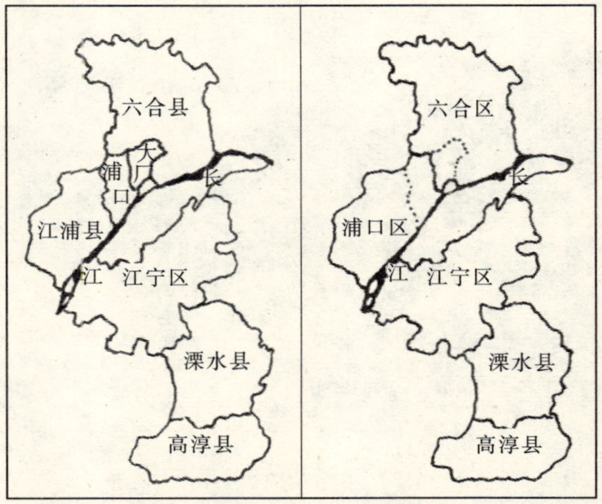

（a）调整前南京市行政区划　（b）调整后南京市行政区划

图 5-29　江北行政区划调整示意图

（资料来源：南京晨报. 2002-4-24）

5.3.2　定量比较

1）主城五片区

通过前文对主城内五片区居住条件现状和发展潜力的定性分析，除了可以肯定城中的现状优势绝对优于其他片区，且城东与城西优于城南和城北之外，很难再做出 5 个片区之间更为细致准确的比较和判断，而加上考虑发展潜力后更是变得捉摸不定。为切实进行较为客观的评价和排序，尚需引入量化指标予以计算。在此笔者将运用第 4 章中已详细探讨的“价值信息模型”方法，其功能部分就是这里所说的居住条件优势（生活便利程度），而进一步将其与价格相比较后，则可以看出考虑经济制约因素后的

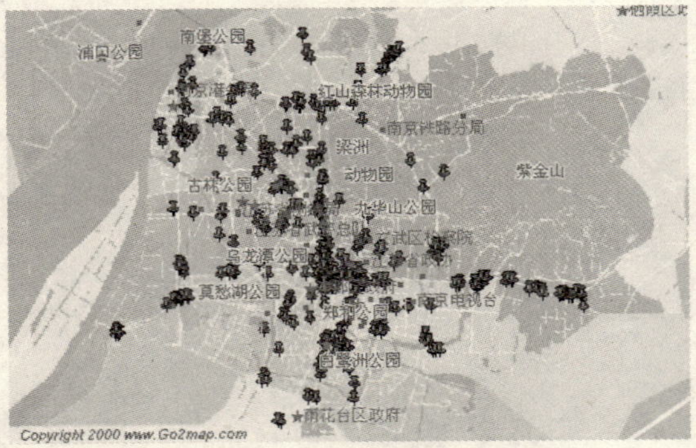

（a）商业网点

（b）医疗卫生

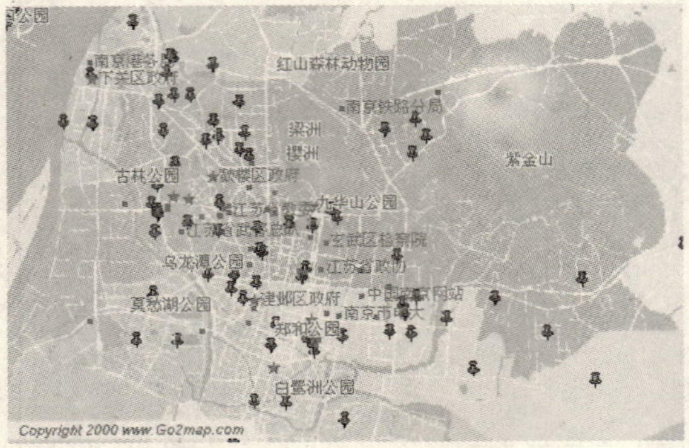

（c）文化教育

图 5–30　南京地理信息查询系统显示的公共设施分布组图

（图片来源：2002 年南京市地理信息查询系统）

综合优势度，加深我们对用地区位建设住宅可行性的认识。

（1）现状评价

笔者在 2000 年间曾登录南京市地理信息查询系统搜集研究所需要的数据，但从中只能得到南京主城区的商场、医院和学校的数量分布，且统计显然不够完备（图 5–30）。这恐怕与江苏省整体的信息化发展水平低不无关系，因为据中科院发布的指标推算，江苏省进入信息现代化的时间要比上海晚 30 年[28]。对此笔者也只能立足于现有条件，在这些虽谈不上完备但也能大致说明问题的数据基础上做出计算评估，而计算所需要的其他方面数据，如价格、交通、自然环境等只能通过另外的渠道获得，如向规划局索取资料或自行调查等，基本情况见表 5–14。

表 5–14　南京主城区五大板块综合居住条件一览

		城　中	城　东	城　西	城　南	城　北	说　明
房价/（元·m⁻²）		4 583	3 368	2 816	2 045	2 010	根据新千年南京市春展会楼市图分片计算平均单价
交通条件	与市中心距离/km	0	7.0	5.0	5.8	7.3	根据南京市区地图测量估算，市中心取鼓楼与新街口之中点，各片中点分别取孝陵卫、所街、卡子门、迈皋桥
	联系城中的主要道路条数	10	3	5	4	4	取 1990 年版南京市城市总体规划中规划的、现已基本形成的“经五纬八”主干道，次干道及支路以下不计，纬二路、纬七路、纬八路并未伸入城中
	联系城中的公交线路条数	81	22	22	8	17	根据南京市政公用局发布的市区公交线路一览表分片统计，截止到 1999 年 12 月 14 日，有 12 条线仅在城中运营
环境条件	购物设施个数	131	29	14	6	13	根据 2000 年南京市地理信息查询系统分片统计
	医疗机构个数	33	6	3	2	3	根据 2000 年南京市地理信息查询系统分片统计
	教育单位个数	88	18	11	2	9	根据 2000 年南京市地理信息查询系统分片统计
	绿地面积/hm²	254	1 619	62	108	474	根据市规划局提供的南京市主城 1999 年现状用地平衡表绿地面积分片统计

（笔者自行统计整理成表）

对比第4章中提出的计算区位综合价值(优势)的整个数学模型，其中基本变量所需要的数据在表5–14中已收集齐全，而各自的平均值P',D',R',L',M',H',S'和G'也可随之算出，分别为2 964元、6.3 km、5.2条、30条、38.6个、9.4个、25.6所和827 hm^2。另外，对于价格参数P_P、交通参数P_T与环境参数P_E的权重可以从近年的调查中取得。笔者在此以2000年进行的跨世纪调查中统计出来的居民购房相关因素认可度为准，分别为49%、38.1%和37.6%。下面以城西为例解释居住区位综合优势度的计算过程(其他片区计算过程略)，画横线处表明可以填入其他区位的数据进行计算。

首先是价格：2 816元/m^2，取五区均价2 964.4元/m^2，比值为0.950，再乘以权重49%，得价格参数0.466。其次是交通：距离5.0 km，取五区平均距离6.3 km，比值为0.794；道路数5条，取五区平均条数5.2条，比值0.962；公交线路数22条，除以五区平均线路数30条，比值0.733；道路与公交线路比值相加再减去距离比值得比值0.901，再乘以权重38.1%，得交通参数为0.343。再次是环境：购物设施14个，除以五区平均数38.6个，比值0.363；医疗机构3个，除以五区平均数9.4个，比值0.319；教育机构11个，除以五区平均值25.6，比值0.430；绿地面积62 hm^2，除以五区平均值827 hm^2，得比值0.075；四者相加除以4得出比值0.300，乘以权重37.6%，得环境参数0.112。将以上得出的交通与环境参数相加，得出城西生活条件优势度为0.455，再除以价格参数0.466，得出城西综合区位优势度为0.975。所有片区的计算结果见表5–15。

表5–15　南京主城区五大板块居住优势度情况

板　块	价格参数P_P	交通参数P_T	环境参数P_E	生活优势度F	综合优势度V
城　中	0.758	1.761	1.001	2.672	3.644
城　东	0.557	0.076	0.382	0.458	0.882
城　西	0.466	0.343	0.112	0.455	0.975
城　南	0.338	0.044	0.054	0.098	0.291
城　北	0.332	0.067	0.113	0.180	0.544

从以上计算所得数据可以看出：城中的雄厚优势无可争议，因此抛开城中不谈，价格水平城东最高，交通水平城西最好，设施环境水平城东最好；总体生活条件优势城东最好，城西与之相差无几，城北其次，城南最差；综合优势则变成城西最好，城东其次，城北再次，城南仍排在最后。这一排序结果是基于对现状条件的客观评价，可能与许多市民的认识不一，主要原因恐怕是人们并没有比较全面地去分析某一区位，而仅仅凭某一方面的大致印象就做出以偏概全的判断，事实上不带任何成见的冷静思考则更

能说明问题。笔者对以上这些结果做一些简单的解释。

从生活条件的构成看，城东虽然设施环境优于城西，但城西也具有交通便利的优势，因而这两个区位板块的实际生活条件优势度相差无几。城北虽然给人的总体印象欠佳，但由于起步较早，已形成一定的基础，比起一张白纸的城南来说目前生活条件要好。如果进一步考虑价格因素，即从综合优势度上看，城中凭借其交通和设施环境的巨大优势将其价格高的负面影响完全抹去，可以说价格虽高但生活质量也是值这份价的，这反过来也说明了为何近郊区对市民的吸引力仍不如城中。城东在考虑价格后反而不如城西，可见相对这一区位较好的生活条件而言，价格似乎也偏高了一些，而城西则因为价格低在综合优势方面占了上风，可以说是性价比较好的适宜择居区位。城南现有生活条件不如城北，但价格水平却与之几乎相同，因此综合优势仍上不去。

图 5-31　南京地铁一号、二号线走向示意图

（图片来源：现代快报. 2002-6-21）

（2）发展分析

目前正在建设的地铁一号线（图 5-31）将使得南京主城区内各板块的优势重新“洗牌”，主要是使得南北方向交通条件大为改善，一改以往东西交通强、南北交通弱的局面（1980 年规划为“经三纬八”主干道系统，1990 年规划为“经五纬八”主干道系统，但经向道路仍少于纬向），城东与城西的交通优势届时将大大减弱。根据南京市副市长、地铁建设总指挥戴永宁介绍，地铁初期单相运能为 2.23 万人次/h，远期单向运能达到 5.58 万人次/h，对此笔者估算若按每天运营 12 h 计，则初期年运送双向乘客可达 1.95 亿人次，相当于 1999 年公交客运量 10 亿人次的 1/5，若按 1999 年统计的市区运营线路 81 条折算，则相当于增加 16 条公交线路，远期则相当于增加 40 条公交线路。

按照与前文同样的区位优势度计算方法，地铁建成后初期（即取增加 16 条公交线路计算），城南和城北的交通参数值将提高至 0.247 和 0.271，生活条件优势度（环境参数仍按照现值计算）将分别达到 0.301 和 0.451，综合优势度由于房价水平也会随之上涨而不便计算比较，但如果仍保持现有房价水平将达到 0.890 和 1.358。对比其他片区的当前值可以看出，地铁对区位优势的提升还是相当有力的，但建成后初期城南和城北的生活条件仍比不上现在的城东和城西，且随着房价的上涨，综合优势并不会有计算的那么高，总体上仍处在城东和城西之后的地位。

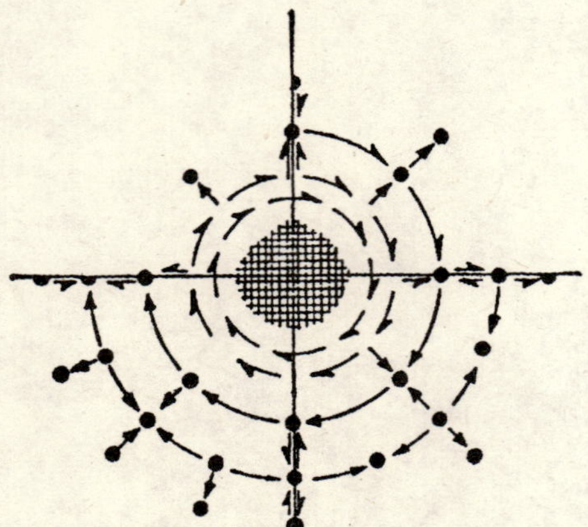

图 5-32　田边健一总结的螺旋状城市发展模型

（图片来源：柴彦威. 中日城市结构比较研究. 北京：北京大学出版社，1999）

由于缺乏足够的数据，笔者对主城区内各片居住条件的定量化比较只能停留在现状加一点近期变化的层次（也就是考虑了地铁的影响），远期变化则无法深入探求。但根据日本学者田边健一总结的城市住宅发展在时间刻度上呈螺旋状扩散的理论（图 5-32）以及前文对各片区发展潜力的定性分析，笔者认为：南京主城区住宅建设的重心从 20 世纪 90 年代的东片转移到目前的西片之后，将保持相当一段时间，而在西片得到长足发展后，城南由于机场不可能很快被关闭将继续保持比较苍白的状态，城北则会由于工厂的大量搬迁给住宅开发带来机遇，届时改造也会得到比较充足的资金，

其大力发展的时序应在城南之前，也就是说远期南京的住宅建设重心将从目前的河西新城开发转移到城北旧城改造上来，总的说来将有可能经历东、西、北、南的轮换。

2) 主城外三新市区

由于主城外三新市区相关数据的可获得性不易，笔者在此做出的定量比较，实际上在相当程度上还是带有定性成分的，只是在定性分析的基础上进行多项评分，视最后总分情况得出三新市区间的优势差异，也就是采用定性与定量相结合的办法。而在此对居住区位优势的理解将排除对价格等经济制约因素的关注，仅考虑生活条件方面的功能优势。笔者认为这种功能优势在共时性的时间点上应由该区位的发达程度和通达程度两方面构成(如同上文的设施环境参数与交通参数)，在历时性的时间段上还应进一步考虑潜力程度(即近未来的变化趋势)，考察三者就能对区位的功能状况有比较全面的把握。

(1) 现状评分

① 发达度排序

首先从年度国民生产总值看，江宁原是全国经济百强县，目前 GDP 已近百亿元[13]，浦口区则只有十几亿(加上现划入浦口区的江浦县也比不上江宁)，而仙西由于没有较大的生长点项目，在经济总量上很难构成同一级加以统计；其次从高新技术产业(即开发区)的情况看，浦口虽起步较早、级别较高，但目前吸引外资的情况并不如江宁，1998 年南京引进的 15 个千万美元以上的大项目中，浦口高新区仅有 2 个，江宁开发区则有 11 个(另外 2 个在新港开发区)，累计的 102 个大项目中，浦口仅 19 个，江宁达 42 个(新港 32 个)。江宁自筹资金办开发区，发展反而比国办的浦口高新区好，足见其综合竞争力之强。另外，国务院又于 1997 年将原本属于浦口高新区的“海峡两岸科技工业园”调整到新港开发区内，更是抽空了浦口的实力。仙西地区则没有开发区，与距离稍近的新港又有尧化门铁路编组站的分隔，很难受其拉动；再有从教育产业上看，3 个新市区都有在宁高校分部组成的大学城，但浦口大学城的发展已比较完备，仙西大学城的规模则胜过了江宁；最后从房地产业看，江宁的开发异常活跃，仙西因自然环境好也吸引了部分居民，浦口则动静不大。

根据以上考察的几项内容，将每个区位的分项排序值相加，其最小值就是当前发达度最高的区位。如江宁新市区的发达度可以这样大致计算：国民生产总值第一，高新技术产业第一，教育产业第三，房地产业第一，则发达指数为 1+1+3+1=6，类似地，浦口的发达指数为 2+2+1+3=8，仙西为 3+3+1+2=9。比较所得结果可知，当前的发达度排序为江宁、浦口、仙西。

② 通达度排序

首先从到市中心的距离看，如果以新街口和鼓楼的中点为圆心，以 10 km 和 15 km

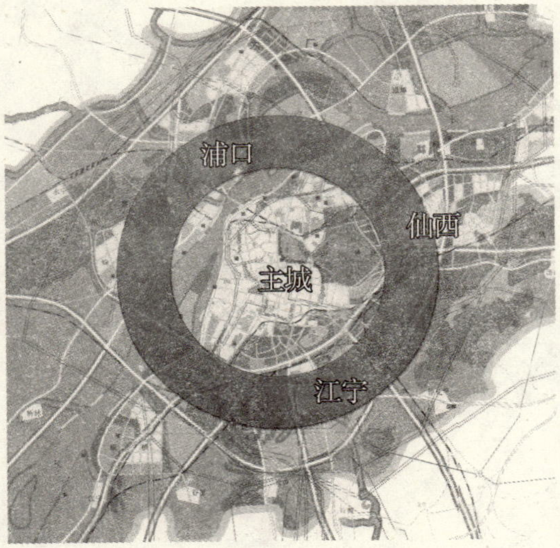

图 5-33　南京市 10~15 km 圈层分析图
（笔者在 1990 年版总规图基础上自绘）

为半径画圆，从该 10~15 km 圆环覆盖的地区范围可见，江宁主体（指建成区）几乎都在此范围之内，浦口大部分也在此范围之内，而仙西则只有小部分在此范围内（图 5-33）；其次从主城区的道路联系看，目前江宁有共青团路、机场高速与宁溧公路 3 条干道，仙西有 312 国道和绕城公路，浦口则只有长江一桥；再从联系主城的公交线路来看，据笔者调查所知目前江宁至少有 6 条，仙西有 5 条，浦口有 3 条。

根据以上考察的几项内容，采取如发达度同样的总排序值计算方法，则各新市区的通达指数分别为：江宁 1+1+1=3，浦口 2+3+3=8，仙西 3+2+2=7。比较所得结果可知，当前通达度排序为江宁、仙西、浦口。

（2）发展预计

区位的发展潜力度实际上就是在发达度和通达度的基础上再进一步考虑今后可能的制约和推动因素，从而预计未来一段时间内发达度和通达度会产生怎样的变化。对于发达度而言，近期只要一些基本的外部条件能够得到保证，如总体经济形势平稳发展，土地等资源构不成严重制约，现有的发达度的位序仍将继续得以保持，且如果政府不加以过分干涉的话将可能出现强的更强、弱的更弱的局面。从目前南京市政府将近未来建设重心放在主城内河西片而非主城外新市区的决定来看，江宁、浦口、仙西的发达度差异将有可能继续保持并进一步扩大。对于通达度而言，近期如果没有政府集中力量消除某一区位发展必须跨越的自然门槛，现有的自然地理条件将仍构成未来发展的制约因素，对此江宁虽然有机场阻拦，但属于人为生成因素，要比较好解决一些；浦口有号称“天堑”的长江阻隔，架桥有难度；仙西必须绕过紫金山，但修路总比修桥要容易。因此比较下来目前的通达度排序也仍将继续保持。另外，从更长远的发展来看，通达度高的区位终归比通达度低的区位容易得到发展，因此仙西虽然在近期内发达度仍比不上浦口，但有可能经历更长时间段后会缩小差距，而这种可能的前提是政府投资的比例保持均衡，也就是说如果 3 个新市区公平竞争，仙西的长远发展潜力要比浦口强，总的潜力度排序为江宁、仙西、浦口。

如果将居住区位的发达度、通达度和潜力度的排序值相加，则可以得出该区位的总体优势指数，其最小值也就是总体优势度最高的区位。3 个新市区的计算情况分别为：江宁 1+1+1=3，浦口 2+3+3=8，仙西 3+2+2=7。可见总的来说江宁的居住适宜度始终最好，仙西其次，浦口最后，这一结论对今后的住宅建设时序与开发强度都有重要的参考意义。

3）对分期重点开发的建议

任何均衡布局的城市规划在落实过程中只能采取按一定时序非均衡发展的模式，也就是分期重点开发的模式，而在当前政府的行政权力逐渐被市场的经济力量所超越的大环境下，规划方案的实施更需要结合市场的实际情况制定可行的对策。

为使今后南京市居住用地规划能真正落到实处，笔者认为以下几种办法是非常值得尝试的[34]：

（1）土地预征

要实现分期有重点地集中开发就要求将待开发土地的地权加以集中，这样才可以保证土地市场上土地增量的可控和空间投放的有序。中国实行的是城市土地国有制与农村土地集体所有制。农村土地的所有者实际很模糊，而正因为没有明晰的产权，在开发的初始阶段存在着强大的将其潜在价值私有化的动力。对此，城市政府应在大规模开发前，控制农民的自发建设，并在适当时候将土地全部征用，然后再批租给开发商建设。这种土地的预征和批租，不仅是政府获取地租差额的过程，更是一个现代产权制度建立的过程。可以采取的方法有：先向农民预付少量定金，达到预征目的，在大规模开发之前付清余款完成实际征用，同时也可出卖土地的开发期权给开发商，让他们预付定金给政府以获得日后的优先权。

（2）协调地区利益

由于存在重点发展的问题，必然会出现地区之间发展的不平衡。因此应照顾到各个地区，设法使每个地区都在不平衡发展中享受到好处，在重点发展地区都有自己的利益，从而使全社会都来关心、支持整个南京的发展，而不是抵制。为此要打破行政界限，让所有地区都可以不同方式参加重点发展区域的建设。比如说应允许各区、县共同出资作为土地基金，预征重点建设区的土地，各家可分摊股份，共担风险，也可在开发后共获收益。这样有利于解决各区自搞一套的做法，有助于实现主城功能和人口的疏解以及外围城镇的相对集中发展，保证分期重点发展战略的实施。

（3）拓宽投资渠道

中国正处于由计划经济向市场经济的转型时期，城市建设资金也由以往的国家投资向国有、集体、个人、外资的综合投资转变。在城市建设投资主体多元化的情况下，我们要进一步放开城市基础设施的民营化，建立竞争的城市公共服务机制。能够民营的政府绝不要插手，不仅是能够赢利的供电、供水、电信要民营化，禁止垄断，而且像绿化、公交、环卫这些需要政府补贴的项目也要通过招标，将城市运营成本降至最低。必须由政府垄断的行业，只要能赢利，也可以通过股份制上市引导民间参与。这与国家为了推动城市化而在城市建设方面提出以市场化原则放开城镇建设的投资、融资渠道，吸引外来资金的政策思路是一致的。

5.4 小　　结

本章可简称为南京应用研究。

(1) 关于发展历程

古代时期的南京以越城为建城之始，后经吴、晋、南朝的建康、南唐都城江宁府、明南京应天府，虽然都城的地位与北京等城市交替反复，但自然条件的适居性却从未改变。

近代时期的南京在20世纪初发展到了浦口、下关一带，民国期间制定了《首都计划》，按规划实施了道路系统和山西路高级住宅区等建设。

现代时期的南京因城市性质发生重大变化，居住用地分布也深受其影响。改革开放前随各类大单位建立了相应的配套生活区，特别是文化大革命期间城市无序地向铁路以北发展。改革开放后住宅建设经历了新区、旧城、新区的重心轮换。当前，主城内居住用地可分为东、西、南、北、中五片，存在的主要问题有4点：一是居住水平偏低，主要是人均居住用地量偏低；二是房地产开发建设分散、规模小，开发建设资金不能集中使用；三是现状开发条件成熟的土地大多由"以地补路"政策划拨，导致大量闲置；四是市民需求与市场供给有一定的矛盾，住房空置现象严重。旧城内居住用地可分为三类：未改造地区、已基本改造地区和需要保护与维护地区。存在的主要问题总的来说有：配套设施不完善，建筑密度高、质量差，缺乏公共绿地和活动场地等。

(2) 关于意愿比较

通过对市民1998—2002年择居意向调查的分析，得出3点认识：购房可承受能力提高、热点区位转移、各因素的权重略有变化。呼吁居民改变一些择居观念，如盼降价、一步到位、买房靠存款、市中心最好等。

通过对2000年开发商楼盘开发情况调查的分析，对其已开发楼盘、待开发土地、未来开发计划和楼盘产品定位认识的方面做出点评。

通过对政府1980、1990、2000年城市总体规划的比较，得出3点看法：城市发展目标的认识趋于理性，重点发展区域经历"车轮转"，对用地潜力的认识产生巨大转变。

通过对近年上市楼盘分布图的统计比较，得出的主要结论有：城中高价位住宅仍占市场主导，但江宁低价位住宅也在升温，高、中、低档次楼盘数量比为4∶3∶3。此外，通过对房价和配套设施的考察，指出当前高房价的原因主要在于结构性失调和违规收费严重，这将影响优秀人才来宁定居创业，而在严重不完善的配套设施中，建议将教育设施与住宅开发脱钩，按不同性质单独建设。

(3) 关于优势度计算

此项分析的主要目的是为了明确建设时序与建设强度。

首先进行了定性分析，对主城内五片区的考察进一步指出了各自的楼盘集中地，主城外三新市区除江宁外仅作了整体评价。

然后进行了定量分析，对主城内五片区的考察切实应用了前文提出的“价值信息模型”方法，得出目前生活条件优势度排序为：中、东、西、北、南；综合优势度排序为：中、西、东、北、南。在此基础上进一步考虑了目前在建的地铁一号线的影响。对主城外三新市区的考察由于缺乏数据，采用了结合定性分析的逐项评分法，得出目前发达度排序为：江宁、浦口、仙西；通达度排序为：江宁、仙西、浦口；将来的潜力度排序为：江宁、仙西、浦口；总体的居住适宜度排序为：江宁、仙西、浦口。

最后为实现分期重点开发提出了 3 点建议：实行土地预征，协调地区利益，拓宽筹资渠道。

注　释：

① 罗玲. 南京城市近代建设研究. 南京：南京大学出版社，1999

② 顾朝林等. 中国大城市边缘区研究. 北京：科学出版社，1995

③ 南京市规划局资料。

④ 由南京市规划局资料综合而成。

⑤ 要点取自南京市规划局资料，展开论述为笔者撰写，下同。

⑥ 数据来源：中国社会调查事务所江苏分所. 跨世纪南京市房地产市场调查. 2000

⑦ 数据转引自：华东师范大学城市与区域发展研究所. 南京市可持续发展与人居环境研究. 2000

⑧ 根据南京市规划局资料整理。

⑨ 根据南京市规划局资料整理。

⑩ 数据来自 1998 年南京市房地产年鉴。

⑪ 南京市规划局. 近期住宅建设规划说明. 1998

⑫ 2001 南京首届住宅商品交易会昨天盘点：市民购房潜力可观. 现代快报. 2001-10-22

⑬ 透析河西购房四大现象. 现代快报. 2001-12-28

⑭ 南京人想要什么样的家？现代快报. 2002-4-29

⑮ 根据新千年南京市春展会楼市图上的近百个楼盘报价计算为 2 964 元/m^2。

⑯ 1—8 月份为 3 620 元/m^2. 现代快报. 2002-10-14

⑰ 南京火爆楼市，四大焦点透析. 现代快报. 2002-10-14

⑱ 南京市规划局. 近期住宅建设规划说明. 1998

⑲ 开发商“曲线”抢地. 扬子晚报. 2002-5-9

⑳ 南京房价再透视. 现代快报. 2002-9-16
㉑ “十朝古都”不适合创业？现代快报. 2002-4-29
㉒ 单小海，贺承军主编. 走向新住宅：明天我们住在哪里. 北京：中国建筑工业出版社，2001
㉓ 32 赌 3，南京房价不高才怪. 现代快报. 2002-4-19
㉔ 涉房违规收费触目惊心. 南京晨报. 2002-4-28
㉕ 王志勇，曾庆利等编. 百姓购房必读. 北京：中国建筑工业出版社，1998
㉖ 房价房价，货真价实吗？现代快报. 2002-4-29
㉗ 南京市规划局资料。
㉘ 2002 啥房走俏河西？现代快报. 2002-1-18
㉙ 对万科和栖霞选址的分析由以下报道综合而得：明年两“大鳄”决战河西？现代快报. 2001-12-14；看透万科. 扬子晚报. 2002-5-30；河西板块延续“栖霞”神话. 现代快报. 2002-10-13
㉚ 河西十大标志性建筑 3 年内竣工. 现代快报. 2003-1-12
㉛ 阮仪三主编. 城市建设与规划基础理论. 天津：天津科学技术出版社，1992
㉜ 信息化，江苏落后上海 30 年. 现代快报. 2002-6-5
㉝ 1999，2000 年南京年鉴。
㉞ 修改自：南京总体规划调整工作组. 市域都市发展区城镇空间布局规划构想（讨论稿）. 2001

参 考 文 献

[1] Hillier B. Space is the Machine. New York: Cambridge University Press, 1996

[2] Porteous J D. Environment & Behavior: Planning and Everyday Urban Life. Massachusetts: Addison-Wesley Publishing Company, 1977

[3] Fergason L , Mitchell E. Quality of Site. London: BT Basford Ltd, 1986

[4] Gausa M. Housing: New Alternatives, New Systems. Barcelona: Actar Publishers, 1998

[5] Katz P. The New Urbanism: Toward an Architecure of Community. New York：McGraw- Hill Inc, 1994

[6] Wolf P. The Future of the City： New Directions in Urban Planning. New York: The Whitney Library of Design, 1974

[7] Cresswell R（Ed）. Urban Planning and Public Transport. Lancaster： The Construction Press, 1979

[8] [德] 阿尔伯斯著. 城市规划理论与实践概论. 吴唯佳译. 北京：科学出版社，2000

[9] [法] 让·保罗·拉卡兹著. 城市规划方法. 高煜译. 北京：商务印书馆，1996

[10] [法] 让·欧仁·阿韦尔著. 居住与住房. 齐淑琴译. 北京：商务印书馆，1996

[11] [加] 歌德伯戈 M，钦洛依 P 著. 城市土地经济学. 国家土地管理局科技宣教司译. 北京：中国人民大学出版社，1990

[12] [美] 托夫勒 A. 第三次浪潮. 朱志焱，潘琪等译. 北京：新华出版社，1996

[13] [美] 弗兰克 G戈布尔著. 第三思潮：马斯洛心理学. 吕明，陈红雯译. 上海：上海译文出版社，2001

[14] [美] 莫什·萨夫迪著. 后汽车时代的城市. 吴越译. 北京：人民文学出版社，2001

[15] [美] 伊利 R T，莫尔豪斯 E W 著. 土地经济学. 腾维藻译. 北京：商务印书馆，1982

[16] [美] 帕克 R E，伯吉斯 E W，麦肯齐 R D 著. 城市社会学. 宋峻岭，吴建华，王登斌译. 北京：华夏出版社，1987

[17] [美] 沃尔特·赫利. 城市系统模型. 胡运权等译. 哈尔滨：哈尔滨工业大学出版社，1987

[18] [美] 沃纳·赫希著. 城市经济学. 刘世庆，李泽民等译，北京：中国社会科学出版社，1990

[19] [美] 米切尔 W J 著. 比特之城：空间·场所·信息高速公路. 范海燕，胡泳译. 北京：生活·读书·新知三联书店，1999

[20] [日] 野口悠纪雄著. 土地经济学. 汪斌译. 北京：商务印书馆，1997

[21] [意] 贝纳沃罗 L 著.世界城市史. 薛钟灵等译. 北京：科学出版社，2000

[22] [英] 霍华德 E 著. 明日的花园城市. 金经元译. 北京：商务印书馆，2000

[23] [英] McLoughlin J B 著. 系统方法在城市和区域中的应用. 王凤武译. 北京：中国建筑工业出版社，1988
[24] 包亚钧，王洪涛. 房地产经济论：房地产业可持续发展研究. 上海：同济大学出版社，1998
[25] 毕宝德. 土地经济学. 第 3 版. 北京：中国人民大学出版社，1998
[26] 毕宝德编著. 中国地产市场研究. 北京：中国人民大学出版社，1994
[27] 蔡孝箴. 社会主义城市经济学. 天津：南开大学出版社，1990
[28] 曹桂发，陈述彭等编著. 城市规划与管理信息系统. 北京：测绘出版社，1991
[29] 柴彦威. 城市空间. 北京：科学出版社，2000
[30] 柴彦威. 中日城市结构比较研究. 北京：北京大学出版社，1999
[31] 陈秉钊编著. 城市规划系统工程学. 上海：同济大学出版社，1991
[32] 陈放. 房地产策划. 北京：知识产权出版社，2000
[33] 陈辉吉. 如何掌握消费者心理. 北京：生活·读书·新知三联书店，1993
[34] 陈顺清. 城市增长与土地增值. 北京：科学出版社，2000
[35] 陈友华，赵民主编. 城市规划概论. 上海：上海科学技术文献出版社，2000
[36] 陈振汉，厉以宁. 工业区位理论. 北京：人民出版社，1982
[37] 程潇主编. 投诉潘石屹批判现代城. 天津：天津社会科学院出版社，2001
[38] 崔太康主编. 土地经济学. 北京：中国广播电视出版社，1991
[39] 段进. 城市空间发展论. 南京：江苏科学技术出版社，1999
[40] 董鉴泓主编. 城市规划历史与理论研究. 上海：同济大学出版社，1999
[41] 冯云廷. 城市聚集经济. 大连：东北财经大学出版社，2001
[42] 高映珍等. 土地经济学再认识. 南京：南京出版社，1996
[43] 高映珍，李肇文等编著. 城市土地管理学. 武汉：武汉大学出版社，1987
[44] 顾朝林等. 中国大城市边缘区研究. 北京：科学出版社，1995
[45] 顾小平等. 江苏城镇发展报告. 南京：东南大学出版社，2000
[46] 国家统计局城市社会经济调查总队编. 中国城市统计年鉴 1997. 北京：中国统计出版社，1998
[47] 国家统计局小康课题组编. 中国小康标准. 北京：中国统计出版社，1992
[48] 何晓昕编著. 风水探源. 南京：东南大学出版社，1990
[49] 胡俊. 中国城市：模式与演进. 北京：中国建筑工业出版社，1995
[50] 黄华明主编. 建设用地管理. 北京：中国大地出版社，1999
[51] 黄仕诚编著. 城市建设经济学. 北京：中国建筑工业出版社，1987
[52] 江景波，华楠. 城市土地利用总体规划：方法·模型·应用. 上海：同济大学出版社，1997
[53] 江景波，叶伯初等主编. 城市建设管理. 上海：上海科学技术出版社，1993
[54] 江曼琦. 城市空间结构优化的经济分析. 北京：人民出版社，2001
[55] 经济适用型住宅丛书编委会编. 住房制度改革法规文件选编. 北京：中国建筑工业出版社，1998
[56] 康少邦，张宁等编译. 城市社会学. 杭州：浙江人民出版社，1986
[57] 李国振编著. 新加坡城市研究. 上海：上海交通大学出版社，1996

[58] 李梦白，杨钟仁主编. 城市建设经济学研究. 北京：中国建筑工业出版社，1992
[59] 李尚杰主编. 土地出让和转让的理论与实务. 北京：科学技术文献出版社，1992
[60] 李旭旦主编. 人文地理学论丛. 北京：人民教育出版社，1985
[61] 李耀培主编. 中国居住实态与小康住宅设计. 南京：东南大学出版社，1999
[62] 李植斌. 城市土地可持续利用理论与评价. 合肥：中国科技大学出版社，1999
[63] 林鸿溢，李映雪编著. 分形论：奇异性探索. 北京：北京理工大学出版社，1992
[64] 刘来福，曾文艺编著. 数学模型与数学建模. 北京：北京师范大学出版社，1997
[65] 刘继生等编著. 区位论. 南京：江苏教育科学出版社，1994
[66] 刘歧. 当代中国住宅经济. 北京：中国建筑工业出版社，1992
[67] 刘仁文等主编. 好好活着：中国城市人的境遇与抉择. 北京：当代中国出版社，1998
[68] 刘晓钟编译. 小区规划设计的密度. 北京：气象出版社，1996
[69] 柳村，孙金楼. 住宅社会学. 济南：山东人民出版社，1984
[70] 卢有杰主编. 安居工程：社会保障商品房体系. 北京：中国建筑工业出版社，1996
[71] 鲁明泓. 国际直接投资区位决定因素. 南京：南京大学出版社，2000
[72] 陆大道编著. 区位论及区域研究方法. 北京：科学出版社，1988
[73] 罗玲. 南京城市近代建设研究. 南京：南京大学出版社，1999
[74] 马家辉主编. 如何掌握消费者心理. 北京：生活·读书·新知三联书店，1993
[75] 茅于轼. 择优分配原理——经济学和它的数理基础. 北京：商务印书馆，1998
[76] 倪绍祥. 土地类型与土地评价. 北京：高等教育出版社，1992
[77] 潘石屹，张欣等. 茶满了. 天津：天津社会科学院出版社，2000
[78] 彭震伟主编. 区域研究与区域规划. 上海：同济大学出版社，1998
[79] 钱昆润，葛筠圃，张星编著. 建筑经济与建筑技术经济. 南京：东南大学出版社，1993
[80] 清华大学建筑与城市研究所编. 城市规划理论·方法·实践. 北京：地震出版社，1992
[81] 邱泽元，王愚等. 租房·买房. 北京：中国人民大学出版社，1992
[82] 阮仪三主编. 城市建设与规划基础理论. 天津：天津科学技术出版社，1992
[83] 桑荣林，钟永钧主编. 每户一套住宅：2000 年上海的居住目标. 上海：同济大学出版社，1991
[84] 单小海，贺承军主编. 走向新住宅：明天我们住在哪里. 北京：中国建筑工业出版社，2001
[85] 沈玉麟编. 外国城市建设史. 北京：中国建筑工业出版社，1989
[86] 宋家泰，崔功豪等编著. 城市总体规划. 北京：商务印书馆，1985
[87] 宋小冬，叶嘉安. 地理信息系统及其在城市规划与管理中的应用. 北京：科学出版社，1995
[88] 同济大学城市规划教研室编. 中国城市建设史. 北京：中国建筑工业出版社，1982
[89] 童星等. 开放大潮下的生活方式. 北京：中国青年出版社，1995
[90] 王东京，张宝江等. 与官员谈西方经济学. 南宁：广西人民出版社，1998
[91] 王兴中等. 中国城市社会空间结构研究. 北京：科学出版社，2000
[92] 王茂湘，韩文秀主编. 西方城市经济管理. 大连：大连出版社，1991

[93] 王雅临. 人类生活方式的前景. 北京：中国社会科学出版社，1997
[94] 王玉波，王辉等. 生活方式. 北京：人民出版社，1986
[95] 王志勇，曾庆利等编. 百姓购房必读. 北京：中国建筑工业出版社，1998
[96] 吴次芳主编. 土地利用规划. 北京：地质出版社，2000
[97] 吴启焰. 大城市居住空间分异研究的理论与实践. 北京：科学出版社，2001
[98] 徐敬君，汝莹. 城市土地资源的配置与利用. 昆明：云南出版社，1993
[99] 徐树龙，张洪主编. 产业布局学原理. 昆明：云南大学出版社，1991
[100] 徐顺喜，孙德宏. 开发商决策论. 北京：中国建筑工业出版社，1996
[101] 许学强，叶嘉安等主编. 中国经济改革与城市发展、规划及教育. 北京：科学出版社，1994
[102] 许学强，朱剑如. 现代城市地理学. 北京：中国建筑工业出版社，1988
[103] 杨东平，葛剑雄. 未来生存空间：社会、自然空间(两册). 上海：上海三联书店，1998
[104] 杨贵庆编. 城市社会心理学. 上海：同济大学出版社，2000
[105] 杨海田. 优化生存空间的艺术：区域经济学. 北京：经济管理出版社，1989
[106] 杨劲编著. 价值工程. 北京：中国建筑工业出版社，1989
[107] 杨任远，杨向东主编. 江苏耕地总量动态平衡实践与研究. 南京：东南大学出版社，1999
[108] 叶公强，陆红生编著. 土地调查与评价. 南京：江苏科学技术出版社，1988
[109] 叶骁军编. 中国都城历史图录(1-4). 兰州：兰州大学出版社，1987
[110] 于洪波，宁越敏编著. 城市地理概论. 合肥：安徽科学技术出版社，1984
[111] 袁绪亚. 土地市场运行理论研究. 上海：复旦大学出版社，1999
[112] 袁征主编. 中国经济发展与土地市场. 北京：改革出版社，1994
[113] 詹可生. 住宅建筑优化设计. 上海：上海科学技术出版社，1984
[114] 张朝尊主编. 中国社会主义土地经济问题. 北京：中国人民大学出版社，1991
[115] 张传吉编著. 建筑业价值工程. 北京：中国建筑工业出版社，1993
[116] 张冠增. 城市发展概论(城市轨道交通系列丛书). 北京：中国铁道出版社，1998
[117] 张宏. 性、家庭、建筑、城市：从家庭到城市的住居学研究. 南京：东南大学出版社，2002
[118] 张敬淦. 北京规划建设纵横谈. 北京：北京燕山出版社，1997
[119] 张仙桥，洪民文主编. 住宅社会学概述. 北京：社会科学文献出版社，1993
[120] 张薰华主编. 土地与市场. 上海：上海远东出版社，1996
[121] 张耀儒主编. 现代城市建设经济学. 北京：中国城市出版社，1998
[122] 张跃庆. 城市土地管理概论. 北京：北京经济学院出版社，1988
[123] 张跃庆，张连城. 城市土地经济问题. 北京：光明日报出版社，1990
[124] 张跃庆，张树德主编. 城市住宅经济学. 北京：经济日报出版社，1995
[125] 赵尚朴主编. 城市土地使用制度研究. 北京：中国城市出版社，1996
[126] 赵旭编. 城市规划与小区建设管理. 上海：上海交通大学出版社，1998
[127] 郑荣禄著. 中国城市土地经济分析. 昆明：云南大学出版社，1997
[128] 中国城市规划学会主编. 资源短缺条件下的城市规划探索. 上海：同济大学出版社，1998
[129] 中国建筑工业出版社编辑部编. 城市用地选择及方案比较. 北京：中国建筑工业出版社，

1976
[130] 中国科学院可持续发展研究组编. 2000中国可持续发展报告. 北京：科学出版社，2000
[131] 中科院地理研究所主编. 城镇与工业布局的区域研究. 北京：科学出版社，1986
[132] 周一星. 城市地理学. 北京：商务印书馆，1995
[133] 周一星，孟延春. 北京的郊区化及其对策. 北京：科学出版社，2000
[134] 邹军等编著. 迎接崭新的城市时代来临：江苏城市化趋势及其对城市规划的影响研究. 南京：江苏人民出版社，2001
[135] Kouskoulas V , Lytle R B. Urban Housing & Transportation. Detroit, Michigan. Wagne State University. 1975
[136] 南方房地产编辑部著. 广州、佛山、珠海等地消费者的购房意愿调查. 南方房地产（广州），1996—1997年若干期
[137] 陈方. 边缘社区中的新城市主义：万科四季花城设计随笔. 建筑学报，2001（1）
[138] 陈萍. 城市土地规划与土地市场. 城市开发，1997（5）
[139] 陈雪明. 市场规划学研究势在必行. 城市规划，1998（5）
[140] 陈彦. 房地产开发项目的区位分析探讨. 南方房地产，1996（11）
[141] 陈燕萍. 论居住区相关设施配置指导体系的改革. 建筑学报，2000（4）
[142] 陈燕萍. 城市交通问题的治本之路：公共交通社区与公共交通导向的城市土地利用形态. 城市规划，2000（3）
[143] 丁长峰. 如何与建筑师愉快地合作. 时代建筑，2001（2）
[144] 丁烈云，黄亚平等. 考虑地价因素的规划决策方法及其实现技术. 城市规划，2000（6）
[145] 邓卫. 关于经济适用房建设的反思与对策. 建筑学报，2001（8）
[146] 邓卫. 我国城市建设用地的发展历程与前景预测. 城市开发，1997（7）
[147] 邓耀东. 经济适用住房价格与地段矛盾的解决方法. 城市问题，2000（2）
[148] 董柯. 国家干预下的市场经济:中国城市土地利用的可持续发展之路. 城市规划,2000(2)
[149] 董昕. 城市住宅区位及其影响因素分析. 城市规划，2001（2）
[150] 杜德斌，徐建刚. 影响上海市地价空间分布的区位因子分析. 地理学报，1997（5）
[151] 冯容，马晓萱. 可持续发展的建成区用地. 城市规划，2000（2）
[152] 郭献国，蔡一生. 价值工程简介. 建筑技术，1991（7）
[153] 何正渝. 住宅区配套设施建设问题研究. 城市开发，1998（3）
[154] 黄慧明. 地铁对广州市商品住宅的空间影响研究. 现代城市研究，2001（4）
[155] 黄贤金. 谢正栋等. 城市土地经营与南京城市发展. 现代城市研究，2001（4）
[156] 孔德新. 城市居住区布局理论. 住宅科技，1998（7）
[157] 李盛. 浅析社会经济重大改革对城市土地利用的影响. 城市规划，2000（2）
[158] 厉以宁. 当前的住房市场. 城市开发，1999（7）
[159] 梁鹤年. 房价、租金与房地产开发. 城市规划，1998（4）
[160] 梁江，孙晖. 城市土地使用控制的重要层面：产权地块. 城市规划，2000（6）
[161] 林怀文. 互动设计：建筑师与发展商在商品住宅设计中的合作. 建筑学报，2000（4）
[162] 刘洪玉. 房地产投资中的位置及其选择. 城市开发，1998（12）
[163] 刘蔚. 项目与地段应相得益彰. 城市开发，1997（9）

[164] 刘燕辉，仲继寿等. 建筑师责任与责任建筑师：责任建筑师制度的理念. 建筑学报，2000（4）
[165] 吕维娟. 城市总体规划与土地利用总体规划异同点初探. 城市规划，1998（1）
[166] 聂梅生. 住宅产业现代化所面临的挑战. 建筑学报，2000（4）
[167] 彭震伟. 迈向21世纪中国城市土地使用制度的思考. 城市规划汇刊，1998（1）
[168] 仇保兴. 从法治的原则来看城市规划法的缺陷. 城市规划，2002（4）
[169] 石成球. 关于我国城市土地利用问题的思考. 城市规划，2000（2）
[170] 施梁. 由商品房空置谈城市住房的可持续发展及其规划设计. 华中建筑，1999（4）
[171] 舒萍，胡建新. 当前城市住宅用地分析. 建筑学报，1998（11）
[172] 谭英. 由居民搬迁问题引发的对北京旧城改造的思考. 建筑师，1998（10）
[173] 田莉，庄海波. 城市快速轨道交通建设和房地产联合开发的机制研究：以广州市为例的思考. 城市规划汇刊，1998（2）
[174] 王慧. 失望的家园，黯然的美国梦：对美国郊区化负面效应的分析. 城市规划，2002（4）
[175] 王凯. 城市规划与城市土地利用问题：综述与思考. 城市规划，1998（1）
[176] 王玲慧，万勇. 居住分异现象及其对策. 住宅科技，1998（5）
[177] 王石. 近期全国主要城市房地产业发展的三个特征. 城市开发，1999（9）
[178] 王兴中，刘彦随. 中国大城市土地利用变化与空间阻力关系机制. 中国地理，1997（4）
[179] 王益洋. 城市居民居住需求与房地产公司的定位策略. 城市开发，1996（6）
[180] 吴启焰，任东明. 改革开放以来我国城市地域结构演变与持续发展研究：以南京都市区为例. 地理科学，1999（2）
[181] 夏南. 把握市场需求坚持以人为本：万科地产开发城市近郊大型社区的几点思考. 建筑学报，1999（12）
[182] 萧昌东. “两规”关系探讨. 城市规划汇刊，1998（1）
[183] 许安之. 后小康居住模式展望. 建筑学报，2000（4）
[184] 徐巍，古国才. 南京市住宅建设现状与发展构想. 城市研究，1998（4）
[185] 杨帆，阎小培. 近十年来中国城镇居民居住状况分析. 城市问题，2000（4）
[186] 杨继瑞. 论我国城市土地产权制度创新. 城市开发，1996（3）
[187] 杨山. 南京“郊区化”发展态势及问题. 城市开发，1998（8）
[188] 杨震，赵民. 论市场经济下居住区公共服务设施的建设方式. 城市规划，2002（5）
[189] 叶迎君. 居住空间分异初探. 规划师，2001（3）
[190] 一言. 美国房地产市场的兴衰及政府对私有土地的管理限制. 南方房地产，1996（3）
[191] 应天元. 居住房地产评估指标体系研究. 住宅科技，2001（1）
[192] 曾宏亮. 浅谈房地产开发的区位选择和风险控制. 城市开发，1997（1）
[193] 张海星. BOT：加速我国基础设施建设的一种有效途径. 城市开发，1998（4）
[194] 张杰，王韬. 1949—1978年城市住宅规划设计思想的发展及反思. 建筑学报，1999（6）
[195] 张庭伟. 实现小康后的住宅发展问题：从美国60年来住宅政策的演变看中国的住房发展. 城市规划，2001（4）
[196] 张庭伟. 实证研究和定量分析：介绍一个实例. 城市规划，2001（9）
[197] 张迎强. 房价和城市结构. 世界建筑，2001（7）

[198] 周丹蓉. 基础设施建设布局与城市土地开发. 城市规划，2001（9）

[199] 周建明. 城市土地利用空间结构研究：以深圳为例. 城市规划汇刊，1998（2）

[200] 周力，林敏. 21世纪居住区职住一体化设计研究. 中外建筑，1998（5）

[201] 周茂林. 从购房心理调查看住宅消费市场. 城市开发，1996（4）

[202] 周一星，孟延春. 中国大城市的郊区化趋势. 城市规划汇刊，1998（3）

[203] 周一星，王榕勋等. 北京千户迁居户问卷调查报告. 规划师，2000（3）

[204] 朱才斌，陈勇. 试析土地有偿使用与城市空间发展. 人文地理，1997（3）

后　记

本书是在我的博士论文基础上略加修改而成，付梓出版使我感到既惶恐又欣慰。惶恐是因为我自身的认识水平在短时间内很难有较大的提高，纵然对论文做了一些修改，但不妥之处仍在所难免，就此匆忙展现在广大读者面前，必然会见笑于各路方家；欣慰的则是由于论文完成后获得了绝大多数评阅老师的较高评价，如今成书更是对我所花心血的最好回报，也是对我学生生涯的最好总结。

读书是漫长而艰苦的事情，回想当年踏入石头城这所著名的建筑院校大门时我年仅 18 岁，到现在写这篇后记时我已行将步入而立之年，生肖年如时针般地转了整整一轮，带走了我最为宝贵的青年岁月。12 年的专业学习使我这个建筑的门外汉变成了一名建筑学人，但是从来没有使我感到信心百倍，相反越来越觉得自身需要提高的地方太多，我只有不断地学习才能跟得上，今天的书稿只是今后工作的一个起点罢了。

虽然我的专业方向是建筑设计及其理论，但从读研究生时起就对城市问题更感兴趣，为此硕士论文以“城市空间的集约化研究”为题，对城市空间和土地利用的强度问题作了初步学习和探讨。博士入学后恰逢南京城市总体规划调整，我参与了对“南京市未来 5~10 年居住空间（区位）发展”的课题研究，在提交了一些带有粗浅认识的咨询报告之后，仍深感对城市空间和土地区位布局方面的知识和能力的欠缺，觉得有必要对此进一步深入学习和探讨，于是就有了这篇以“城市居住用地区位研究”为题的博士论文。

能在齐康先生门下学习是我非常难得的人生经历。齐先生的指点给我留下的印象是极为深刻的。无论是工程设计实践还是论文的选题写作，先生总是既高屋建瓴地为学生把握方向，又不辞劳苦地亲自为学生解决具体问题。而尤为令人感动的是，先生自 2001 年底因病住院，在病痛的折磨中仍不忘对学生谆谆教导。学生陪护的病房成了学生学习的课堂，这种忘我工作、诲人不倦的敬业精神是学生永远学习的榜样，也是对学生今后工作的莫大鞭策，在此谨向先生致以最诚挚的感谢。

感谢我最初的导师鲍家声教授曾经给予我的殷切指导，感谢王建国教授、段进教授、郑炘教授在论文初稿完成时及时提出修改意见，感谢陈佩瑜女士、高晶女士、林挺先生在日常工作、学习中的关心与帮助，感谢俞传飞、唐军、王淼、于雷、吴晓、王彦辉等诸位博士同窗的交流与启发，感谢华中科技大学的李晓峰先生对所撰书稿的悉心审阅，感谢杭州南方设计公司方志达先生提供了了解当前住区发展状况的机会，特别感谢南京市规划设计院童本勤高级规划师在论文资料搜集中给予的大力协助。

在此还要感谢我所有的家人，尤其是我的父母。正是由于他们的关怀、支持与鼓励，才使我能较为顺利地完成学业，这种亲情将永远是我前进的力量。

当然，也要感谢在此领域做出探索和开拓的那些专家学者们。对于我这样的年轻学子而言，没有他们所提供的坚实基础，后人的思索只能是空中楼阁。

谢谢你们！

范　炜

2003 年 10 月 13 日

于上海同济大学